计算机应用与信息技术发展研究

郁　杰　刘淑芳　陈跃龙　著

中国原子能出版社

图书在版编目 (CIP) 数据

计算机应用与信息技术发展研究/郁杰,刘淑芳,
陈跃龙著.-- 北京:中国原子能出版社,2024.6

ISBN 978-7-5221-3424-6

Ⅰ.①计… Ⅱ.①郁… ②刘… ③陈… Ⅲ.①计算机
应用 Ⅳ.① TP39

中国版本图书馆 CIP 数据核字 (2024) 第111187 号

计算机应用与信息技术发展研究

出版发行 中国原子能出版社 (北京市海淀区阜成路 43 号 1000048)

责任编辑 徐 明

责任印刷 赵 明

印 刷 北京厚诚则铭印刷科技有限公司

经 销 全国新华书店

开 本 710mm × 1000mm 1/16

印 张 22.5

字 数 542 千字

版 次 2025 年 1 月第 1 版

印 次 2025 年 1 月第 1 次印刷

标准书号 ISBN 978-7-5221-3424-6

定 价 56.00 元

网址 :http//www.aep.com.cn E-mail:atomep123@126.com

发行电话 :010 68452845

前　言

计算机在各个领域的广泛应用不仅提高了人们的生活质量，为人们带来了各种便利，还在人们的生产和日常工作中发挥着极其重要的作用，大大提高了生产和工作效率。随着计算机技术的应用和发展，与其他领域的技术相结合并进行技术上的创新，为人们提供了各种高科技的信息技术，推动了社会经济的发展和科学技术的进步。如今，计算机技术已经成为主导社会经济发展的一个重要因素。使用计算机和网络信息技术的意识，并应用这些技术进行信息获取、存储、传输和处理的技能，以及运用计算机解决实际问题的能力，成为当今社会衡量一个人文化素养的重要标志。

在当今科技高速发展的时代背景下，先进科学技术冲击着整个世界，是对计算机应用与信息技术发展的全新考验。本书是计算机信息技术方向的著作，主要研究计算机应用与信息技术发展，本书从计算机基础介绍入手，针对计算机基础知识、计算机硬软件系统进行了分析研究；另外对信息技术基础、计算机信息可视化应用、信息技术在多领域的应用、计算机信息技术应用发展做了一定的介绍；还对区块链技术的发展、人工智能技术的发展、信息技术在教育中的发展创新、计算机应用技术创新实践、大数据技术的发展趋势提出了一些建议；旨在摸索出一条适合计算机应用与信息技术发展的科学道路，帮助其工作者在应用中少走弯路，运用科学方法，提高效率。对计算机信息技术的应用发展有一定的借鉴意义。

本书参考了大量的相关文献资料，借鉴、引用了诸多专家、学者和教师的研究成果，其主要来源已在参考文献中列出，如有个别遗漏，恳请作者谅解并及时和我们联系。本书写作得到很多专家学者的支持和帮助，在此深表谢意。由于能力有限，时间仓促，虽极力丰富本书内容，力求著作的完美无瑕，虽经多次修改，仍难免有不妥与遗漏之处，恳请专家和读者指正。

目　　录

第一章　计算机概述

第一节　计算机基础知识

一、计算机的分类

计算机分类的方式有很多种。按照计算机处理的对象及其数据的表示形式可分为数字计算机、模拟计算机、数字模拟混合计算机。

①数字计算机：该类计算机输入、处理、输出和存储的数据都是数字量，这些数据在时间上是离散的。

②模拟计算机：该类计算机输入、处理、输出和存储的数据是模拟量（如电压、电流等），这些数据在时间上是连续的。

③数字模拟混合计算机：该类计算机将数字技术和模拟技术相结合，兼有数字计算机和模拟计算机的功能。

按照计算机的用途及其使用范围可分为通用计算机和专用计算机。

①通用计算机：该类计算机具有广泛的用途，可用于科学计算、数据处理、过程控制等。

②专用计算机：该类计算机适用于某些特殊的应用领域，如智能仪表，军事装备的自动控制等。

按照计算机的规模可分为巨型计算机（超级计算机）、大／中型计算机、小型计算机、微型计算机、工作站、服务器，以及手持式移动终端、智能手机、网络计算机等类型。

（一）超级计算机

巨型计算机又称超级计算机。它使用通用处理器及 UNIX 或类 UNIX 操作系统（如 Linux），计算的速度与内存性能、大小相关，主要应用于密集计算、海量数据处理等领域。它一般都需要使用大量处理器，通常由多个机柜组成。在政府部门和国防科技领域曾得到广泛的应用，诸如石油勘探、国防科研等。自 20 世纪 90 年代中期以来，巨型机的应用领域开始得到扩展，从传统的科学和工程计算延伸到事务处理、商业自动化等领域。国际商业机器公司 IBM 曾致力于研究尖端超级计算，在计算机体系结构中，在必须编程和控制整体并行系统的软件中和在重要生物学的高级计算应用。

（二）大型计算机

大型计算机作为大型商业服务器，在今天仍具有很强活力。它们一般用于大型事务处理系统，特别是过去完成的且不值得重新编写的数据库应用系统方面，其应用软件通常是硬件成本的好几倍，因此，大型机仍有一定地位。

大型机体系结构的最大好处是无与伦比的 I/O 处理能力。虽然大型机处理器并不总是拥有领先优势，但是它们的 I/O 体系结构使它们能处理好几个 PC 服务器才能处理的数据。大型机的另一些特点包括它的大尺寸和使用液体冷却处理器阵列。在使用大量中心化处理的组织中，它仍有重要的地位。

由于小型计算机的到来，新型大型机的销售速度已经明显放缓。在电子商务系统中，如果数据库服务器或电子商务服务器需要高性能、高效的 I/O 处理能力，可以采用大型机。

1. 大型计算机的特点

现代大型计算机并非主要通过每秒运算次数 MIPS 来衡量性能，而是可靠性、安全性、向后兼容性和极其高效的 I/O 性能。主机通常强调大规模的数据输入输出，着重强调数据的吞吐量。

大型计算机可以同时运行多操作系统，不像是一台计算机而更像是多台虚拟机，一台主机可以替代多台普通的服务器，是虚拟化的先驱，同时主机还拥有强大的容错能力。

大型机使用专用的操作系统和应用软件，在主机上编程采用 COBOL，同时采用的数据库为 IBM 自行开发的 DB2。在大型机上工作的 DB2 数据库管理员能够管理比其他平台多 3 ~ 4 倍的数据量。

2. 与超级计算机的区别

超级计算机有极强的计算速度，通常用于科学与工程上的计算，其计算速度受运算速度与内存大小所限制；而主机运算任务主要受到数据传输与转移、可靠性及并发处理性能所限制。

主机更倾向于整数运算，如订单数据、银行数据等，同时在安全性、可靠性和稳定性方面优于超级计算机。而超级计算机更强调浮点运算性能，如天气预报。主机在处理数据的同时需要读写或传输大量信息，如海量的交易信息、航班信息等。

（三）小型计算机

小型计算机是相对于大型计算机而言的，小型计算机的软件、硬件系统规模比较小，但价格低、可靠性高，便于维护和使用。小型计算机是硬件系统比较小，但功能却不少的微型计算机，方便携带和使用。近年来，小型机的发展也引人注目，特别是缩减指令系统计算机（Reduced In-struction Set Computer，RISC）体系结构，顾名思义是指令系统简化、缩小了的计算机，而过去的计算机则统属于复杂指令系统计算机（Complex Instruc-tion Set Computer，CISC）。

小型机运行原理类似于 PC（个人电脑）和服务器，但性能及用途又与它们截然不同，它是 20 世纪 70 年代由 DCE 公司（数字设备公司）首先开发的一种高性能计算产品。

小型计算机提高性能的技术措施主要有以下几个方面：①字长增加到 32 位，以便提高运算精度和速度，增强指令功能，扩大寻址范围，提高计算机的处理能力。②采用大型计算机中的一些技术，如采用流水线结构、通用寄存器、超高速缓冲存储器、快速总线和通道等来提高系统的运算速度和吞吐率。③采用各种大规模集成电路，用快速存储器、门阵列、程序逻辑阵列、大容量存储芯片和各种接口芯片等构成计算机系统，以缩小体积和降低功耗，提高性能和可靠性。④研制功能更强的系统软件、工具软件、通信软件、数据库和应用程序包，以及能支持软件核心部分的硬件系统结构、指令系统和固件，软件、硬件结合起来构成用途广泛的高性能系统。

（四）工作站

工作站是一种高端的通用微型计算机。它是由计算机和相应的外部设备以及成套的应用软件包所组成的信息处理系统，能够完成用户交给的特定任务，是推动计算机普及应用的有效方式。它能提供比个人计算机更强大的性能，尤其是图形处理能力和任务并行方面的能力。通常配有高分辨率的大屏、多屏显示器及容量很大的内存储器和外部存储器，并且具有极强的信息和高性能的图形、图像处理功能。另外，连接到服务器的终端机也可称为工作站。工作站的应用领域有科学和工程计算、软件开发、计算机辅助分析、计算机辅助制造、工程设计和应用、图形和图像处理、过程控制和信息管理等。

工作站应具备强大的数据处理能力，有直观的便于人机交换信息的用户接口，可以与计算机网络相连，在更大的范围内互通信息，共享资源。常见的工作站有计算机辅助设计（CAD）工作站（或称工程工作站）、办公自动化（OA）工作站、图像处理工作站等。

不同任务的工作站有不同的硬件和软件配置。

①一个小型 CAD 工作站的典型硬件配置为：普通计算机，带有功能键的 CRT 终端、光笔、平面绘图仪、数字化仪、打印机等；软件配置为：操作系统、编译程序、相应的数据库和数据库管理系统、二维和三维的绘图软件，以及成套的计算、分析软件包。它可以完成用户提交的各种机械的、电气的设计任务。

② OA 工作站的主要硬件配置为：普通计算机，办公用终端设备（如电传打字机、交互式终端、传真机、激光打印机、智能复印机等），通信设施（如局部区域网、程控交换机、公用数据网、综合业务数字网等）；软件配置为：操作系统、编译程序、各种服务程序、通信软件、数据库管理系统、电子邮件、文字处理软件、表格处理软件、各种编辑软件，以及专门业务活动的软件包，如人事管理、财务管理、行政事务管理等软件，并配备相应的数据库。OA 工作站的任务是完成各种办公信息的处理。

③图像处理工作站的主要硬件配置为：顶级计算机，一般还包括超强性能的显卡（由 CU-DA 并行编程的发展所致），图像数字化设备（包括电子的、光学的或机电的扫描设备，数字化仪），图像输出设备，交互式图像终端；软件配置为：除了一般的系统软件外，还要有成套的图像处理软件包，它可以完成用户提出的各种图像处理任务。越来越多的计算机厂家在生产和销售各种工作站。

工作站根据软、硬件平台的不同，一般分为基于 RISC（精简指令系统）架构的 UNIX 系统工作站和基于 Windows、Intel 的 PC 工作站。

另外，根据体积和便携性，工作站还可分为台式工作站和移动工作站。

①台式工作站类似于普通台式电脑，体积较大，没有便携性，但性能强劲，适合专业用户使用。

②移动工作站其实就是一台高性能的笔记本电脑，但其硬件配置和整体性能又比普通笔记本电脑高一个档次。适用机型是指该工作站配件所适用的具体机型系列或型号。

不同的工作站标配不同的硬件，工作站配件的兼容性问题虽然不像服务器那样明显，但从稳定性角度考虑，通常还需使用特定的配件，这主要是由工作站的工作性质决定的。

按照工作站的用途可分为通用工作站和专用工作站。

通用工作站没有特定的使用目的，可以在以程序开发为主的多种环境中使用。通常在通用工作站上配置相应的硬件和软件，以适应特殊用途。在客户服务器环境中，通用工作站常作为客户机使用。

专用工作站是为特定用途开发的，由相应的硬件和软件构成，可分为办公工作站、工程工作站和人工智能工作站等。

①办公工作站是为了高效地进行办公业务，如文件和图形的制作、编辑、打印、处理、检索、维护，电子邮件和日程管理等。

②工程工作站是以开发、研究为主要用途而设计的，大多具有高速运算能力和强化了的图形功能，是计算机辅助设计、制造、测试、排版、印刷等领域用得最多的工作站。

③人工智能工作站用于智能应用的研究开发，可以高效地运行 LISP、PROLOG 等人工智能语言。后来，这种专用工作站已被通用工作站所取代。

④数字音频工作站一般由三部分构成，即计算机、音频处理接口卡和功能软件。计算机相当于数字音频工作站的"大脑"，是数字音频工作站的"指挥中心"，也是音频文件的存储、交换中心。音频处理接口卡相当于数字音频工作站的"连接器"，负责通过模拟输入/输出、数字输入/输出、同轴输入/输出、MIDI 接口等连接调音台、录音设备等外围设备。功能软件相当于数字音频工作站的"工具"，用鼠标点击计算机屏幕上的用户界面，就可以通过各种功能软件实现广播节目编辑、录音、制作、传输、存储、复制、管理、播放等工作。数字音频工作站的功能强大与否直接取决于其功能软件。全新的设计，极其人性化的用户界面，强大的浏览功能，多种拖放功能，简单易用的 MIDI 映射功能，与音频系统对应的自动配置功能，较好的音质，无限制的音轨数及每轨无限的插件数，支持各种最新技术规格，便利地起始页面，化繁杂为简单。

需要注意的是，工作站区别于其他计算机，特别是区别于 PC 机，它对显卡、内存、CPU、硬盘都有更高的要求。

1. 显卡

作为图形工作站的主要组成部分，一块性能强劲的 3D 专业显卡的重要性，从某种意义上来说甚至超过了处理器。与针对游戏、娱乐市场为主的消费类显卡相比，3D 专业显卡主要面对的是三维动画、渲染、CAD、模型设计以及部分科学应用等专业开放式图形库应用市场。对这部分图形工作站用户来说，它们所使用的硬件无论是速度、稳定性还是软件的兼容性都很重要。用户的高标准、严要求使得 3D 专业显卡从设计到生产都必须达到极高的水准，加上用户群的相对有限造成生产数量较少，其总体成本的大幅上升也就不可避免了。与一般的消费类显卡相比，3D 专业显卡的价格要高得多，达到了几倍甚至十几倍的差距。

2. 内存

主流工作站的内存为 ECC 内存和 REG 内存。ECC 主要用在中低端工作站上，并非像常见的 PC 版 DDR3 那样是内存的传输标准，ECC 内存是具有错误校验和纠错功能的内存。ECC 是 Error Checking and Correcting 的简称，它是通过在原来的数据位上额外增加数据位来实现的。如 8 位数据，则需 1 位用于 Parity（奇偶校验）检验，5 位用于 ECC，这额外的 5 位是用来重建错误数据的。当数据的位数增加一倍时，Parity 也增加一倍，而 ECC 只需增加 1 位，所以，当数据为 64 位时，所用的 ECC 和 Parity 位数相同（都为 8）。在那些 Parity 只能检测到错误的地方，ECC 可以纠正绝大多数错误。若工作正常时，不会发觉数据出过错，只有经过内存的纠错后，计算机的操作指令才可以继续执行。在纠错时系统的性能有着明显降低，不过这种纠错对服务器等应用而言是十分重要的，ECC 内存的价格比普通内存要昂贵许多。而高端的工作站和服务器上用的都是 REG 内存，REG 内存一定是 ECC 内存，而且多加了一个寄存器缓存，数据存取速度大大加快，其价格比 ECC 内存还要贵。

3.CPU

传统的工作站 CPU 一般为非 Intel 或 AMD 公司生产的 CPU，而是使用 RISC 架构处理器，比如 PowerPC 处理器、SPARC 处理器、Alpha 处理器等，相应的操作系统一般为 UNIX 或其他专门的操作系统。全新的英特尔 NEHALEM 架构四核或者六核处理器具有以下几个特点：①超大的二级三级缓存，三级缓存六核或四核达到 12 M；②内存控制器直接通过 QPI 通道集成在 CPU 上，彻底解决了前端总线带宽瓶颈；③英特尔独特的内核加速模式 turbo mode 根据需要开启、关闭内核的运行；④第三代超线程 SMT 技术。

4. 硬盘

用于工作站系统的硬盘根据接口不同，主要有 SAS 硬盘、SATA（Serial ATA）硬盘、SCSI 硬盘、固态硬盘。工作站对硬盘的要求介于普通台式机和服务器之间。因此，低端的工作站也可以使用与台式机一样的 SATA 或者 SAS 硬盘，而中高端的工作站会使用 SAS 或固态硬盘。

（五）微型计算机

微型计算机简称"微型机"或"微机"，由于其具备人脑的某些功能，所以也称其为"微电脑"，又称为"个人计算机"（Personal Computer，PC）。微型计算机是由大规模集成电路组成的体积较小的电子计算机。它是以微处理器为基础，配以内存储器及输入输出（I/O）接口电路和相应的辅助电路而构成的裸机。

微型计算机的特点是体积小、灵活性大、价格便宜、使用方便。微型机以其执行结果精确、处理速度快捷、性价比高、轻便小巧等特点迅速进入社会各个领域，且技术不断更新、产品快速换代，从单纯的计算工具发展成为能够处理数字、符号、文字、语言、图形、图像、音频、视频等多种信息的强大多媒体工具。如今的微型机产品无论从运算速度、多媒体功能、软硬件支持，还是易用性等方面，都比早期产品有了质的飞跃。

通常，微型计算机可分为以下几类：

1. 工业控制计算机

工业控制计算机是一种采用总线结构，对生产过程及其机电设备、工艺装备进行检测与控制的计算机系统总称，简称"控制机"。它由计算机和过程输入/输出（I/O）两大部分组成。在计算机外部又增加一部分过程输入/输出通道，用来将工业生产过程的检测数据送入计算机进行处理；另一方面，将计算机要行使对生产过程控制的命令、信息转换成工业控制对象的控制变量信号，再送往工业控制对象的控制器中，由控制器行使对生产设备的运行控制。

2. 个人计算机

（1）台式机

台式机是应用非常广泛的微型计算机，是一种独立分离的计算机，体积相对较大，主机、显示器等设备一般都是相对独立的，需要放置在电脑桌或者专门的工作台上，因此命名为"台式机"。台式机的机箱空间大、通风条件好，具有很好的散热性；独立的机箱方便用户进行硬件升级（如显卡、内存、硬盘等）；台式机机箱的开关键、重启键、USB、音频接口都在机箱前置面板中，方便用户使用。

（2）电脑一体机

电脑一体机是由一台显示器、一个键盘和一个鼠标组成的计算机。它的芯片、主板与显示器集成在一起，显示器就是一台计算机。因此，只要将键盘和鼠标连接到显示器上，机器就能使用。随着无线技术的发展，电脑一体机的键盘、鼠标与显示器可实现无线连接，机器只有一根电源线，在很大程度上解决了台式机线缆多而杂的问题。

（3）笔记本式计算机

笔记本式计算机是一种小型、可携带的个人计算机，通常质量为 1 ~ 3 kg。与台式机架构类似，笔记本式计算机具有更好的便携性。笔记本式计算机除了键盘外，还提供了触控板或触控点，提供了更好的定位和输入功能。

（4）掌上电脑（PDA）

PDA（Personal Digital Assistant）是个人数字助手的意思。主要提供记事、通讯录、名片交换及行程安排等功能。可以帮助人们在移动中工作、学习、娱乐等。按使用来分类，分为工业级 PDA 和消费品 PDA。工业级 PDA 主要应用在工业领域，常见的有条形码扫描器、RFID 读写器、POS 机等；消费品 PDA 包括的比较多，比如智能手机、手持的游戏机等。

（5）平板电脑

平板电脑也称平板式计算机（Tablet Personal Computer，简称 Tablet PC、Flat PC、Tablet、Slates），是一种小型、方便携带的个人计算机，以触摸屏作为基本的输入设备。它拥有的触摸屏，允许用户通过手、触控笔或数字笔来进行作业而不是传统的键盘或鼠标。用户可以通过内置的手写识别、屏幕上的软键盘、语音识别或者一个外接键盘（如果该机型配备的话）实现输入。

3.嵌入式计算机

嵌入式计算机即嵌入式系统，是一种以应用为中心、以微处理器为基础，软硬件可裁剪的，适用于应用系统对功能、可靠性、成本、体积、功耗等综合性严格要求的专用计算机系统。它一般由嵌入式微处理器、外围硬件设备、嵌入式操作系统及用户的应用程序四个部分组成。它是计算机市场中增长最快的，也是种类繁多、形态多种多样的计算机系统。嵌入式系统几乎包括了生活中的电器设备，如计算器、电视机顶盒、手机、数字电视、多媒体播放器、微波炉、数字相机、家庭自动化系统、电梯、空调、安全系统、自动售货机、消费电子设备、工业自动化仪表与医疗仪器等。

（六）服务器

服务器是计算机的一种，它比普通计算机运行更快、负载更高、价格更贵。服务器在网络中为其他客户机（如 PC 机、智能手机、ATM 等终端甚至是火车系统等大型设备）提供计算或应用服务。服务器具有高速的 CPU 运算能力、长时间的可靠运行、强大的 I/O 外部数据吞吐能力以及更好的扩展性。根据所提供的服务，服务器都具备响应服务请求、承担服务、保障服务的能力。服务器作为电子设备，其内部结构十分复杂，但与普通的计算机内部结构相差不大，如 CPU、硬盘、内存、系统、系统总线等。

二、现代计算机的特点

（一）运算速度快

计算机内部的运算是由数字逻辑电路组成的，可以高速而准确地完成各种算术运算。当今计算机系统的运算速度已达到每秒万亿次，微机也可达每秒亿次以上，使大量复杂的科学计算问题得以解决。例如，卫星轨道的计算、大型水坝的计算、24 h 天气预报的计算等，过去人工计算需要几年、几十年，如今，用计算机只需几天甚至几分钟就可完成。

（二）计算精度高

科学技术的发展，特别是尖端科学技术的发展，需要高度精确的计算。计算机的精度主要取决于字长，字长越长，计算机的精度就越高。计算机控制的导弹能准确地击中预定的目标，是与计算机的精确计算分不开的。一般计算机可以有十几位甚至几十位（二进制）有效数字，计算精度可由千分之几到百万分之几，是普通计算工具所望尘莫及的。

（三）存储容量大

计算机要获得很强的计算和数据处理能力，除了依赖计算机的运算速度外，还依赖于它的存储容量大小。计算机有一个存储器，可以存储数据和指令，计算机在运算过程中需要的所有原始数据、计算规则、中间结果和最终结果，都存储在这个存储器中。计算机的存储器分为内存和外存两种。现代计算机的内存和外存容量都很大，如微型计算机内存容量一般都在 512 MB（兆字节）以上，最主要的外存——硬盘的存储容量更是达到了太字节（1 TB=1 024 GB，1 TB=1 024×1 024 MB）。

（四）逻辑运算能力强

计算机在进行数据处理时，除了具有算术运算能力外，还具有逻辑运算能力，可以通过对数据的比较和判断，获得所需的信息。这使得计算机不仅能够解决各种数值计算问题，还能解决各种非数值计算问题，如信息检索、图像识别等。

（五）自动化程度高

由于计算机具有存储记忆能力和逻辑判断能力，因此，人们可以将预先编好的程序存入计算机内，在运行程序的控制下，计算机能够连续、自动地工作，不需要人的干预。

（六）支持人机交互

计算机具有多种输入/输出设备，配置适当的软件之后，可支持用户进行人机交互。当这种交互性与声像技术结合形成多媒体界面时，用户的操作便可达到简捷、方便、丰富多彩。

三、计算机的科学应用

（一）科学计算领域

从计算机诞生到 20 世纪 60 年代，计算机的应用主要是以自然科学为基础，以解决重大科研和工程问题为目标，进行大量复杂的数值运算，以帮助人们从烦琐的人工计算中解脱出来。其主要应用包括天气预报、卫星发射、弹道轨迹计算、核能开发利用等。

（二）信息管理领域

信息管理是指利用计算机对大量数据进行采集、分类、加工、存储、检索和统计等。从 20 世纪 60 年代中期开始，计算机在数据处理方面的应用得到了迅猛发展。其主要应用包括企业管理、物资管理、财务管理、人事管理等。

（三）自动控制领域

自动控制是指由计算机控制各种自动装置、自动仪表、自动加工设备的工作过程。根据应用又可分为实时控制和过程控制。其主要应用包括工业生产过程中的自动化控制、卫星飞行方向控制等。

（四）计算机辅助系统领域

常用的计算机辅助系统介绍如下：

① CAD（Computer Aided Design），即计算机辅助设计。广泛用于电路设计、机械零部件设计、建筑工程设计和服装设计等。

② CAM（Computer Aided Manufacture），即计算机辅助制造。广泛用于利用计算机技术通过专门的数字控制机床和其他数字设备，自动完成产品的加工、装配、检测和包装等制造过程。

③ CAI（Computer Aided Instruction），即计算机辅助教学。广泛用于利用计算机技术，包括多媒体技术或其他设备辅助教学过程。

④其他计算机辅助系统，如 CAT（Computer Aided Test）计算机辅助测试、CASE（Computer Aided Software Engineering）计算机辅助软件工程等。

（五）人工智能领域

人工智能（Artificial Intelligence，AI）是利用计算机模拟人类的某些智能行为，比如感知、学习、理解等。其研究领域包括模式识别、自然语言处理、模糊处理、神经网络、机器人等。

（六）电子商务领域

电子商务（Electronic Commerce，EC）是指通过使用互联网等电子工具（这些工具包括电报、电话、广播、电视、传真、计算机、计算机网络、移动通信等）在全球范围内进行的商务贸易活动。人们不再面对面地看着实物，靠纸等单据或者现金进行买卖交易，而是通过网络浏览商品、完善的物流配送系统和方便安全的网络在线支付系统进行交易。

第二节　计算机硬软件系统

一、计算机的基本组成及工作原理

（一）计算机的基本组成

一个完整的计算机系统由硬件系统和软件系统两大部分组成。硬件系统是指构成计算机系统的物理设备，如主板、中央处理器（Central Processing Unit，CPU）、硬盘、光驱、机箱、键盘、显示器和打印机等；软件系统是指在计算机上运行的各种程序、数据和文档的集合。

没有安装任何软件的计算机称为裸机，裸机是无法工作的，必须安装操作系统和其他软件之后才能使用。当然，没有硬件系统支持的软件系统也是无法使用的。因此，硬件系统和软件系统是相辅相成、密不可分的。

（二）计算机的工作原理

计算机的基本工作原理是运行存储程序和进行程序控制。预先将指挥计算机如何进行操作的指令序列（称为程序）和原始数据输入计算机内存中，每一条指令中明确规定了计算机从哪个地址取数，进行什么操作，然后送到什么地方去等步骤。计算机在运行时，先从内存中取出第 1 条指令，通过控制器的译码器接收指令的要求，再从存储器中取出数据进行指定的运算和逻辑操作等；然后再按地址将结果送到内存中去；接下来，取出第 2 条指令，在控制器的指挥下完成规定操作，依此进行下去，直到遇到停止指令。

二、计算机硬件系统

计算机硬件系统由控制器、运算器、存储器、输入设备和输出设备五大部件组成，它们之间通过总线连接起来。一台计算机的正常工作是需要 5 个部件之间的协调工作才能完成。

（一）中央处理器

中央处理器是电子计算机的主要核心设备之一，是计算机系统的运算和控制核心，是信息处理、程序运行的最终执行单元。它主要包括两个部分，即运算器和控制器。其中还包括高速缓冲存储器及实现它们之间联系的数据、控制的总线。其功能主要是处理指令、执行操作、控制时间、处理数据。

1. 运算器

运算器是整个计算机系统的核心，主要由执行算术运算和逻辑运算的算术逻辑单元（Arithmetic Logic Unit，ALU）、累加器、状态寄存器、通用寄存器组等组成。

算术逻辑运算单元的基本功能为加、减、乘、除四则运算，"与""或""非""异或"等逻辑操作，以及移位、求补等操作。计算机运行时，运算器的操作和操作种类由控制器决定。运算器处理的数据来自存储器；处理后的结果数据通常送回存储器，或暂时寄存在运算器中。与 Control Unit 共同组成了 CPU 的核心部分。

2. 控制器

控制器是指挥计算机的各个部件按照指令的功能要求协调工作的部件，是计算机的神经中枢和指挥中心，由指令寄存器 IR（Instruction Register）、程序计数器 PC（Program Counter）和操作控制器 OC（Operation Controller）等部件组成。在系统运行过程中，不断地生成指令地址、取出指令、分析指令、向计算机的各个部件发出微操作控制信号，协调整个计算机有序地工作。控制器主要分为组合逻辑控制器、微程序控制器。两种控制器都有各自的优点与不足，其中组合逻辑控制器结构相对较复杂，但优点是速度较快；微程序控制器设计的结构简单，但在修改一条机器指令功能中，需对微程序的全部重编。

3. 寄存器

在计算机中，寄存器是 CPU 内部的元件，包括通用寄存器、专用寄存器和控制寄存器。寄存器是 CPU 内部用来存放数据（二进制代码）的一些小型存储区域，用来暂时存放参与运算的数据和运算结果。它是一种常用的时序逻辑电路，但这种时序逻辑电路只包含存储电路。寄存器的存储电路是由锁存器或触发器构成的，因为一个锁存器或触发器能存储一位二进制数，所以由 n 个锁存器或触发器可以构成 n 位寄存器。

寄存器最起码具备以下几种功能：①清除数码：将寄存器里的原有数码清除。

②接收数码：在接收脉冲作用下，将外输入数码存入寄存器中。③存储数码：在没有新的写入脉冲来之前，寄存器能保存原有数码不变。④输出数码：在输出脉冲作用下，通过电路输出数码。仅具有以上功能的寄存器，称为数码寄存器；有的寄存器还具有移位功能，称为移位寄存器。

（二）主存储器

主存储器简称"主存"，是计算机硬件的一个重要部件，其作用是存放指令和数据，并能由中央处理器（CPU）直接随机存取。现代计算机为了提高性能，又能兼顾合理的造价，往往采用多级存储体系。即由存储容量小、存取速度高的高速缓冲存储器与存储容量和存取速度适中的主存储器构成。主存储器是按地址存放信息的，存取速度一般与地址无关。32位（bit）的地址最大能表达4 GB的存储器地址。这对多数应用已经足够，但对于某些特大运算量的应用和特大型数据库已显得不够，从而对64位结构提出需求。

主存储器一般采用半导体存储器，与辅助存储器相比，有容量小、读写速度快、价格高等特点。计算机中的主存储器主要由存储体、控制线路、地址寄存器、数据寄存器和地址译码电路五部分组成。

1. 主存的存储容量

在一个存储器中容纳的存储单元总数通常称为该存储器的存储容量。存储容量用字数或字节数（B）来表示，如64 KB、512 KB、10 MB。外存中为了表示更大的存储容量，采用MB、GB、TB等单位。其中1 KB=2^{10} B，1 MB=2^{20} B，1 GB=2^{30} B，1 TB=2^{40} B。现在计算机基本上都是以GB为存储单位。

2. 主存的技术指标

（1）存储容量

在一个存储器中可以容纳的存储单元总数，表现为存储空间的大小，单位为B。

（2）存取时间

启动到完成一次存储器操作所经历的时间，表示为主存的速度，单位为ns。

（3）存储周期

连续启动两次操作所需间隔的最小时间，表示为主存的速度，单位为ns。

（4）存储器带宽

单位时间里存储器所存取的信息量，它是衡量数据传输速率的重要技术指标，单位: b/s（位/秒）或 B/S（字节/秒）。

（5）字地址

存放一个机器字的存储单元，通常称为字存储单元，相应的单元地址，称为字地址。

（6）字节地址

存放一个字节的单元，称为字节存储单元，相应的地址也称之为字节地址。

3. 主存的分类

（1）RAM

随机存储器（Random Access Memory，RAM）。其存储单元的内容可按需随意取出或存入，且存取的速度与存储单元的位置无关。这种存储器在断电时将丢失其存储内容，故主要用于存储短时间使用的程序。

（2）ROM

只读存储器（Read Only Memory，ROM），它主要用来存放一些固定的程序，如主板、显卡和网卡上的 BIOS（Basic Input Output System）就固化在 ROM 中，因为这些程序和数据的变动概率都很低。与 RAM 不同的是，对于 ROM 中的数据，一次性写入，而不能改写，且 ROM 中的程序和数据不会因为系统断电而丢失。随着 ROM 存储技术的发展，一种用于主板 BIOS 的可擦除、可编程、可改写的 EEPROM 已出现，并被广泛使用，实现了主板 BIOS 在线升级，为用户提高 BIOS 的性能提供了可能。

（3）高速缓冲存储器

由于 CPU 执行指令的速度比内存的读写速度要大得多，所以在存取数据时会使 CPU 等待，影响 CPU 执行指令的效率，从而影响计算机的速度。

为了解决这个瓶颈，在 CPU 和内存之间增设了一个高速缓冲存储器，称为 Cache。Cache 的存取速度比内存快（因而也就更昂贵），但容量不大，主要用来存放当前内存中频繁使用的程序块和数据块，并以接近于 CPU 的速度向 CPU 提供程序指令和数据。一般来说，程序的执行在一段时间内总是集中于程序代码的一个小范围内。

如果一次性将这段代码从内存调入缓存中，缓存便可以满足 CPU 执行若干条指令的要求。只要程序的执行范围不超出这段代码，CPU 对内存的访问就演变成对高速缓存的访问。因此，缓存可以加快 CPU 访问内存的速度，从而也就提升了计算机的性能。

（三）辅助存储器

外储存器是指除计算机内存及 CPU 缓存以外的储存器，此类储存器一般断电后仍然能保存数据。常见的外存储器有硬盘、软盘、光盘、U 盘等。

1. 软盘存储器

软盘是个人计算机中最早使用的可移介质，用表面涂有磁性材料的柔软的聚酯材料制成，数据记录在磁盘表面上。软盘驱动器（通常用字母 A：来标识）设计能接收可移动式软盘，目前常用的就是容量为 1.44 MB 的 3.5 in（1 in=2.54 cm）软盘，简称"3 寸盘"。软盘的读写是通过软盘驱动器完成的。软盘存取速度慢，容量也小，但可装可卸、携带方便。

2. 硬盘存储器

硬盘是最重要的外部存储器，容量一般都比较大。目前新配置的计算机的硬盘容量均在 256 GB 以上。著名的硬盘品牌有希捷、迈拓、西部数据和三星等。

硬盘接口是硬盘与主机系统间的连接部件，其作用是在硬盘缓存和主机内存之间传输数据。硬盘接口的优劣直接影响程序运行的快慢和系统性能的好坏。目前，常见的硬盘接口有 IDE、SCSI、SATA 和光纤通道四种。

传统的机械硬盘由磁盘体、磁头和马达等机械零件组成，要提升硬盘性能，最简单的方法是提高硬盘的转速，但由于机械硬盘的物理结构与成本限制，提升转速后会带来较多的负面影响。

固态硬盘 SSD（Solid State Disk），是由控制单元和固态存储单元（DRAM 或 FLASH 芯片）组成的硬盘，其防震抗摔、发热低、零噪声，由于没有机械马达，闪存芯片发热量小，工作时噪声值为 0 dB。由于固态硬盘没有普通硬盘的机械结构，也不存在机械硬盘的寻道问题，因此系统能够在低于 1 ms 的时间内对任意位置存储单元完成输入 / 输出操作。固态硬盘能更大限度地减少硬盘成为整机的性能瓶颈，给传统机械硬盘带来了全新的革命。

硬盘的性能指标如下：

（1）容量

通常所说的容量是指硬盘的总容量，一般硬盘厂商定义的单位 1 GB=1 000 MB，而系统定义的 1 GB=1 024 MB，因此，会出现硬盘上的标称值大于格式化容量的情况，这算业界惯例，属于正常情况。

（2）单碟容量

单碟容量就是指一张碟片所能存储的字节数，硬盘的单碟容量一般都在 20 GB 以上。而随着硬盘单碟容量的增大，硬盘的总容量已经可以实现上百 G 甚至几 TB 了。

（3）转速

转速是指硬盘内电机主轴的转动速度，单位是 RPM（每分钟旋转次数）。转速是决定硬盘内部传输率的决定因素之一，它的快慢在很大程度上决定了硬盘的速度，同时也是区别硬盘档次的重要标准。目前一般的硬盘转速为 5 400 RPM 和 7 200 RPM，最高的转速则可达到 10 000 RPM。

（4）最高内部传输速率

最高内部传输速率是硬盘的外圈的传输速率，它是指磁头和高速数据缓存之间的最高数据传输速率，单位为 MB/s。最高内部传输速率的性能与硬盘转速以及盘片存储密度（单碟容量）有直接的关系。

（5）平均寻道时间

平均寻道时间是指硬盘磁头移动到数据所在磁道时所用的时间，单位为 ms。硬盘的平均寻道时间一般低于 9 ms。平均寻道时间越短，硬盘的读取数据能力就越高。

3. 移动硬盘

移动硬盘是以硬盘为存储介质，计算机之间交换大容量数据，强调便携性的存储产品。市场上绝大多数的移动硬盘都是以标准硬盘为基础的，而只有很少部分是微型硬盘，但价格因素决定着主流移动硬盘还是以标准笔记本硬盘为基础。因为采用硬盘为存储介质，所以移动硬盘在数据的读写模式上与标准 IDE 硬盘是相同的。移动硬盘大多采用 USB、IEEE 1394 等传输速度较快的接口，可以较高的速度与系统进行数据传输。移动硬盘的特点如下：

（1）容量大

移动硬盘可以提供相当大的存储容量，在"闪盘"广泛被用户接受的情况下，移动硬盘也在用户可以接受的价格范围之内，为用户提供了较大的存储容量和良好的便携性。市场上大部分的移动硬盘存储容量为 350 GB，500 GB，640 GB，1 TB，2 TB，4 TB 等，也可以说是"闪盘"的升级版。

（2）体积小

移动硬盘（盒）的尺寸分为 1.8、2.5 和 3.5 in 三种。其中 1.8 in 移动硬盘大多提供 10，20，40，60，80 GB 的容量；2.5 in 移动硬盘寸大多提供 120，160，200，250，320，500，640，750，1 000 GB（1 TB）的容量；3.5 in 的移动硬盘盒还有 500 GB，640 GB，750 GB，1 TB，1.5 TB，2 TB 的大容量。

（3）速度快

移动硬盘大多采用 USB、IEEE 1394、eSATA 接口，能提供较高的数据传输速度。不过移动硬盘的数据传输速度在一定程度上受到接口速度的限制。

4.U 盘

U 盘全称 USB 闪存驱动器，英文名"USB flash disk"。它是一种使用 USB 接口的无须物理驱动器的微型高容量移动存储产品，通过 USB 接口与电脑连接，实现即插即用。U 盘的称呼最早源自朗科科技生产的一种新型存储设备，名曰"优盘"，使用 USB 接口进行连接。U 盘连接到电脑的 USB 接口后，U 盘的资料可与电脑交换。而之后生产的类似技术的设备由于朗科已进行专利注册，而不能再称为"优盘"，而改称谐音的"U 盘"。后来，"U 盘"这个称呼因为其简单易记而广为人知，是移动存储设备之一。

（四）总线

总线是指将信息以一个或多个源部件传送到一个或多个目的部件的一组传输线。也就是多个部件间的公共连线，用于在各个部件之间传输信息，通常以"MHz"表示的速度来描述总线频率。

总线的种类很多，按总线内所传输的信息种类，可将总线分类为数据总线、地址总线和控制总线，分别用于传送数据、地址和控制信息。

1. 数据总线

数据总线（Data Bus，DB）是 CPU 和存储器、外设之间传送指令和数据的通道。信息传送是双向的，它的宽度反映了 CPU 一次处理或传送数据的二进制位数。微机根据其数据总线宽度可分成 4，8，16，32 和 64 位等机型。例如，80286 可称为 16 位机。总线内数据线的数目代表可传递数据的位数，同时也代表可在同一时间内传递更多的数据。常见的数据总线为 ISA、EI–SA，VESA、PCI 等。

2. 地址总线

地址总线（Address Bus，AB）用于传送存储单元或 VO 接口的地址信息。信息传送是单向的，它的条数决定了计算机内存空间的范围和 CPU 能管辖的内存数量，也就是 CPU 到底能够使用多大容量的内存。总线内地址线的数目越多，存储的单元便越多。

3. 控制总线

控制总线（Control Bus，CB）用来传送控制器的各种控制信息，是指控制部件向计算机其他部分所发出的控制信号（指令）。不同的计算机系统会有不同数目和不同类型的控制线。实际上控制总线的具体情况主要取决于 CPU。

按照传输数据的方式划分，可分为串行总线和并行总线两种。

（1）串行总线

串行总线也称为通用串行总线（Universal Serial Bus，USB）是连接计算机系统与外部设备的一种串口总线标准，也是一种 IO 接口的技术规范，被广泛应用于个人电脑和移动设备等信息通信产品，并扩展至摄影器材、数字电视（机顶盒），游戏机等其他相关领域。

串行总线的特点：① USB 最初是由英特尔与微软公司倡导发起的，其最大的特点是支持热插拔和即插即用。当设备插入时，主机枚举此设备并加载所需的驱动程序，因此使用起来远比 PCI 和 ISA 总线方便。② USB 速度比平行并联总线与串联总线等传统电脑用标准总线快上许多。③ USB 的设计为非对称式的，它由一个主机控制器和若干通过 Hub 设备以树形连接的设备组成。一个控制器下最多可以有 5 级 Hub，包括 Hub 在内，最多可以连接 127 个设备，而一台计算机可以同时有多个控制器。与 SPI-SCSI 等标准不同，USB Hub 不需要终结器。④ USB 可以连接的外设有鼠标、键盘、游戏杆、扫描仪、数码相机、打印机、硬盘和网络部件。对数码相机这样的多媒体外设 USB 已经是缺省接口；由于大大简化了与计算机的连接，USB 也逐步取代并口成为打印机的主流连接方式。

串行总线的优点：①可以热插拔，告别"并口和串口先关机，将电缆接上，再开机"的动作。②系统总线供电，低功率设备无须外接电源，采用低功耗设备。③支持设备众多，支持多种设备类，例如鼠标、键盘、打印机等。④扩展容易，可以连接多个设备，最多可扩 127 个。⑤高速数据传输，USB1.1 为 12 Mb/s，

USB2.0 高达 480 Mb/s。⑥方便的设备互联，USB OTG 支持点对点通信，例如数码相机和打印机直接互联，无须 PC。

（2）并行总线

并行总线就是并行接口与计算机设备之间传递数据的通道。采用并行传送方式在微型计算机与外部设备之间进行数据传送的接口称并行接口。它有两个主要特点：一是同时并行传送的二进位数就是数据宽度；二是在计算机与外设之间采用应答式的联络信号来协调双方的数据传送操作，这种联络信号又称为握手信号。

众所周知，在 PC 的发展中，总线屡屡成为系统性能的瓶颈，这主要是 CPU 的更新换代和应用不断扩大所致。总线是微机系统中广泛采用的一种技术。总线是一组信号线，是在多于两个模块（子系统或设备）间相互通信的通路，也是微处理器与外部硬件接口的核心。自 IBMPC 问世近 40 年来，随着微处理器技术的飞速发展，使得 PC 的应用领域不断扩大，随之相应的总线技术也得到不断创新。由 PC/XT 到 ISA、MCA、EISA、VESA 再到 PCI、AGP、IEEE1394、USB 总线等。究其原因，是因为 CPU 的处理能力迅速提升，但与其相连的外围设备通道带宽过窄且落后于 CPU 的处理能力，这使得人们不得不改造总线，尤其是局部总线。目前，AGP 局部总线数据传输率可达 528 MB/s，PCI-X 可达 1GB/s，系统总线传输率也由 66 MB/s 到 100 MB/s，甚至更高的 133 MB/s，150 MB/s。总线的这种创新，促进了 PC 系统性能的日益提高。随着微机系统的发展，有的总线标准仍在发展、完善；与此同时，有某些总线标准会因其技术过时而被淘汰。当然，随着应用技术发展的需要，也会有新的总线技术不断研制出来，同时在竞争的市场中，不同总线还会拥有自己特定的应用领域。目前，除了大家熟悉、较为流行的 PCI、AGP、IEEE 1394、USB 等总线外，又出现了 EV6 总线、PCI-X 局部总线，NCIO 总线等，它们的出现从某种程度上代表了未来总线技术的发展趋势。

① ISA 总线。

ISA（Industry Standard Architecture，工业标准结构总线）是美国 IBM 公司为 286 计算机制定的工业标准总线。该总线的总线宽度是 16 位，总线频率为 8 MHz。

② EISA 总线。

EISA（Extended Industry Standand Architecture，扩展工业标准结构总线）是为 32 位中央处理器（386，486，586 等）设计的总线扩展工业标准。EISA 总线

包括 ISA 总线的所有性能外，还把总线宽度从 16 位扩展到 32 位，总线频率从 8.3 MHz 提高到 16 MHz。

③ MCA 总线。

MCA（Micro Channel Architecture，微通道总线结构）是 IBM 公司专为其 PS/2 系统（使用各种 Intel 处理器芯片的个人计算机系统）开发的总线结构。该总线的宽度是 32 位，最高总线频率为 10 MHz。虽然 MCA 总线的速度比 ISA 和 EISA 快，但是 IBM 对 MCA 总线执行的是使用许可制度，因此 MCA 总线没有像 ISA，EISA 总线一样得到有效推广。

④ VESA 总线。

VESA（Video Electronics Standards Association，视频电子标准协会）是 VESA 组织按局部总线标准设计的一种开放性总线。VESA 总线的总线宽度是 32 位，最高总线频率为 33 MHz。

⑤ PCI 总线。

PCI（Peripheral Component Interconnect，连接外部设备的计算机内部总线）是美国 SIG（Special Interest Group of Association for Computer Machinery，美国计算机协会专业集团）集团推出的新一代 64 位总线。该总线的最高总线频率为 33 MHz，数据传输率为 80 MB/s（峰值传输率为 133 MB/s）。

⑥ AGP 总线。

AGP（Accelerated Graphics Port）即高速图形接口。专用于连接主板上的控制芯片和 AGP 显示适配卡，为提高视频带宽而设计的总线规范，目前大多数主板均有提供。

⑦ USB 总线。

USB（Universal Serial Bus，通用串行总线）是一种简单实用的计算机外部设备接口标准，目前大多数主板均有提供。

⑧ PCI-X 局部总线。

为解决 Intel 架构服务器中 PCI 总线的瓶颈问题，Compaq，IBM 和 HP 公司决定加快加宽 PCI 芯片组的时钟速率和数据传输速率，使其分别达到 133 MHz 和 1 CGB/s。利用对等 PCI 技术和 Intel 公司的快速芯片作为智能 IO 电路的协处理器来构建系统，这种新的总线称为 PCI-X。PCI-X 技术能通过增加计算机中央处理器与网卡、打印机，硬盘存储器等各种外围设备之间的数据流量来提高服务器的性能。与 PCI 相比，PCI-X 拥有更宽的通道、更优良的通道性能以及更好的安全性能。

⑨ PCI Express。

PIC Express 简称 PCI-E，是电脑总线 PCI 的一种，它沿用了现有的 PCI 编程概念及通信标准，但基于更快的串行通信系统。英特尔是该接口的主要支持者。PCI-E 仅应用于内部互联。由于 PCI-E 是基于现有的 PCI 系统，只需修改物理层而无须修改软件就可将现有的 PCI 系统转换为 PCI-E。PCI-E 拥有更快的速率，以取代几乎全部现有的内部总线（包括 AGP 和 PCI）。英特尔希望将来能用一个 PCI-E 控制器和所有外部设备交流，取代现有的南桥 / 北桥方案。并且 PCI-E 设备能够支持热拔插和热交换特性。由此可见，PCI-E 最大的意义在于它的通用性，不仅可让它用于南桥与其他设备的连接，也可以延伸到芯片组间的连接，甚至可用于连接图形芯片，这样，整个 I/O 系统重新统一起来，将更进一步简化计算机系统，增加计算机的可移植性和模块化。

三、计算机软件系统

计算机软件系统是指使用计算机所运行的全部程序的总称。软件是计算机的灵魂，是发挥计算机功能的关键。有了软件，人们可以不必过多地去了解机器本身的结构与原理，可以方便灵活地使用计算机，从而使计算机有效地为人类工作、服务。随着计算机应用的不断发展，计算机软件在不断积累和完善的过程中，形成了极为宝贵的软件资源。它在用户与计算机之间架起了桥梁，为用户的操作带来极大的方便。计算机是一个非常有用的工具，学习计算机的重点是掌握它的基本组成结构、基本操作和使用技巧，如果想要对计算机有一个比较系统的认识，还需要了解一些有关计算机的硬件系统和软件系统的基础知识。

（一）系统软件

系统软件是指控制和协调计算机及外部设备，支持应用软件开发和运行的系统，是无须用户干预的各种程序的集合，主要功能是调度、监控和维护计算机系统，负责管理计算机系统中各种独立的硬件，使得它们可以协调工作。系统软件使得计算机使用者和其他软件将计算机当作一个整体而不需要顾及底层每个硬件是如何工作的。

系统软件主要包含操作系统、程序设计语言和语言处理程序、数据库管理、辅助程序等。

1. 操作系统分析

操作系统的发展是一个漫长的过程，计算机发展之初并没有操作系统的概念，当时每一台计算机必须匹配专有的程序，完成相关的工作；随着时代的发展，产生了为用户管理计算机资源的操作系统，最初的操作系统一次只能运行一个程序，为了节约人力和提高计算机的工作效率，便出现了多任务的操作系统；随后，计算机走入千家万户，便有了面向企业、个人用户的操作系统，直到今天的操作系统。操作系统的发展过程大致经历了 4 个阶段：人工操作计算机、管理程序使用计算机、操作系统的形成和操作系统的发展。

一个标准 PC 的操作系统应该提供以下功能：①进程与处理机管理。包括：进程控制、进程同步、进程通信、进程调度。②内存管理（存储器管理）。包括：内存分配、内存保护、地址映射、内存扩充。③设备管理。包括：缓冲管理、设备分配、设备处理、设备独立性和虚拟设备。④文件管理。包括：文件存储空间的管理、目录管理、文件读 / 写管理、文件存取控制。⑤作业管理。作业是指用户在一次计算过程中要求计算机系统所做工作的集合。包括一个作业从进入系统到运行结束，一般需要经历提交、准备、执行和完成 4 种状态。

2. 程序设计语言和语言处理程序分析

根据程序设计语言发展的历程，可将其大致分为 3 类：机器语言、汇编语言和高级语言。

（1）机器语言

机器语言是指直接用二进制代码指令表达的计算机语言，指令是用"0"和"1"组成的一串代码，它们有一定的位数，并分成若干段，各段的编码表示不同的含义。例如，某台计算机字长为 16 位，即有 16 个二进制数组成一条指令或其他信息。16 个"0"和"1"可组成各种排列组合，通过线路变成电信号，让计算机执行各种不同的操作。处理器类型不同的计算机，其机器语言是不同的，按照一种计算机的机器指令编制的程序，不能在指令系统不同的计算机中执行。机器语言的缺点是：难记忆、难书写、难编程、易出错、可读性差和可执行性差。

（2）汇编语言

为了克服机器语言的缺点，人们采用了与二进制代码指令实际含义相近的英文缩写词、字母和数字等符号来取代二进制指令代码，这就是汇编语言（也称为"符号语言"）。汇编语言是由助记符代替操作码，用地址符号或标号代替地址码所组成的指令系统。使用汇编语言编写的程序，机器不能直接识别，要由一种程序将汇编语言翻译成机器语言，这种起翻译作用的程序称为汇编程序。汇编程序是系统软件中的语言处理系统软件。汇编程序把汇编语言翻译成机器语言的过程称为汇编。

汇编语言比机器语言易于读写、调试和修改，同时具有机器语言的全部优点。但在编写复杂程序时，相对高级语言代码量较大，而且汇编语言依赖于具体的处理器体系结构，不能通用，因此，不能直接在不同处理器体系结构之间移植。

（3）高级语言

机器语言和汇编语言统称为低级语言，由于二者依赖于硬件体系，且汇编语言中的助记符量大、难记，于是人们又发明了更加方便易用的高级语言。在这种语言下，其语法和结构更类似普通英语，且由于远离对硬件的直接操作，使得一般人经过学习之后都可以进行编程。高级语言主要有：FORTRAN、ALGOL、COBOL、BASIC、Pascal、C、Ada、C++、Java、PowerBuilder、Del-phi、PHP、HTML 等。

机器语言编写的程序是能被计算机直接识别和执行的，而其他语言编写的程序是需要用处理程序进行翻译后才能被计算机执行，而处理程序一般是由汇编程序、编译程序、解释程序和相应的操作程序等组成。

3. 数据库管理分析

数据库管理系统有组织地、动态地存储大量数据，使人们能方便、高效地使用这些数据。数据库管理系统是一种操纵和管理数据库的大型软件，用于建立、使用和维护数据库。

4. 辅助程序分析

系统辅助处理程序也称为"软件研制开发工具""支持软件"和"软件工具"，主要有编辑程序、调试程序、装备和连接程序、调试程序。

（二）支撑软件

支撑软件是支持其他软件的编制和维护的软件。随着计算机应用的发展，软件的编制和维护在整个计算机系统中所占的比重已远远超过硬件，从提高软件的生产率，保证软件的正确性、可靠性和维护性来看，支撑软件在软件开发中占有重要地位。广义地讲，可以把操作系统看作支撑软件，或把支撑软件看作是系统软件的一部分。

支撑软件是在系统软件和应用软件之间，提供应用软件设计、开发、测试、评估、运行检测等辅助功能的软件，有时以中间件形式存在。随着计算机科学技术的发展，软件的开发和维护代价在整个计算机系统中所占的比重很大，远远超过硬件。因此，支撑软件的研究具有重要意义，直接促进软件的发展。当然，数据库管理系统、网络软件等也可算作支撑软件。但是 70 年代中、后期发展起来的软件开发环境则可看成现代支撑软件的代表，它主要包括环境数据库、各种接口软件和工具组。三者形成整体，协同支撑软件的开发与维护。包括一系列基本的工具（比如编译器，数据库管理，存储器格式化，文件系统管理，用户身份验证，驱动管理，网络连接等方面的工具）。环境数据库是把各种环境数据按照一定的逻辑关系进行有效的排列组合，并用一整套支撑软件保证其正常运行的数据支持系统。

（三）应用软件

应用软件是用户可以使用的各种程序设计语言，以及用各种程序设计语言编制的应用程序的集合，分为应用软件包和用户程序。应用软件包是利用计算机解决某类问题而设计的程序的集合，可供多用户使用。应用软件的分类主要包含如下几种：①文字处理软件：用于输入、存储、修改、编辑、打印文字资料（文件、稿件等）。常用的有 WPS、Word 等。②信息软件管理：用于输入、存储、修改、检索各种信息。例如工资管理系统、人事管理系统等。这种软件发展到一定水平后，可以将各个单项软件连接起来，构成一个完整、高效的管理系统，简称 MIS。③计算机辅助设计软件：用于高效地绘制、修改工程图纸，进行常规的设计和计算，帮助用户寻求较优的设计方案。常用的有 AutoCAD 等。④实时控制软件：用于随时收集生产装置、飞行器等的运行状态信息，并以此为根据按预定的方案实施自动或半自动控制，从而安全、准确地完成任务或实现预定目标。

（四）分布式软件系统

分布式软件系统是支持分布式处理的软件系统，是在由通信网络互联的多处理机体系结构上执行任务的系统。它包括分布式操作系统、分布式程序设计语言及其编译（解释）系统、分布式文件系统和分布式数据库系统等。

分布式操作系统负责管理分布式处理系统资源和控制分布式程序运行。它和集中式操作系统的区别在于资源管理、进程通信和系统结构等方面。

分布式程序设计语言用于编写运行于分布式计算机系统上的分布式程序。一个分布式程序由若干个可以独立执行的程序模块组成，它们分布于一个分布式处理系统的多台计算机上被同时执行。它与集中式的程序设计语言相比有三个特点：分布性、通信性和稳健性。

分布式文件系统具有执行远程文件存取的能力，并以透明方式对分布在网络上的文件进行管理和存取。

分布式数据库系统由分布于多个计算机结点上的若干个数据库系统组成，它提供有效的存取手段来操纵这些结点上的子数据库。分布式数据库在使用上可视为一个完整的数据库，而实际上它是分布在地理分散的各个结点上。当然，分布在各个结点上的子数据库在逻辑上是相关的。

第二章　信息技术基础

第一节　信息与信息社会

一、数据与信息

（一）数据的概念与特征

数据是指对客观事件进行记录并可以鉴别的符号，是对客观事物的性质、状态以及相互关系等进行记载的物理符号或这些物理符号的组合。它是可识别的、抽象的符号。

数据不仅指狭义上的数字，还可以是具有一定意义的文字、字母、数字符号的组合，以及图形、图像、视频、音频等，也是客观事物的属性、数量、位置及其相互关系的抽象表示。例如，"0，1，2…""阴、雨、下降、气温""学生的档案记录、货物的运输情况"等都是数据。数据经过加工后就成为信息。

在计算机科学中，数据是指所有能输入到计算机并被计算机程序处理的符号的介质的总称，是用于输入电子计算机进行处理，具有一定意义的数字、字母、符号和模拟量等的通称。现在计算机存储和处理的对象十分广泛，表示这些对象的数据也随之变得越来越复杂。

（二）信息的概念与特征

信息是适合于以通信、存储、处理的形式来表示的知识或消息。一般来说，信息既是对各种事物变化和特征的反映，又是事物之间相互作用、相互联系的表征。人通过接收信息来认识事物，从这个意义上来说，信息是一种知识，是接收者原来不一定了解的知识。

（三）数据与信息的关系

计算机科学中的信息通常被认为是能够用计算机处理的、有意义的内容或消息，它们以数据的形式出现，如数值、文字、语言、图形、图像等。数据是信息的载体。

数据与信息的区别是：数据处理之后产生的结果为信息，信息具有针对性、时效性。尽管这是两个不同的概念，但人们在许多场合把它们互换使用。信息有意义，而数据没有。例如：当测量一个人的体重时，假定这个人的体重是 60 kg，则写在记录本上的 60 kg 实际上是数据。

二、信息技术

信息技术（Information Technology 简称 IT）是指在信息科学的基本原理和方法的指导下扩展人类信息功能的技术。一般来说，信息技术是以电子计算机和现代通信为主要手段，实现信息的获取、加工、传递和利用等功能的技术总和。人的信息功能包括：感觉器官承担的信息获取功能，神经网络承担的信息传递功能，思维器官承担的信息认知功能和信息再生功能，效应器官承担的信息执行功能。

人们对信息技术的定义，因其使用的目的、范围、层次不同而有不同的表述：①信息技术就是获取、存储、传递、处理分析以及使信息标准化的技术。②信息技术包含通信、计算机与计算机语言、计算机游戏、电子技术、光纤技术等。③现代信息技术以计算机技术、微电子技术和通信技术为特征。④信息技术是指在计算机和通信技术支持下用以获取、加工、存储、变换、显示和传输文字、数值、图像以及声音信息，包括提供设备和提供信息服务两大方面的方法和设备的总称。⑤信息技术是人类在生产斗争和社会实验中，认识自然和改造自然过程中所积累起来的获取信息、传递信息、存储信息、处理信息，以及使信息标准化的经验、知识、技能和体现这些经验、知识、技能的劳动资料的有目的的结合过程。⑥信息技术是管理、开发和利用信息资源的有关方法、手段和操作程序的总称。⑦信息技术是指能够扩展人类信息器官功能的一类技术的总称。⑧信息技术指"应用在信息加工和处理中的科学、技术与工程的训练方法和管理技巧；上述方法和技巧的应用；计算机及其与人、机的相互作用，与人相应的社会、经济和文化等诸多事物"。

信息技术包括信息传递过程中的各个方面，即信息的产生、收集、交换、存储、传输、显示、识别、提取、控制、加工和利用等技术，是这些技术的总和。

信息技术的发展分为五个阶段，每次新技术的使用都引起了一次技术革命：

第一次技术革命是语言的使用，语言是人类进行思想交流和信息传播不可或缺的工具；第二次技术革命是文字的出现和使用，文字使人类对信息的保持和传播取得重大突破，较大地超越了时间和地域的局限；第三次技术革命是印刷术的发明和使用，印刷术使书籍、报刊成为重要的信息储存和传播的媒体；第四次技术革命是电话、广播、电视的使用，它们使人类进入利用电磁波传播信息的时代；第五次技术革命是计算机与互联网的使用，这次信息技术革命始于 20 世纪 60 年代，其标志是电子计算机的普及应用及计算机与现代通信技术的有机结合。

（一）信息表示

计算机中最基本的工作是进行大量的数值运算和数据处理。在日常生活中，我们较多地使用十进制数，而计算机是由电子元器件组成的，因此，计算机中的信息都得用电子元器件的状态来表示。而与这些状态相对应的数制，就是二进制，同时计算机内只能接受二进制。

计算机为什么要用二进制呢？首先，二进制只需 0 和 1 两个数字表示。物理上一个具有两种不同稳定状态且能相互转换的元器件是很容易找到的，如电位的高低、晶体管的导通和截止、磁化的正方向和反方向、脉冲的有或无、开关的闭合和断开等，都恰恰可以与 0 和 1 对应。而且这些物理元器件的状态稳定可靠，因而其抗干扰能力强。相比之下，计算机内如果采用十进制，则至少要求元器件有 10 种稳定的状态，在目前这几乎是不可能的事。其次，二进制运算规则简单，加法、乘法规则各 4 个，即

$$0+0=0 \quad 0+1=1 \quad 1+0=1 \quad 1+1=10$$

$$0\times0=0 \quad 0\times1=0 \quad 1\times0=0 \quad 1\times1=1$$

采用门电路，很容易就可实现上述的运算。再次，逻辑判断中的"真"和"假"，也恰好与二进制的 0 和 1 相对应。所以，计算机从其易得性、可靠性、可行性及逻辑性等各方面考虑，选择了二进制数字系统。采用二进制，可以把计算机内的所有信息都用两种不同的状态值通过组合来表示。

1. 数制

按进位的原则进行计数，称为进位计数制，简称数制。常用的数制有十进制、二进制、八进制和十六进制。无论哪一种，其计数和运算都有共同的规律和特点。

2. 数据的存储单位

位（bit）在计算机中最小的数据单位是二进制的一个数位。计算机中最直接、最基本的操作就是对二进制位的操作。我们把二级制数的每一位称为一个字位，或是一个 bit。bit 是计算机中最基本的存储单位。

字节（Byte）是一个 8 位的二进制数单元，也称为 Byte。字节是计算机中最小的存储单元。其他容量单位还有千字节（KB）、兆字节（MB）、千兆字节（GB）、太字节（TB）及皮字节（PB）。它们之间有下列换算关系：

1 B=8 bit 1 KB=2^{10}B=1024 B

1 MB=2^{20}B=1024 KB 1 GB=2^{30}B=1024 MB

1 TB=2^{40}B=1024 GB 1 PB=2^{50}B=1024 TB

字是 CPU 通过数据总线一次存取、加工和传送的数据，一个字由若干个字节组成。而字长表示一个字中包括二进制数的位数。例如，一个字由两个字节组成，则该字字长为 16 位。字长是计算机功能的一个重要标志，字长越长表示功能越强。不同类型计算机的字长是不同的，较长的字长可以处理位数更多的信息。字长是由 CPU 决定的，如 80286 CPU 的字长为 16 位，即一个字长为两个字节。80386/80486 微型计算机字长为 32 位，目前主流 CPU 的字长是 64 位。

3. 常用数制的相互转换

①二进制数转换为十进制数。将二进制数转换为十进制数，只要将二进制数用计数制通用形式表示出来，计算出结果，便得到相应的十进制数。

②八进制数转换为十进制数。八进制数以 8 位基数按权展开并相加可以得到十进制数。

③十六进制数转换成十进制数。十六进制数则以 16 位基数按权展开并相加。

④十进制数转换为 R 进制数。其中，整数部分的转换采用的是除 R 取余倒记法。

⑤R 进制数之间的相互转换。

a. 八进制数转换为二进制数：八进制数转换为二进制数所使用的转换原则是"一位拆三位"，即把一位八进制数对应于三位二进制数，然后按顺序连接即可。

b. 二进制数转换为八进制数：二进制数转换为八进制数可概括为"三位并一位"，即从小数点开始向左右两边以每三位为一组，不足三位时补 0，然后每组改成等值的一位八进制数即可。

c.十六进制数转换为二进制数：十六进制数转换为二进制数的转换原则是"一位拆四位"，即把 1 位十六进制数转换为对应的 4 位二进制数，然后按顺序连接即可。

d.二进制数转换为十六进制数：二进制数转换为十六进制数的转换原则是"四位并位"，即从小数点开始向左右两边以每四位为一组，不足四位时补 0，然后每组改成等值的一位十六进制数即可。

（二）信息存储

信息存储是将获得的或加工后的信息保存起来，以备将来使用。信息存储不是一个孤立的环节，它始终贯穿于信息处理工作的全过程。

信息存储需要依赖介质，而信息存储介质可以分为纸质存储和电子存储。不同的信息存储介质的作用会有所不同。常见信息存储介质的特点如下：①纸。优点：存量大、体积小，便宜，永久保存性好，并有不易涂改性。存数字、文字和图像一样容易。②胶卷。优点：存储密度大，查询容易。③计算机。优点：存取速度极快，存储的数据量大。

信息存储应当决定什么信息存在什么介质比较合适。总的来说，凭证文件应当用纸介质存储；业务文件应当用纸或胶卷存储；而主文件，如企业中企业结构、人事方面的档案材料、设备或材料的库存账目，应当存于计算机磁盘，以便联机检索或查询。

将信息存储有诸多的优点：

一是便于查询检索。将加工处理后的信息资源存储起来，形成信息资源库，就为用户从中检索所需信息提供了极大的方便。

二是便于管理。将信息资源集中存储到信息资源库中，就可以采用先进的数据库管理技术定期对其中的信息内容进行更新或删除，剔除其中已经失效老化的信息内容。

三是有利于信息共享。将信息资源集中存储到信息资源库中，为用户共享使用其中的信息内容提供了便利，人们还可以反复使用，提高信息资源的利用率。

信息资源存储还可以有效地延长信息资源的使用寿命，提高信息资源的使用效益。传统的信息资源存储技术主要是指纸张存储技术，现代信息资源存储技术主要包括缩微存储技术、声像存储技术、计算机存储技术及光盘存储技术，它们具有存储容量大、密度高、成本低、存取迅速等优点，所以获得了广泛应用。各种存储技术各有其优缺点，它们将并存相当长的一段时期，发挥各自的优势。

目前，信息存储相关的前沿技术有如下几个方面：

1. 存储虚拟化技术

随着计算机内信息量的不断增加，以往直连式的本地存储系统已无法满足业务数据的海量增长，搭建共享的存储架构，实现数据的统一存储、管理和应用已经成为一个行业的发展趋势，而虚拟存储技术正逐步成为共享存储管理的主流技术。存储虚拟化技术将不同接口协议的物理存储设备整合成一个虚拟存储池，根据需要为主机创建并提供等效于本地逻辑设备的虚拟存储卷。

使用虚拟存储技术可以实现存储管理的自动化与智能化。在虚拟存储环境下，所有的存储资源在逻辑上被映射为一个整体，对用户来说是单一视图的透明存储，科技网络中心系统管理员只需专注于管理存储空间本身，所有的存储管理操作，如系统升级、改变 RAID 级别、初始化逻辑卷、建立和分配虚拟磁盘、存储空间扩容等常用操作都比从前更加容易。

使用虚拟存储技术可以极大地提高存储使用率。以前困扰科技网络中心的最大问题就是物理存储设备的使用效率不高，以传统磁盘存储为例，一些主机的磁盘容量利用率不高。而一些主机空间却经常不足，致使客户不得不购买超过实际数据量较多的磁盘空间，从而造成存储空间资源的浪费。虚拟化存储技术解决了这种存储空间使用上的浪费，把系统中各个分散的存储空间整合起来，按需分配磁盘空间，客户几乎可以 100% 地使用磁盘容量，从而极大地提高存储资源的利用率。

使用虚拟存储技术可以减少存储成本。由于历史的原因，科技网络中心不得不面对各种各样的异构环境，包括不同操作系统、不同硬件环境的主机，采用存储虚拟化技术，支持物理磁盘空间动态扩展，而无须新增磁盘阵列，从而降低了用户总体拥有成本，增加了用户的投资回报率。

2. 分级存储技术

分级存储管理（HSM）技术，就是系统根据数据的重要性、访问频次等指标分别存储在不同性能的存储设备上，采取不同的存储方式，实时监控数据的使用频率，并且自动地把长期闲置的数据块迁移到低性能的磁盘上，把活跃的数据块放在高性能的磁盘上。

3. 数据保护技术

数据保护系统是指建设本地备份系统，以及可靠的远程容灾系统。当灾难发生后，通过备份的数据完整、快速、简捷、可靠地恢复原有系统，以避免因灾难对业务系统的损害。数据保护系统的建设是一个循序渐进的过程。

（三）信息传输

信息传输是从一端将命令或状态信息经信道传送到另一端，并被对方所接收，包括传送和接收。传输介质分有线和无线两种，有线为电话线或专用电缆，无线则是利用电台、微波及卫星技术等。信息传输过程中不能改变信息，信息本身也并不能被传送或接收。信息传输必须有载体，如数据、语言、信号等方式，且传送方面和接收方面对载体有共同解释。

信息传输包括时间上和空间上的传输。时间上的传输也可以理解为信息的存储，比如，先贤的思想通过书籍流传到了现在，它突破了时间的限制，从古代传送到现代。空间上的传输，即我们通常所说的信息传输，比如，我们用语言面对面交流、用电话或社交工具聊天、发送电子邮件等，它突破了空间的限制，从一个终端传送到另一个终端。

信息传输的性能指标主要有如下几个方面：

1. 有效性

有效性用频谱复用程度或频谱利用率来衡量。提高有效性的措施是，采用性能好的信源编码以压缩码率，采用频谱利用率高的调制减小传输带宽。

2. 可靠性

可靠性用信噪比和传输错误率来衡量。提高数字传输可靠性的措施是，采用高性能的信道编码以降低错误率。

3. 安全性

安全性用信息加密强度来衡量。提高安全性的措施是，采用高强度的密码与信息隐藏或伪装的方法。

（四）信息检索

信息检索，又可以称为信息存储与检索、情报检索，是指将信息按一定的方式组织和存储起来，并根据信息用户的需要找出有关的信息的过程和技术。也就是说，包括"存"和"取"两个环节和内容。狭义的信息检索就是信息检索过程的后半部分，即从信息集合中找出所需要的信息的过程，也就是我们常说的信息查询。一般情况下，信息检索指的就是广义的信息检索。

信息检索的类型按检索对象划分，可以分为：文献检索、数据检索和事实检索。这三种信息检索类型的主要区别在于：数据检索和事实检索是要检索出包含在文献中的信息本身，而文献检索则检索出包含所需要信息的文献即可。按检索途径划分，可以分为直接检索和间接检索；按信息载体划分则可以分为文献信息检索和非文献信息检索。

信息检索的手段可以分为：手工检索、机械检索和计算机检索。在计算机检索中发展比较迅速的是"网络信息检索"，也即网络信息搜索，是指互联网用户在网络终端，通过特定的网络搜索工具或是通过浏览的方式，查找并获取信息的行为。

信息检索的主要环节有以下几个：①信息内容分析与编码，产生信息记录及检索标志。②组织存储，将全部记录信息按文件、数据库等形式组成有序的信息集合。③用户提问处理和检索输出。

关键部分是信息提问与信息集合的匹配和选择，即对给定提问与集合中的记录进行相似性比较，根据一定的匹配标准选出有关信息。由一定的设备和信息集合构成的服务设施称为信息检索系统，如穿孔卡片系统、联机检索系统、光盘检索系统、多媒体检索系统等。信息检索最初应用于图书馆和科技信息机构，后来逐渐扩大到其他领域，并与各种管理信息系统结合在一起。与信息检索有关的理论、技术和服务构成了一个相对独立的知识领域，是信息学的一个重要分支，并与计算机应用技术相互交叉。

信息检索的方法包括如下几种：

1.普通法

普通法是利用书目、文摘、索引等检索工具进行文献资料查找的方法。运用这种方法的关键在于熟悉各种检索工具的性质、特点和查找过程，从不同角度查找。普通法又可分为顺检法和倒检法。顺检法是从过去到现在按时间顺序检索，费用多、效率低；倒检法是按逆时间顺序从近期向远期检索，它强调近期资料，重视当前的信息，主动性强，效果较好。

2. 追溯法

追溯法是利用已有文献所附的参考文献不断追踪查找的方法，在没有检索工具或检索工具不全时，此法可获得针对性很强的资料，查准率较高，查全率较差。

3. 分段法

分段法是追溯法和普通法的综合，它将两种方法分期、分段交替使用，直至查到所需资料为止。

（五）管理信息系统

管理信息系统（Management Information System，简称 MIS）是一个以人为主导，利用计算机硬件、软件、网络通信设备以及其他办公设备，进行信息的收集、传输、加工、储存、更新、拓展和维护的系统。管理信息系统能实测企业的各种运行情况；利用过去的数据预测未来；从企业全局出发辅助企业进行决策；利用信息控制企业的行为；帮助企业实现其规划目标等。

管理信息系统是一门新兴的科学，其主要任务是最大限度地利用现代计算机及网络通信技术加强企业信息管理，通过对企业拥有的人力、物力、财力、设备、技术等资源的调查了解，建立正确的数据，加工处理并编制成各种信息资料并及时提供给管理人员，以便进行正确的决策，不断提高企业的管理水平和经济效益。目前，企业的计算机网络已成为企业进行技术改造及提高企业管理水平的重要手段。

随着我国与世界信息高速公路的接轨，企业通过计算机网络获得信息必将为企业带来巨大的经济效益和社会效益，企业的办公及管理都将朝着高效、快速、无纸化的方向发展。MIS 系统通常用于系统决策，例如，可以利用 MIS 系统找出目前迫切需要解决的问题，并将信息及时反馈给上层管理人员，使他们了解当前工作发展的进展或不足。换句话说，MIS 系统的最终目的是使管理人员及时了解公司现状，把握将来的发展路径。

1. 管理信息系统的特性

管理信息系统由信息的采集、信息的传递、信息的储存、信息的加工、信息的维护和信息的使用 6 个方面组成。完善的管理信息系统具有以下 4 个标准：确定的信息需求，信息的可采集与可加工，可以通过程序为管理人员提供信息，可以对信息进行管理。具有统一规划的数据库是管理信息系统成熟的重要标志，它象征着管理信息系统是软件工程的产物。

管理信息系统是一个交叉性综合性学科,组成部分有:计算机学科(网络通信、数据库、计算机语言等)、数学(统计学、运筹学、线性规划等)、管理学、仿真等多学科。

2. 管理信息系统的作用

(1)管理信息是重要的资源

对企业来说,人、物资、能源、资金、信息是5大重要资源。人、物资、能源、资金这些都是可见的有形资源,而信息是一种无形的资源。以前人们比较看重有形的资源,进入信息社会和知识经济时代以后,信息资源就显得日益重要。因为信息资源决定了如何更有效地利用物质资源。信息资源是人类与自然的斗争中得出的知识结晶,掌握了信息资源,就可以更好地利用有形资源,使有形资源发挥更好的效益。

(2)管理信息是决策的基础

决策是通过对客观情况、对客观外部情况、对企业外部情况、对企业内部情况的了解才能作出正确的判断和决策。所以,决策和信息有着非常密切的联系。过去凭经验或者拍脑袋的决策方法经常会造成决策的失误,越来越明确信息是决策性基础。

(3)管理信息是实施管理控制的依据

在管理控制中,以信息来控制整个的生产过程、服务过程的运作,也靠信息的反馈来不断地修正已有的计划,依靠信息来实施管理控制。有很多事情不能很好地控制,其根源是没有很好地掌握全面的信息。

(4)管理信息是联系组织内外的纽带

企业跟外界的联系、企业内部各职能部门之间的联系也是通过信息互相沟通的。因此要沟通各部门的联系,使整个企业能够协调地工作就要依靠信息。所以,它是组织内外沟通的一个纽带,没有信息就不可能很好地沟通内外的联系和步调一致的协同工作。

3. 管理信息系统的基本功能

(1)数据处理功能

数据处理功能是管理信息系统各个功能中最基础的功能,其他的功能都是建立在数据处理基础之上的。

（2）计划功能

根据现存条件和约束条件，提供各职能部门的计划。如生产计划、财务计划、采购计划等。并按照不同的管理层次提供相应的计划报告。

（3）控制功能

根据各职能部门提供的数据，对计划执行情况进行监督、检查、比较执行与计划的差异、分析差异及产生差异的原因，辅助管理人员及时加以控制。

（4）预测功能

运用现代数学方法、统计方法或模拟方法，根据现有数据预测未来。

（5）辅助决策功能

采用相应的数学模型，从大量数据中推导出有关问题的最优解和满意解，辅助管理人员进行决策，以期合理利用资源，获取较大的经济效益。

4. 管理信息系统的分类

（1）基于组织职能进行划分

管理信息系统按组织职能可以划分为办公系统、决策系统、生产系统和信息系统。

（2）基于信息处理层次进行划分

管理信息系统基于信息处理层次进行划分为面向数量的执行系统，面向价值的核算系统、报告监控系统、分析信息系统、规划决策系统，自底向上形成信息金字塔。

（3）基于历史发展进行划分

第一代管理信息系统是由手工操作，使用工具是文件柜、笔记本等。第二代管理信息系统增加了机械辅助办公设备，如打字机、收款机、自动记账机等。第三代管理信息系统是使用计算机、传真、电话、打印机等电子设备。

（4）基于规模进行划分

随着电信技术和计算机技术的飞速发展，现代管理信息系统从地域上划分已逐渐由局域范围走向广域范围。

5. 管理信息系统的结构

管理信息系统可以划分为横向综合结构和纵向综合结构。横向综合结构指同一管理层次各种职能部门的综合，如劳资、人事部门。纵向综合结构指具有某种职能的各管理层的业务组织在一起，如上下级的对口部门。

6. 管理信息系统的开发方式

管理信息系统的开发方式有自行开发、委托开发、联合开发、购买现成软件包进行二次开发几种形式。一般来说根据企业的技术力量、资源及外部环境而定。目前使用的开发方法主要有以下几种：

（1）瀑布模型（生命周期方法学）

结构分析、结构设计、结构程序设计（简称 SA–SD–SP 方法）用瀑布模型来模拟。各阶段的工作自顶向下从抽象到具体顺序进行。瀑布模型意味着在生命周期各阶段间存在着严格的顺序且相互依存。瀑布模型是早期管理信息系统设计的主要手段。

（2）快速原型法（面向对象方法）

快速原型法也称为面向对象方法是近年来针对"SA–SD–SP"的缺陷提出的设计新途径，是适应当前计算机技术的进步及对软件需求的极大增长而出现的，是一种快速、灵活、交互式的软件开发方法学。其核心是用交互的、快速建立起来的原型取代了形式的、僵硬的（不易修改的）大块的规格说明，用户通过在计算机上实际运行和试用原型而向开发者提供真实的反馈意见。快速原型法的实现基础之一是可视化的第四代语言的出现。

两种方法的结合，使用面向对象方法开发管理信息系统时，工作重点在生命周期中的分析阶段。分析阶段得到的各种对象模型也适用于设计阶段和实现阶段。实践证明，两种方法的结合是一种切实可行的有效方法。

7. 管理信息系统的开发过程

（1）规划阶段

系统规划阶段的任务是：在对原系统进行初步调查的基础上提出开发新系统的要求，根据需要和可能，给出新系统的总体方案，并对这些方案进行可行性分析，产生系统开发计划和可行性研究报告两份文档。

（2）分析阶段

系统分析阶段的任务是根据系统开发计划所确定的范围，对现行系统进行详细调查，描述现行系统的业务流程，指出现行系统的局限性和不足之处，确定新系统的基本目标和逻辑模型，这个阶段又称为逻辑设计阶段。

系统分析阶段的工作成果体现在"系统分析说明书"中，这是系统建设的必备文件。它是提交给用户的文档，也是下一阶段的工作依据，因此，系统分析说明书要通俗易懂，用户通过它可以了解新系统的功能，判断是否所需的系统。系统分析说明书一旦评审通过，就是系统设计的依据，也是系统最终验收的依据。

（3）设计阶段

系统分析阶段回答了新系统"做什么"的问题，而系统设计阶段的任务就是回答"怎么做"的问题，即根据系统分析说明书中规定的功能要求，考虑实际条件，具体设计实现逻辑模型的技术方案，也即设计新系统的物理模型。所以这个阶段又称为物理设计阶段。它又分为总体设计和详细设计两个阶段，产生的技术文档是"系统设计说明书"。

（4）实施阶段

系统实施阶段的任务包括计算机等硬件设备的购置、安装和调试，应用程序的编制和调试，人员培训，数据文件转换，系统调试与转换等。系统实施是按实施计划分阶段完成的，每个阶段应写出"实施进度报告"，系统测试之后写出"系统测试报告"。

（5）维护与评价

系统投入运行后，需要经常进行维护，记录系统运行情况，根据一定的程序对系统进行必要的修改，评价系统的工作质量和经济效益。

三、信息社会

（一）信息社会的产生与发展

信息社会也称信息化社会，是脱离工业化社会以后，信息将起主要作用的社会。"信息化"的概念在20世纪60年代初提出。一般认为，信息化是指信息技术和信息产业在经济和社会发展中的作用日益加强，并发挥主导作用的动态发展过程。它以信息产业在国民经济中的比重、信息技术在传统产业中的应用程度和信息基础设施建设水平为主要标志。

从内容上看，信息化可分为信息的生产、应用和保障3大方面。信息生产，即信息产业化，要求发展一系列信息技术及产业，涉及信息和数据的采集、处理、存储技术，包括通信设备、计算机、软件和消费类电子产品制造等领域。信息应用，即产业和社会领域的信息化，主要表现在利用信息技术改造和提升农业、制造业、服务业等传统产业，大大提高各种物质和能量资源的利用效率，促进产业结构的调整、转换和升级，促进人类生活方式、社会体系和社会文化发生深刻变革。信息保障是指保证信息传输的基础设施和安全机制，使人类能够可持续地提升获取信息的能力，包括基础设施建设、信息安全保障机制、信息科技创新体系、信息传播途径和信息能力教育等。

在农业社会和工业社会中，物质和能源是主要资源，所从事的是大规模的物质生产。而在信息社会中，信息成为比物质和能源更为重要的资源，以开发和利用信息资源为目的信息经济活动迅速扩大，逐渐取代工业生产活动而成为国民经济活动的主要内容。

信息经济在国民经济中占据主导地位，并构成社会信息化的物质基础。以计算机、微电子和通信技术为主的信息技术革命是社会信息化的动力源泉。

由于信息技术在资料生产、科研教育、医疗保健、企业和政府管理以及家庭中的广泛应用，从而对经济和社会发展产生了巨大而深刻的影响，从根本上改变了人们的生活方式、行为方式和价值观念。

（二）信息社会的主要特征

1. 经济领域的特征

经济领域的特征具体表现在以下几个方面：①劳动力结构出现根本性的变化，从事信息职业的人数与其他部门职业的人数相比已占绝对优势。②在国民经济总产值中，信息经济所创产值与其他经济部门所创产值相比已占绝对优势。③能源消耗少，污染得以控制。④知识成为社会发展的巨大资源。

2. 社会、文化、生活方面的特征

社会、文化、生活方面的特征体现在以下几个方面：①社会生活的计算机化、自动化。②拥有覆盖面极广的远程快速通信网络系统以及各类远程存取快捷、方便的数据中心。③生活模式、文化模式的多样化、个性化的加强。④可供个人自由支配的时间和活动的空间都有较大幅度的增加。

3. 社会观念上的特征

社会观念上的特征有以下几个方面：①尊重知识的价值观念成为社会风尚。②社会中人具有更积极地创造未来的意识倾向。

（三）信息素养

信息素养的本质是全球信息化需要人们具备的一种基本能力。信息素养包括：能够判断什么时候需要信息，并且懂得如何去获取信息，如何去评价和有效利用所需的信息。

信息素养是一种基本能力：信息素养是一种对信息社会的适应能力。能力素质，包括基本学习技能（指读、写、算）、信息素养、创新思维能力、人际交往与合作精神、实践能力。信息素养是其中一个方面，它涉及信息的意识、信息的能力和信息的应用。

信息素养是一种综合能力：信息素养涉及各方面的知识，是一个特殊的、涵盖面很宽的能力，它包含人文的、技术的、经济的、法律的诸多因素，和许多学科有着紧密的联系。信息技术支持信息素养，通晓信息技术强调对技术的理解、认识和使用技能。而信息素养的重点是内容、传播、分析，包括信息检索以及评价，涉及更宽的方面。它是一种了解、搜集、评估和利用信息的知识结构，既需要通过熟练的信息技术，也需要通过完善的调查方法、鉴别和推理来完成。信息素养是一种信息能力，信息技术是它的一种工具。

信息素养包含了技术和人文两个层面的意义：从技术层面来讲，信息素养反映的是人们利用信息的意识和能力；从人文层面来讲，信息素养也反映了人们面对信息的心理状态，或说面对信息的修养。具体而言，信息素养应包含以下几个方面的内容：①热爱生活，有获取新信息的意愿，能够主动地从生活实践中不断地查找、探究新信息。②具有基本的科学和文化常识，能够较为自如地对获得的信息进行辨别和分析，正确地加以评估。③可灵活地支配信息，较好地掌握选择信息、拒绝信息的技能。④能够有效地利用信息，表达个人的思想和观念，并乐意与他人分享不同的见解或资讯。⑤无论面对何种情境，能够充满自信地运用各类信息解决问题，有较强的创新意识和进取精神。

四、信息安全

信息安全是指为数据处理系统而采取的技术的和管理的安全保护，保护计算机硬件、软件、数据不因偶然的或恶意的原因而遭到破坏、更改、显露。这里面既包含了层面的概念，其中计算机硬件可以看成物理层面，软件可以看成运行层面，再就是数据层面；又包含了属性的概念，其中破坏涉及的是可用性，更改涉及的是完整性，显露涉及的是机密性。

（一）信息安全问题

1.硬件安全

即网络硬件和存储媒体的安全。要保护这些硬件设施不受损害，能够正常工作。

2.软件安全

即计算机及其网络中各种软件不被篡改或破坏，不被非法操作或误操作，功能不会失效，不被非法复制。

3.运行服务安全

即网络中的各个信息系统能够正常运行并能正常地通过网络交流信息。通过对网络系统中的各种设备运行状况的监测，发现不安全因素能及时报警并采取措施改变不安全状态，保障网络系统正常运行。

4.数据安全

即网络中存在及流通数据的安全。要保护网络中的数据不被篡改、非法增删、复制、解密、显示、使用等。它是保障网络安全最根本的目的。

（二）信息安全技术

为了保障信息的机密性、完整性、可用性和可控性，必须采用相关的技术手段。这些技术手段是信息安全体系中直观的部分，任何一方面薄弱都会产生巨大的危险。因此，应该合理部署、互相联动，使其成为一个有机的整体。具体的技术介绍如下：

1.加解密技术

在传输过程或存储过程中进行信息数据的加解密，典型的加密体制可采用对称加密和非对称加密。

2.VPN技术

VPN即虚拟专用网，通过一个公用网（通常是因特网）建立一个临时的、安全的连接，是一条穿过混乱的公用网络的安全、稳定的隧道。通常VPN是对企业内部网的扩展，可以帮助远程用户、公司分支机构、商业伙伴及供应商同公司的内部网建立可信的安全连接，并保证数据的安全传输。

3. 防火墙技术

防火墙在某种意义上可以说是一种访问控制产品。它在内部网络与不安全的外部网络之间设置障碍，防止外界对内部资源的非法访问，以及内部对外部的不安全访问。

4. 入侵检测技术

入侵检测技术 IDS 是防火墙的合理补充，帮助系统防御网络攻击，扩展了系统管理员的安全管理能力，提高了信息安全基础结构的完整性。入侵检测技术从计算机网络系统中的若干关键点收集信息，并进行分析，检查网络中是否有违反安全策略的行为和遭到袭击的迹象。

5. 安全审计技术

安全审计技术包含日志审计和行为审计。日志审计协助管理员在受到攻击后察看网络日志，从而评估网络配置的合理性和安全策略的有效性，追溯、分析安全攻击轨迹，并能为实时防御提供手段。通过对员工或用户的网络行为审计，可确认行为的规范性，确保管理的安全。

（三）信息安全意识

只有建立完善的安全管理制度。将信息安全管理自始至终贯彻落实于信息系统管理的方方面面，企业信息安全才能真正得以实现。具体技术包括以下几方面：

1. 开展信息安全教育，提高安全意识

员工信息安全意识的高低是一个企业信息安全体系是否能够最终成功实施的决定性因素。据不完全统计，信息安全的威胁除了外部的（占 20%），主要还是内部的（占 80%）。在企业中，可以采用多种形式对员工开展信息安全教育，例如：①可以通过培训、宣传等形式，采用适当的奖惩措施，强化技术人员对信息安全的重视，提升使用人员的安全观念。②有针对性地开展安全意识宣传教育，同时对在安全方面存在问题的用户进行提醒并督促改进，逐渐提高用户的安全意识。

2. 建立完善的组织管理体系

完整的企业信息系统安全管理体系首先要建立完善的组织体系，即建立由行政领导、IT 技术主管、信息安全主管、系统用户代表和安全顾问等组成的安全决策机构，完成制订并发布信息安全管理规范和建立信息安全管理组织等工作，从

管理层面和执行层面上统一协调项目实施进程。克服实施过程中人为因素的干扰，保障信息安全措施的落实以及信息安全体系自身的不断完善。

3. 及时备份重要数据

在实际的运行环境中，数据备份与恢复是十分重要的。即使从预防、防护、加密、检测等方面加强了安全措施，但也无法保证系统不会出现安全故障，应该对重要数据进行备份，以保障数据的完整性。企业最好采用统一的备份系统和备份软件，将所有需要备份的数据按照备份策略进行增量和完全备份。要有专人负责和专人检查，保障数据备份的严格进行及可靠性、完整性，并定期安排数据恢复测试，检验其可用性，及时调整数据备份和恢复策略。目前，虚拟存储技术已日趋成熟，可在异地安装一套存储设备进行异地备份，不具备该条件的，则必须保证备份介质异地存放，所有的备份介质必须有专人保管。

第二节　信息设备

一、微机接口

计算机机箱外表有众多接口，作为普通的计算机用户，应了解日常插拔设备时如何选择接口。

（一）接口

微型计算机接口的作用是使计算机的主机系统与外部设备、网络等进行有效连接，以便进行数据和信息交换。

1.USB 接口

USB 接口即通用串行总线是一种串口总线标准。目前已经在各类外部设备中广泛地被采用，有 USB1.0、USB2.0、USB3.0 之分，并向下兼容。最新一代是 USB3.1，传输速度为 10 Gb/s，三段式电压 5 V/12 V/20 V，最大供电 100 W。

如果 USB 接口旁标有 SS，即 SuperSpeed 的意思，表示这是一个 USB3.0 接口。一般情况下，USB3.0 是蓝色的。若接口带（闪电图标），表示支持关机充电和快速充电。

USB 接口有 Type-A、Type-B、Type-C 之分。USB Type-A 一般用于个人电脑，

是应用最广泛的接口标准；USB Type-B 一般用于 3.5 in 移动硬盘、数码相机、打印机等设备的连接；Type-C 是一种全新的 USB 接口形式，Type-C 接口最大的特点是支持正反两个方向插入。

通常我们所说的 USB 接口指的是 USB Type-A 接口。

USB 接口之所以被广泛应用，主要是因为 USB 有以下优点：①支持热插拔。就是用户在使用外接设备时，不需要关机再开机等动作，而是在电脑工作时，直接将 USB 插上使用。②支持设备量多，最多可支持 127 个外围设备。当 USB 接口数量不够时，可以用 USB HUB 扩展 USB 接口数量。

2.PS/2 接口

PS/2 接口主要用于连接键盘和鼠标，不支持热插拔。通常紫色的 PS/2 接口连接键盘，绿色的 PS/2 接口连接鼠标。目前，已逐渐被 USB 接口所取代，只有少部分的台式机仍然提供完整的 PS/2 键盘及鼠标接口，少部分机器已无 PS/2 接口，这部分机器只能使用 USB 鼠标和键盘。

3. 显示接口

显示接口是指显卡与显示器、电视机等图像输出设备连接的接口。

（1）VGA：VGA 接口共有 15 针，分成 3 排，每排 5 个孔，曾是视频信号输出应用最为广泛的接口类型，目前逐渐被新的接口替代。VGA 接口传输红、绿、蓝模拟信号以及同步信号（水平和垂直信号）。

（2）DVI：DVI 接口的数字信号无须转换，从而避免了 VGA 接口出现的信号丢失与失真的问题，保证了计算机生成图像的完整。DVI 接口支持热插拔。

（3）HDMI：HDMI 接口是一种数字化视频/音频接口技术，可同时传送视频和音频信号。HDMI 接口传输带宽大，输出分辨率高，连接方便。而且 HDMI 接口输出的是数字信号，衰减小。即使长达 15 米，也能输出优异的画质，非常适合高清视频的输出。

频输出、粉红色是连接麦克风。绝大多数机箱的正面也有音频输出和麦克风接口，并用图示予以标识。用户可通过 3.5 mm 手机耳机音频一分二分线器将手机耳机接入计算机，实现同时听歌和聊天。个别机箱则直接将两个接口合二为一，便于连接手机耳机。

（二）主板

主板又叫母板，它安装在机箱内，是计算机中最基本的也是最重要的部件之一。主板一般为矩形电路板，上面安装了组成计算机的主要电路系统，一般有 BIOS 芯片、I/O 控制芯片、键盘和面板控制开关接口、指示灯插接件、扩充插槽、主板及插卡的直流电源供电接插件等元件。

主板采用了开放式结构。主板上大都有 6 ~ 15 个扩展插槽，供 P℃ 机外围设备的控制卡（适配器）插接。通过更换这些插卡，可以对微机的相应子系统进行局部升级，使厂家和用户在配置机型方面有更大的灵活性。总之，主板在整个微机系统中扮演着举足轻重的角色。可以说，主板的类型和档次决定着整个微机系统的类型和档次，主板的性能影响着整个微机系统的性能。

1. 主板结构

所谓主板结构，就是根据主板上各元器件的布局排列方式、尺寸大小、形状和所使用的电源规格等制定出的通用标准，所有主板厂商都必须遵循。主板结构分为 AT、Bay-AT、ATX、Micro ATX、LPX、NLX、Flex ATX、E-ATX、WATX 以及 BTX 等结构。其中，AT 和 Bby-AT 是多年前的老主板结构，已经被淘汰；而 LPX、NLX、xATX 则是 ATX 的变种，多见于国外的品牌机，国内尚不多见；E-ATX 和 W-ATX 则多用于服务器 / 工作站主板；ATX 是市场上最常见的主板结构，扩展插槽较多，PCI 插槽数量在 4 ~ 6 个，大多数主板都采用此结构；Micro ATX 又称 Mini ATX，是 ATX 结构的简化版。就是常说的"小板"，扩展插槽较少，PCI 插槽数量在 3 个或 3 个以下，多用于品牌机并配备小型机箱；而 BTX 则是英特尔制定的最新一代主板结构，但尚未流行便被放弃，继续使用 ATX。

2. 芯片组

主板的核心是主板芯片组，它决定了主板的规格、性能和大致功能。平常说"865PE 主板"，"865PE"指的就是主板芯片组。如果说 CPU 是整个电脑系统的心脏，那么芯片组将是整个系统的躯干。对于主板而言，芯片组几乎决定了这块主板的功能，进而影响整个电脑系统性能的发挥，芯片组是主板的灵魂。芯片组性能的优劣，决定了主板性能的好坏与级别的高低，这是因为 CPU 的型号与种类繁多、功能特点不一，芯片组如果不能与 CPU 良好的协同工作，将严重影响计算机的整体性能，甚至不能正常工作。

（1）北桥芯片和南桥芯片

在传统的芯片组构成中，一直沿用南桥芯片与北桥芯片搭配的方式，在主板上可以看到它们的具体位置。一般地，在主板上，可以在 CPU 插槽附近找到一个散热器，下面的就是北桥芯片。南桥芯片一般离 CPU 较远，常裸露在 PCI 插槽旁边，块头比较大的北桥芯片是系统控制芯片，主要负责 CPU、内存、显卡三者之间的数据交换，在与南桥芯片组成的芯片组中起主导作用，掌控一些高速设备，如 CPU、Host bus 等。主板支持什么 CPU，支持 AGP 多少速的显卡，支持何种频率的内存，都是北桥芯片决定的。北桥芯片往往有较高的工作频率，因而发热量颇高的南桥芯片主要决定主板的功能，主板上的各种接口、PS/2 鼠标控制、USB 控制、PCI 总线 DE 以及主板上的其他芯片（如集成声卡、集成 RAD 卡、集成网卡等），都归南桥芯片控制。随着 PC 架构的不断发展，如今北桥的功能逐渐被 CPU 所包含，自身结构不断简化甚至在芯片组中也已不复存在。

（2）BIOS 芯片

BIOS（Basic Input/Output System，基本输入输出系统），全称是 ROM-BIOS，是只读存储器基本输入/输出系统的简写。BIOS 实际是一组被固化到计算机中为计算机提供最低级最直接的硬件控制的程序，它是连通软件程序和硬件设备之间的枢纽。通俗地说，BIOS 是硬件与软件程序之间的一个"转换器"，或者说是接口，负责解决硬件的即时要求，并按软件对硬件的操作要求具体执行。从功能上看，BIOS 主要包括两个部分：

①自检和初始化，负责启动电脑。

加电自检（Power on Self Test，POST），用于电脑刚接通电源时对硬件部分的检测，检查电脑是否良好；初始化，包括创建中断向量，设置寄存器，以及对一些外部设备进行初始化和检测等，其中很重要的一部分是 BOS 设置，主要是对硬件设置的一些参数，当电脑启动时会读取这些参数，并与实际硬件设置进行比较，如果不符合，会影响系统的启动；引导程序，用于引导 DOS 或其他操作系统。BIOS 先从软盘或硬盘的开始扇区读取引导记录，如果没有找到，则会在显示器上显示没有引导设备，如果找到引导记录会把电脑的控制权转给引导记录，由引导记录把操作系统装入电脑，在电脑启动成功后，BIOS 的这部分任务就完成了。

②程序服务处理和硬件中断处理。

这两部分是两个独立的内容，但在使用上密切相关。程序服务处理程序主要是为应用程序和操作系统服务，这些服务主要与输入输出设备有关，例如读磁盘、文件输出到打印机等。为了完成这些操作，BIOS 必须直接与计算机的 IO 设备打交道，它通过端口发出命令，向各种外部设备传送数据以及从它们那里接收数据，使程序能够脱离具体的硬件操作，而硬件中断处理则分别处理 PC 机硬件的需求，因此，这两部分分别为软件和硬件服务，组合到一起使计算机系统正常运行。

（3）扩展槽

主板上的扩展插槽又称为"总线插槽"，是主机通过系统总线与外部设备联系的通道，用作外设接口电路的适配卡都插在扩展槽内。

3. 光盘

光盘由于制作简单和存储容量大，可以存放各种信息。它由于图文并茂，声像俱全，被广泛应用到多媒体计算机中。它的直径多为 80 mm 和 120 mm 两种。一般来说一张 CD 光盘可以存放近 700 MB 的内容，而一张 DVD 光盘最少可存放 4.7 GB，甚至达到 17 GB。

二、输入与输出设备

（一）输入设备

输入设备是向计算机输入数据和信息的设备，也是计算机与用户或其他设备通信的桥梁。输入设备是用户与计算机系统之间进行信息交换的主要装置之一。键盘、鼠标、摄像头、扫描仪、光笔、手写输入板、游戏杆、语音输入装置等都属于输入设备。

输入设备是人或外部环境与计算机进行交互的一种装置，用于将原始数据和处理这些数据的程序输入计算机中。计算机能够接收各种各样的数据，既可以是数值型的数据，也可以是各种非数值型的数据，如图形、图像、声音等都可以通过不同类型的输入设备输入计算机中，进行存储、处理和输出。

计算机的输入设备按功能可分为下列几类：①字符输入设备：键盘；②光学阅读设备：光学标记阅读机，光学字符阅读机；③图形输入设备：鼠标器、操纵杆、光笔；④图像输入设备：摄像机、扫描仪、传真机；⑤模拟输入设备：语言模数转换识别系统。

1. 键盘

键盘是最常见的计算机输入设备，它广泛应用于微型计算机和各种终端设备上，计算机操作人员通过键盘向计算机输入各种指令、数据，指挥计算机的工作。计算机的运行情况输出到显示器，操作人员可以很方便地利用键盘和显示器与计算机对话，对程序进行修改、编辑，控制和观察计算机的运行。

键盘每一个按键在计算机中都有它的唯一代码。当按下某个键时，键盘接口将该键的二进制代码送入计算机主机中，并将按键字符显示在显示器上。当快速大量输入字符，主机来不及处理时，先将这些字符的代码送往内存的键盘缓冲区，然后再从该缓冲区中取出进行分析处理。键盘接口电路多采用单片微处理器，由它控制整个键盘的工作，如上电时对键盘的自检、键盘扫描、按键代码的产生、发送及与主机的通信等。

2. 鼠标

指点设备常用于完成一些定位和选择物体的交互任务。鼠标是最常用的一种指点输入设备，另外还有触摸板、控制杆、光笔、触摸屏、手写液晶屏、眼动跟踪系统等。

（二）输出设备

输出设备是计算机硬件系统的终端设备，用于接收计算机数据的输出显示、打印、声音、控制外围设备操作等，也是把各种计算结果数据或信息以数字、字符、图像、声音等形式表现出来。常见的输出设备有显示器、打印机、绘图仪、影像输出系统、语音输出系统、磁记录设备等。

1. 显示器

显示器是计算机不可缺少的输出设备，用户通过它可以很方便地查看输入计算机的程序、数据和图形等信息，以及经过计算机处理后的中间结果和最后结果，它是人机对话的主要工具。

按照显示器的类型主要分为 CRT、LCD、LED 等。

（1）CRT 阴极射线管显示器

CRT 是人们所熟悉的产品。CRT 显示器历经球面、平面直角、柱面和纯平面等几代产品。早期的球面显像管因为在水平与垂直方向上都有弯曲，所以其屏幕边缘会出现图像的失真变形，这显然无法满足需要。1994 年开始出现了平面直角显示器，对图像变形及反射干扰的减少使其在很长一段时间内成为市场上的主流产品。

（2）LCD 液晶显示器

LCD 是一种采用了液晶控制透光度技术来实现色彩的显示器。与 CRT 显示器相比，可通过是否透光来控制亮和暗，当色彩不变时，液晶也保持不变，这样就无须考虑刷新率的问题。对于画面稳定、无闪烁感的液晶显示器，刷新率不高，但图像也很稳定。LCD 显示器通过液晶控制透光度的技术原理让底板整体发光，它做到了真正的完全平面。一些高档的数字 LCD 显示器采用了数字方式传输数据来显示图像，这样就不会产生由显卡造成的色彩偏差或损失；其次，LCD 的电磁辐射很小，即使长时间观看 LCD 显示器屏幕也不会对眼睛造成很大的伤害；再次，它体积小、能耗低，这也是 CRT 显示器所无法比拟的，一般一台 15 in LCD 显示器的耗电量相当于 17 in 纯平 CRT 显示器的 1/3。

（3）LED 显示器

与 LCD 显示器相比，LED 在亮度、功耗、可视角度和刷新速率等方面，都更具优势。LED 与 LCD 的功耗比大约为 1：10，而且更高的刷新速率使得 LED 在视频方面有更好的性能表现，能提供宽达 170 度的视角，有机 LED 显示屏的单个元素反应速度是 LCD 液晶屏的 1 000 倍，在强光下也可以照看不误，并且适应 –40℃的低温。利用 LED 技术，可以制造出比 LCD 更薄、更亮、更清晰的显示器，拥有广泛的应用前景。

2. 触摸屏

触摸屏又称为"触控屏""触控面板"，是一种可接收触头等输入信号的感应式液晶显示装置，当接触了屏幕上的图形按钮时，屏幕上的触觉反馈系统可根据预先编程的程式驱动各种连结装置，可用以取代机械式的按钮面板，并借由液晶显示画面制造出生动的影音效果。利用这种技术，用户只要用手指轻轻地触碰计算机显示屏上的图符或文字就能实现对主机操作，从而使人机交互更为直截了当。这种技术极大方便了用户，是极富吸引力的全新多媒体交互设备。触摸屏的本质是传感器，它由触摸检测部件和触摸屏控制器组成。触摸检测部件安装在显示器屏幕前面，用于检测用户触摸位置，接收后传输到触摸屏控制器；触摸屏控制器的主要作用是从触摸点检测装置接收触摸信息，并将它转换成触点坐标送给

CPU，同时能接收 CPU 发来的命令并加以执行。触摸屏作为一种最新的电脑输入设备，它是简单、方便、自然的一种人机交互方式。它赋予了多媒体崭新的面貌，是极富吸引力的全新多媒体交互设备，主要用于公共信息的查询、工业控制、军事指挥、电子游戏、多媒体教学等。

3. 扫描仪

扫描仪是一种将各种形式的图像信息输入计算机中的重要工具，如各种图片、照片、图纸和文字稿件等，都可用扫描仪输入计算机中。现在，家用计算机中用得最多的是平板式扫描仪，又称台式扫描仪，一般采用 CCD 或 CIS 技术，具有价格低廉、体积小等优点。

扫描仪的性能指标包括以下几个方面的内容：

（1）分辨率

扫描仪的分辨率决定了最高扫描精度。在扫描图像时，扫描分辨率设得越高，生成的图像效果就越精细，生成的图像文件也越大。

DPI 是指用扫描仪输入图像时，在每英寸上得到的像素点的个数。

扫描仪的分辨率等于其光学部件的分辨率加上其自身通过硬件及软件进行处理分析所得到的分辨率。

分辨率为 1200 DPI 的扫描仪，往往其光学部分的分辨率只占 400 ~ 600 DPI。扩充部分的分辨率由硬件和软件联合生成，这个过程是通过计算机对图像进行分析，对空白部分进行插值处理所产生的。

（2）扫描速度

扫描速度决定了扫描仪的工作效率。一般而言，以 300 DPI 的分辨率扫描一幅 A4 幅面的黑白二值图像，时间少于 10 s，在相同情况下，扫描灰度图，需 10 s 左右，而如果使用 3 次扫描成像的彩色扫描仪，则要 2 ~ 3 min。

4. 打印机

打印机用于打印文字和图片信息。根据与计算机之间连接的接口类型，打印机主要分为并行接口（LPT）和 USB 接口。其中 USB 接口依靠其支持热插拔和传输速率快的特性，已成为市场主流。

（1）针式打印机

针式打印机是唯一依靠打印针击打介质形成文字及图形的打印机，具有打印成本低廉、易于维修、价格低和打印介质广泛等优点；但同时又具有打印质量欠佳、打印速度慢和噪声大等缺点。

（2）喷墨打印机

喷墨打印机通过利用喷头直接将墨水喷在打印纸上来实现打印，具有价格低、打印质量较好、打印速度较快和打印噪声较小等优点；但也具有对打印纸张要求较高、打印成本较高等缺点。

（3）激光打印机

激光打印机是激光技术和电子照相技术的复合产物，具有打印速度快、分辨率高和打印质量好等优点；缺点是价格较贵、打印成本较高，尤其是彩色激光打印机，价格非常昂贵，打印成本高。

（4）三维立体打印机

三维立体打印机，也称3D打印机（3D Printer，简称3DP）是快速成型（Rapid Prototyping，RP）的一种工艺，采用层层堆积的方式分层制作出三维模型，其运行过程类似于传统打印机，只不过传统打印机是把墨水打印到纸质上形成二维的平面图纸，而3D打印机是把液态光敏树脂材料、熔融的塑料丝、石膏粉等材料通过喷射黏结剂或挤出等方式实现层层堆积叠加形成三维实体。

5. 音箱 / 耳机

音箱 / 耳机用于将音频输出。多媒体音箱的种类按照不同的分类法有不同的款式。常见的分类如下：①按照箱体材质不同分，常见的有塑料音箱和木质音箱。②按照声道数量分，有2.0式（双声道立体声）音箱、2.1式（双声道另加一超重低音声道）音箱、4.1式（四声道加一超重低音声道）音箱、5.1式（五声道加一超重低音声道）音箱。③根据电脑输出口来分，有普通接口音箱和蓝牙音箱。④根据功率放大器的内外置分，有有源音箱（放大器内置最常见）和无源音箱（放大器外置、非常高档的或有特别要求的才采用）。

6. 绘图仪

绘图仪是一种优秀的输出设备。与打印机不同，打印机是用来打印文字和简单的图形。若要想精确地绘图，如绘制工程中的各种图纸，就不能用打印机，只能用专业的绘图设备——绘图仪。在计算机辅助设计、辅助制造时，绘图仪是必不可少的，它能将图形准确地绘制在图纸上，供工程技术人员按图施工。

7. 投影仪

常见的投影仪有 DLP（数字光处理器投影机）、LCD（液晶投影机）两大类。

DLP 投影仪的技术是反射式投影技术，是现在高速发展的投影技术。它的采用，使投影图像灰度等级、图像信号噪声比大幅度提高，画面质量细腻稳定，尤其在播放动态视频时图像流畅，没有像素结构感，形象自然，数字图像还原真实精确。

LCD 投影仪的技术是透射式投影技术，目前最为成熟。投影画面色彩还原真实鲜艳，色彩饱和度高，光利用效率很高。LCD 投影仪比用相同瓦数光源灯的 DLP 投影仪有更高的 ANSI 流明光输出，目前市场高流明的投影仪主要以 LCD 投影仪为主。投影仪的主要指标有对比度、亮度、色平衡、分辨率等。

第三节 操作系统

操作系统是伴随着计算机系统的发展，逐步形成、发展和成熟起来的。现代计算机系统中无一例外地配置了操作系统。操作系统成为其他所有系统软件和应用软件的运行基础。操作系统控制和管理整个计算机系统中的软硬件资源，并为用户使用计算机提供一个方便灵活、安全可靠的工作环境。

一、操作系统的概念

一个完整的计算机系统，不论是大型机、小型机还是微型机，都由两大部分组成：计算机硬件和计算机软件。计算机硬件是指计算机系统中由电子、机械、电气、光学和磁学等元器件构成的各种部件和设备，这些部件和设备依据计算机系统结构的要求组成一个有机整体，是软件运行的物质基础。计算机软件是指由计算机硬件执行以完成一定任务的程序及其数据。合适的软件能充分发挥硬件潜能，甚至可扩充硬件功能、完成各种任务。计算机软件包括系统软件和应用软件，系统软件包括操作系统、编译程序、编辑程序、数据库管理系统等，应用软件是为各种应用目的而编制的程序。

计算机硬件主要由运算器、控制器、存储器、输入设备和输出设备组成。

运算器的主要功能是对数据进行算术运算和逻辑运算；存储器的主要功能是存储二进制信息；控制器的主要功能是按照机器代码程序的要求，控制计算机各功能部件协调一致地工作，即从存储器中取出程序中的指令，对该指令进行分析和解释，并向其他功能部件发出执行该指令所需要的各种时序控制信号，然后再从存储器中取出下一条指令执行，如此连续运行下去，直到程序执行完为止。通常将控制器与运算器集成在一起，称为中央处理器。输入设备的主要功能是将用户信息（数据、程序等）变换为计算机能识别和处理的二进制信息形式；输出设备的功能特点与输入设备正好相反，主要是将计算机中二进制信息变换为用户所需要并能识别的信息形式。

没有配置软件的计算机称为裸机，它仅仅构成了计算机系统的物质基础，而实际呈现在用户面前的计算机系统是经过若干层软件改造的计算机。

计算机的硬件和软件以及软件的各部分之间形成了一种层次结构的关系。裸机在最下层，它的上面是操作系统，经过操作系统提供的资源管理功能和方便用户的各种服务功能把裸机改造成为功能更强、使用更方便的机器，通常将裸机之上覆盖了软件的机器称为虚拟机或扩展机，而各种实用程序和应用程序运行在操作系统之上，它们以操作系统为支撑环境，同时向用户提供完成其工作所需的各种服务。

操作系统是裸机上的第一层软件，是对硬件功能的首次扩充。引入操作系统的目的在于：提供一个计算机用户与计算机硬件系统之间的接口，使计算机系统更易于使用；有效地控制和管理计算机系统中的各种硬件和软件资源，使之得到更有效的利用；合理地组织计算机系统的工作流程，以改善系统性能。

在计算机系统的操作过程中，操作系统提供了正确使用这些资源的方法。我们可以通过用户或系统的观点来研究操作系统。

（一）用户观点

计算机的用户观点根据所使用界面的不同而异。绝大多数计算机用户坐在个人计算机前，个人计算机有显示器、键盘、鼠标和主机。这类系统设计是为了让单个用户单独使用其资源，优化用户所进行的工作。对于这种情况，操作系统的设计目的主要是为了用户使用方便，性能是次要的。

有些用户坐在与大型机或小型机相连的终端前，其他用户通过其他终端访问同一台计算机。这些用户共享资源并可以交换信息。这类操作系统的设计目的是使资源利用率最大化。

另一些用户坐在工作站前，工作站与其他工作站和服务器相连。这些用户不仅可以使用专用的资源，而且还可以使用共享资源。这类操作系统的设计目的是个人可用性和资源利用率的折中。

近年来，出现了许多类型的手持计算机，它们大多为单个用户所独立使用，有的也通过有线或无线与网络相连。由于受电源和接口限制，它们只能执行相对少的远程操作。这类操作系统的设计目的主要是个人可用性和电源管理。

有的计算机几乎没有或根本没有用户观点。如家电和汽车中所使用的嵌入式计算机，这些设备及其操作系统通常设计成无需用户干预就能执行。

（二）系统观点

从计算机的角度看，操作系统是与计算机硬件最为密切的程序。可以将操作系统看作资源分配器，它是资源管理者。

在计算机系统中有两类资源：硬件资源和软件资源。硬件资源包括处理器、存储器和外部设备，软件资源包括程序和数据，主要以文件的形式存在。这些资源构成了操作系统本身和用户作业赖以活动的物质基础和工作环境。它们的使用方法和管理策略决定了整个操作系统的规模、类型、功能和实现。例如面对许多甚至冲突的资源请求，操作系统必须决定如何为各个程序和用户分配资源，以便计算机系统能公平有效地运行。

二、操作系统的形成与发展

要理解什么是操作系统，必须要首先清楚操作系统是如何形成及发展的。操作系统的许多基本概念都是在操作系统的发展过程中出现并逐步得到发展和成熟的。

操作系统的发展经历了一个从无到有，从简单到复杂的过程。下面我们将从最初的系统开始，经过批处理、多道程序系统、分时系统和实时系统，到现代操作系统，以此来追寻操作系统的发展足迹。

（一）手工操作阶段

从第一台计算机诞生起到20世纪50年代末，计算机处于第一代。此时构成计算机的主要元器件是电子管，计算机运算速度慢（只有几千次/秒），硬件价格昂贵，没有操作系统，甚至没有任何软件，人们采用手工操作方式操作计算机。在手工操作方式下，用户一个接一个地轮流使用计算机，每个用户的使用过程大致如下：先将程序纸带（或卡片）装到输入机上，然后启动输入机把程序和数据送入计算机，接着通过控制台开关启动程序运行，当程序运行结束时，由用户取走纸带和计算结果。

从上述操作过程可以看出，程序运行期间计算机系统中的所有资源由一个用户独占，并且在程序运行过程中需要人工干预，以完成装卸纸带、拨动开关等操作。由此可见，手工操作方式具有用户独占计算机资源、资源利用率低及 CPU 等待人工操作的特点。

随着 CPU 速度的大幅提高，人工操作的慢速与 CPU 运算的快速之间出现了矛盾，这就是所谓的人机矛盾。例如，一个用户程序在速度为 1 万次 / 秒的计算机上运行需要 1 小时，人工操作时间需要 3 分钟，这种情况下操作时间和运行时间的比为 1 : 20；若机器速度提高到 60 万次 / 秒，则该用户程序的运行时间降低为 1 分钟，而人工操作的速度不会有多大的提高，仍假定为 3 分钟，此时人工操作时间和运行时间的比为 3 : 1。这就是说，人工操作时间远远超过了机器运行时间。由此可见，缩短人工操作时间就显得非常必要了。另一方面，CPU 与 I/O 设备之间速度不匹配的矛盾也日益突出。为了缓和这些矛盾，引入了批处理技术及脱机输入 / 输出技术。

（二）早期批处理

为了解决程序运行过程中的人工干预问题，需要缩短建立作业和人工操作的时间，人们提出了从一个作业到下一个作业的自动过渡方式，从而出现了批处理技术。完成作业自动过渡的程序称为监督程序，监督程序是一个常驻内存的程序，它管理作业的运行，负责装入和运行各种系统程序来完成作业的自动过渡。监督程序是最早的操作系统雏形。

批处理技术是指计算机系统对一批作业自动进行处理的一种技术。早期的批处理分为联机批处理和脱机批处理两种类型。

1. 联机批处理

在早期联机批处理系统中，操作员把用户提交的若干个作业集中成为一批，由监督程序先把它们输入到磁带上，当该批作业输入完成之后，监督程序就开始执行。它自动地把磁带上该批作业的第一个作业调入内存，并对该作业进行汇编或编译，然后由装配程序把汇编或编译结果装入内存，再启动执行。计算机完成该作业的全部计算或处理后，输出计算或处理结果。第一个作业完成之后，监督程序又自动地调入该批作业中的第二个作业，并重复上述执行过程，一直到该批作业全部完成为止。在完成了一批作业之后，监督程序又控制输入另一批作业到磁带上，并按上述步骤重复处理。

2. 脱机批处理

在联机批处理中，作业的输入／输出都是联机的。也就是说，作业信息先送到磁带，再由磁带调入内存，以及计算结果在打印机上输出，这些都是由 CPU 来处理的，这种联机输入／输出的缺点是速度慢。为此，在批处理技术中引进了脱机输入／输出技术。

在脱机批处理系统中，除主机之外另设了一台外围机（又称卫星机），该机只与外部设备打交道，不与主机直接连接示。用户作业通过外围机输入到磁带上，而主机只负责从磁带上把作业调入内存，并予以执行。作业完成后，主机负责把结果输出到磁带上，然后再由外围机把磁带上的信息在打印机上输出。

脱机输入是指将用户程序和数据在外围机的控制下，预先从低速输入设备输入到磁带上，当 CPU 需要这些程序和数据时，再直接从磁带机高速输入到内存。脱机输出是指当程序运行完毕或告一段落，CPU 需要输出时，无需直接把计算结果送至低速输出设备，而是高速地把结果送到磁带上，然后在外围机的控制下，把磁带上的计算结果由相应的输出设备输出。

输入／输出操作若在主机控制下进行则称为联机输入／输出，若在外围机控制下进行则称为脱机输入／输出。采用脱机输入／输出技术后，低速 I/O 设备上数据的输入／输出都在外围机的控制下进行，而 CPU 只与高速的磁带机打交道，从而有效地减少了 CPU 等待慢速设备输入／输出的时间。

（三）多道程序设计技术

在早期批处理系统中，内存中仅有一道用户程序运行，这种程序运行方式称为单道程序运行方式。在单处理器计算机系统中多道程序运行的特点如下：①多道。计算机内存中同时存放多道相互独立的程序。②宏观上并行。同时进入系统的多道程序都处于运行过程中，即它们先后开始了各自的运行，但都未运行完毕。③微观上串行。内存中的多道程序轮流占有 CPU，交替执行。

多道程序设计技术能有效提高系统的吞吐量和改善资源利用率，但实现多道程序系统时，由于内存中同时存在多道作业，因而还需要妥善解决下述一系列问题：①处理器管理问题。应如何在多道程序之间分配处理器，以使处理器既能满足各程序运行的需要又有较高的利用率，将处理器分配给某程序后，应何时收回等。②存储器管理问题。如何为每道程序分配必要的内存空间，使它们各自获得需要的存储空间又不致因相互重叠而丢失信息，应如何防止因某道程序出现异常而破坏其他程序等。③设备管理问题。多道程序共享系统中的多类 I/O 设备，应如何分配这些 I/O 设备，如何做到既方便用户使用设备，又能提高设备的利用率等。④文件管理问题。现代计算机系统通常都存放有大量的文件，应如何组织这些文件才能既方便用户使用又能保证文件的安全性和一致性等。

（四）操作系统的发展

针对多道程序系统中存在的问题，人们研制了一组软件，利用这组软件来妥善有效地处理上述问题，这样便形成了操作系统。

操作系统是一组控制和管理计算机硬件和软件资源，合理地组织计算机工作流程，以及方便用户使用的程序的集合。

虽然操作系统已存在多年，但至今仍没有一个统一的定义。对操作系统定义的不同说法从不同角度反映了操作系统的特征。值得说明的是：操作系统是一个系统软件，它由一组程序组成；操作系统的基本职能是控制和管理计算机系统内的各种资源，有效地组织多道程序的运行；同时操作系统还提供众多服务功能，以方便用户使用计算机，并扩充硬件功能。

批处理系统缺少人机交互能力，因此用户使用不方便。为了解决这个问题，人们开发出分时系统。在分时系统中，一台主机可以连接几台乃至上百台终端，每个用户可以通过终端与主机交互，方便地编辑和调试自己的程序，向系统发出各种控制命令，请求完成某项工作；系统完成用户提出的要求，输出计算结果及出错、警告或提示等必要的信息。

为了满足某些应用领域对实时处理的需求，人们又开发出实时系统。实时系统具有专用性，不同的实时系统用于不同的应用领域。

近些年来，又开发出个人计算机操作系统、网络操作系统、分布式操作系统以及嵌入式操作系统等。伴随着硬件技术的飞速发展和应用领域的急剧扩大，操作系统不仅种类越来越多，而且功能更加强大，给广大用户提供了更为舒适的应用环境。

（五）推动操作系统发展的动力

从操作系统形成至今的40多年间，其性能、规模、应用等方面都取得飞速发展。推动操作系统发展的因素很多，但主要可归结为硬件技术更新和应用需求扩大两大方面。

1. 硬件技术更新

伴随计算机器件的更新换代——从电子管到晶体管、集成电路、大规模集成电路，直至当今的超大规模集成电路，计算机系统的性能得到快速提高，也促使操作系统的性能和结构有了显著提高。从没有软件，到早期的监督程序，发展成多道批处理系统、分时系统、实时系统等。计算机体系结构的发展——从单处理器系统到多处理器系统，从指令串行结构到流水线结构、超级标量结构，从单总线到多总线应用等，这些发展有力地推动了操作系统的更大发展，如从单CPU操作系统发展到对称多处理器系统（SMP），从主机系统发展到个人机系统，从单独自治系统到网络操作系统以及分布式操作系统。此外，硬件成本的下降也极大地推动了计算机技术的应用推广和普及。

2. 应用需求扩大

应用需求促进了计算机技术的发展，也促进了操作系统的不断更新升级。为了充分利用计算机系统内的各种宝贵资源，形成了早期的批处理系统；为了方便多个用户同时上机、实现友好的人机交互，形成了分时系统；为了实时地对特定任务进行可靠的处理，形成了实时系统；为了实现远程信息交换和资源共享，形成了网络系统及分布式操作系统等。

在当今信息时代，芯片技术的大量应用，使大家对智能手机功能要求越来越多，于是基于智能手机的多种操作系统又相互竞争着推向了市场。随着计算机和相关技术的发展，还会有更多的操作系统被开发出来，应用于多种不同的新的硬件平台。可以预见操作系统将会以更快的速度更新换代。

三、操作系统的类型

根据操作系统具备的功能、特征、规模和所提供应用环境等方面的差异，可以将操作系统划分为不同类型。目前的操作系统种类繁多，很难用单一标准统一分类。例如，从操作系统的应用领域、所支持的用户数目、硬件结构、使用环境和对作业处理方式来考虑，可划分为不同的类型。

针对单处理器、多用户的使用环境，最基本的操作系统类型有三种，即批处理操作系统、分时操作系统和实时操作系统，分别简称为批处理系统、分时系统和实时系统。

（一）批处理系统

描述任何一种操作系统都要用到作业的概念。所谓作业就是用户在一次解题或一个事务处理过程中要求计算机系统所做工作的集合，包括用户程序、所需的数据及命令等。

单道批处理系统是早期计算机系统中配置的一种操作系统类型，因为内存中只有一道作业运行，故称为单道批处理系统，其工作流程大致如下：用户将作业交给系统操作员，系统操作员将多个用户作业组成一批输入并传送到外存储器；然后批处理系统按一定的原则选择其中的一个作业调入内存并使之运行；作业运行完成或出现错误而无法再进行下去时，由系统输出有关信息并调入下一个作业运行。重复上述过程，直至这批作业全部处理完毕为止。

单道批处理系统大大减少了人工操作的时间，提高了机器的利用率。但是对于某些作业来说，当它发出输入/输出请求后，CPU 必须等待 I/O 的完成，这就意味着 CPU 空闲，特别是当 I/O 设备的速度较低时，将导致 CPU 的利用率很低。为了提高 CPU 的利用率，引入了多道程序设计技术。

在单道批处理系统中引入多道程序设计技术就形成了多道批处理系统。在多道批处理系统中，不仅在内存中可以同时有多道作业运行，而且作业可随时（不一定集中成批）被接受进入系统，并存放在外存中形成作业队列，然后由操作系统按一定的原则从作业队列中调度一个或多个作业进入内存运行。多道批处理系统一般用于计算中心的大型计算机系统中。

多道批处理系统的主要特征如下：①用户脱机使用计算机。用户提交作业之后直到获得结果之前几乎不再和计算机打交道。②成批处理。操作员将各用户提交的作业组织成一批进行处理，由操作系统负责每批作业间的自动调度。③多道程序运行。按多道程序设计的调度原则，从一批后备作业中选取多道作业调入内存并组织它们运行。

由于多道批处理系统中的资源为多个作业所共享，操作系统实现一批作业的自动调度执行，且运行过程中用户不能干预自己的作业，从而使多道批处理系统具有系统资源利用率高和作业吞吐量大的优点。多道批处理系统的不足之处是无交互性，即用户提交作业后就失去了对作业运行的控制能力，这使用户感觉不方便。

（二）分时系统

在批处理系统中，用户以脱机操作方式使用计算机，用户在提交作业以后就完全脱离了自己的作业，在作业运行过程中，不管出现什么情况都不能加以干预，只能等待该批作业处理结束，用户才能得到计算结果，根据计算结果再作下一步处理，若作业运行出错，还得重复上述过程。这种操作方式对用户而言是极不方便的，人们希望能以联机方式使用计算机，这种需求导致了分时系统的产生。

在操作系统中采用分时技术就形成了分时系统。所谓分时技术就是把处理器的运行时间分成很短的时间片，按时间片轮流把处理器分配给各联机作业使用。若某个作业在分配给它的时间片内不能完成其计算，则该作业暂时停止运行，把处理器让给另一个作业使用，等待下一轮时再继续其运行。由于计算机速度很快，作业运行轮转得也很快，给每个用户的感觉是好像自己独占一台计算机。

在分时系统中，一台计算机和许多终端设备连接，每个用户可以通过终端向系统发出命令，请求完成某项工作，而系统则分析从终端设备发来的命令，完成用户提出的要求，然后用户再根据系统提供的运行结果，向系统提出下一步请求，这样重复上述交互会话过程，直到用户完成预计的全部工作为止。

分时系统也是支持多道程序设计的系统，但它不同于多道批处理系统。多道批处理系统是实现作业自动控制而无需人工干预的系统，而分时系统是实现人机交互的系统，这使得分时系统具有与批处理系统不同的特征，其主要特征如下：

1. 同时性

也称多路性，指允许多个终端用户同时使用一台计算机。即一台计算机与若干台终端相连接，终端上的这些用户可以同时或基本同时使用该计算机。

2. 交互性

用户能够方便地与系统进行人——机对话。即用户通过终端采用人——机对话的方式直接控制程序运行，同程序进行交互。

3. 独立性

系统中各用户可以彼此独立地进行操作，互不干扰。即各用户都感觉不到别人也在使用这台计算机，好像只有自己单独使用这台计算机一样。

4. 及时性

用户请求能在很短时间内获得响应。分时系统采用时间片轮转方式使一台计算机同时为多个终端用户服务，通常能够在 2 s ~ 3 s 内响应各用户的请求，使用户对系统的及时响应感到满意。

（三）实时系统

在计算机的某些应用领域内，要求对实时采样数据进行及时处理，作出相应的反应，如果超出限定的时间就可能丢失信息或影响到下一批信息的处理。例如生产控制过程中，必须及时对出现的各种情况进行分析和处理，这种系统是专用的，它对实时响应的要求是批处理系统和分时系统无法满足的。于是，人们引入了实时系统。

实时系统能及时响应外部事件的请求，在规定的时间内完成对该事件的处理，并控制所有实时设备和实时任务协调一致地工作。实时系统对响应时间的要求比其他操作系统更高，一般要求秒级、毫秒级甚至微秒级的响应时间，对响应时间的具体要求由被控制对象确定。

实时系统现在有两类典型的应用形式，即实时控制系统及实时信息处理系统。

1. 实时控制系统

实时控制系统是指以计算机为中心的生产过程控制系统，又称为计算机控制系统。在实时控制系统中，要求计算机实时采集现场数据，并对它们进行及时处理，进而自动地控制相应的执行机构，使某参数（如温度、压力、流量等）能按预定规律变化或保持不变，以达到保证产品质量、提高产量的目的。例如钢铁冶炼的自动控制，炼油生产过程的自动控制，飞机飞行过程中的自动控制等。

2. 实时信息处理系统

在实时信息处理系统中，计算机及时接收从远程终端发来的服务请求，根据用户提出的问题对信息进行检索和处理，并在很短时间内对用户作出正确响应。如机票订购系统、情报检索系统等，都属于实时信息处理系统。

实时系统的主要特征是响应及时和可靠性高。系统必须保证对实时信息分析和处理的速度要快，而且系统本身要安全可靠，因为像生产过程的实时控制、航空订票等实时信息处理系统,信息处理的延误或丢失往往会带来巨大的经济损失,甚至可能引发灾难性的后果。

实时系统与分时系统的区别如下：①实时系统是专用系统，而批处理与分时系统通常是通用系统。②实时系统用于控制实时过程，要求对外部事件迅速响应，具有较强的中断处理机构。③实时系统用于控制重要过程，要求高度可靠，具有较高冗余。④实时系统的工作方式：接受外部消息，分析消息，调用相应处理程序进行处理。

批处理系统、分时系统和实时系统是三种基本的操作系统类型。如果一个操作系统兼有批处理、分时和实时系统三者或其中两者的功能，则称该操作系统为通用操作系统。

（四）其他操作系统类型

1. 嵌入式操作系统

现今，手持移动设备、智能机械、信息家电等发展迅速，日益普及。这些设备中都嵌入了各种微处理器或控制芯片，因此必然要有相应的系统软件进行管理。

对整个智能芯片以及它所控制的各种部件模块等资源进行统一调度、指挥和控制的系统软件称为嵌入式操作系统。嵌入式操作系统具有高可靠性、实时性、占有资源少、成本低等优点，其系统功能可针对需求进行裁减、调整和编译生成，以便满足最终产品的设计要求。

嵌入式操作系统支持嵌入式软件的运行，由于手持移动设备、智能机械、信息家电等面向普通家庭和个人用户，使得其应用市场比传统的计算机市场大很多，所以嵌入式软件可能成为 21 世纪信息产业的支柱之一，嵌入式操作系统也必将成为软件厂商争夺的焦点，成为操作系统发展的另一个热门方向。

2. 个人计算机操作系统

20 世纪 80 年代个人计算机开始出现，它逐渐进入家庭、办公室、车间、仓库等各种可能的应用场所，成功地渗透到人们的事务处理、办公、学习、生活、娱乐等领域中。个人计算机的出现使计算机技术得到极大的普及，从而改变了人们的工作和学习方式。

个人计算机操作系统主要供个人使用，它功能强，价格便宜，几乎可以在任何地方安装，能满足一般人工作、学习、游戏等方面的需求。由于个人计算机操作系统主要是个人专用，因此在处理器调度、存储保护方面比其他类型的操作系统简单得多。它的主要特点是计算机在某一段时间内为单个用户服务，采用图形界面人机交互的工作方式，界面友好，使用方便。

3. 网络操作系统

信息时代离不开计算机网络，特别是 Internet 的广泛应用正在改变着人们的观念和社会生活的方方面面。每天有成千上万人通过网络传递邮件、查阅资料、搜寻信息，以及网上订票、网上购物等。

虽然个人计算机系统大大推动了计算机的普及，但单台计算机的资源毕竟有限。为了实现计算机之间的数据通信和资源共享，可将分布在各处的计算机和终端设备通过数据通信系统连接在一起，构成计算机网络。

计算机网络是通过通信设施将物理上分散的具有自治功能的多个计算机系统互连起来，按照网络协议交换数据、实现信息交换及资源共享的系统。计算机网络具有以下特点：

（1）分布性

计算机网络是一个互连的计算机系统群体。这些计算机系统在物理上是分散的，它们可以在一个房间里、在一个单位里、在一个城市或几个城市里甚至在全国或全球范围。

（2）自治性

网络上的每台计算机都有自己的内存、I/O 设备和操作系统等，各自独立完成自己承担的工作。网络系统中的各资源之间多是松散耦合的，不具备整个系统统一任务调度的功能。

（3）互连性

利用通信设施将不同地点的资源（包括硬件资源和软件资源）连接在一起，在网络操作系统的控制下，实现网络通信和资源共享。

（4）可见性

计算机网络中的资源对用户是可见的。用户任务通常在本地计算机上运行，利用网络操作系统提供的服务可共享其他主机上的资源。

网络操作系统是基于计算机网络的，是在各种计算机操作系统上按网络体系结构协议标准开发的软件，包括网络管理、通信、资源共享、系统安全和各种网络应用服务，其目标是互相通信及资源共享。

4.分布式操作系统

分布式系统是指多个分散的处理单元经互连网连接而形成的系统，其中每个处理单元既具有高度自治性又相互协同，能在系统范围内实现资源管理、任务动态分配，并能并行地运行分布式程序。

配置在分布式系统上的操作系统称为分布式操作系统。分布式操作系统具有以下特征：①统一性。分布式系统要求一个统一的操作系统，实现系统操作的统一性，即所有主机使用的是同一个操作系统。②共享性。分布式系统中的所有资源可供系统中的所有用户共享。③透明性。用户并不知道分布式系统是运行在多台计算机上，在用户眼里整个分布式系统像是一台计算机，用户并不知道自己请求系统完成的操作是哪一台计算机上完成的，也就是说系统对用户来讲是透明的。④自治性。分布式系统中的多个主机都处于平等地位。

分布式系统的优点是可以使用许多较低成本的计算机通过分布计算获得较高的运算性能；另一方面，由于拥有较多的分布在各地的计算机，因此当一台计算机发生故障时，整个系统仍旧能够工作。

四、操作系统的特征

虽然不同操作系统类型具有不同的特征，但它们也有一些共同特征，这就是并发性、共享性、虚拟性及不确定性。

（一）并发性

并发性和并行性是两个容易混淆的概念。并行性是指两个或多个事件同时发生；而并发性是指两个或多个事件在同一时间间隔内发生。从宏观上看，多道程序环境下并发执行的程序在同时向前推进，但在单处理器系统中，每一时刻仅有一道程序在处理器上执行，故从微观上看这些程序交替在处理器上执行。

程序的并发执行能有效改善系统资源利用率，但由于多道程序对系统资源的共享和竞争，使系统的控制和管理复杂化，因此操作系统必须具有控制和管理各种并发活动的能力。

（二）共享性

资源共享是指系统中的硬件和软件资源不再为某个程序所独占，而是供多个用户共同使用。例如，多道程序在内存中并发执行，它们共享内存资源同时也共享处理器资源；在这些程序执行期间，可能需要进行输入/输出操作或读写文件，因此它们也会共享设备及文件。

并发性和共享性是操作系统的两个最基本特征，二者之间互为存在条件。一方面，资源共享以程序的并发执行为条件，若系统不允许程序并发执行，自然不存在资源共享问题；另一方面，若系统不能对资源共享实施有效的管理，也必将影响到程序的并发执行，甚至根本无法并发执行。

（三）虚拟性

虚拟是指把一个物理实体变为若干个逻辑实体。物理实体是实际存在的，逻辑实体是虚拟的，其实现思想是通过对物理实体的分开使用，达到让用户感觉有多个实体存在的效果。用于实现虚拟的技术称为虚拟技术。在操作系统中，可以利用时分复用和空分复用的方式实现虚拟技术。

时分复用是指多个用户或程序轮流使用某个资源。例如，在单处理器系统中引入多道程序设计技术后，虽然在系统中只有一个处理器，每次只能执行一道程序，但通过分时使用，在一段时间间隔内，宏观上这台处理器能同时运行多道程序，给用户的感觉是每道程序都有一个处理器为他服务。也就是说，多道程序设计技术可以把一台物理处理器虚拟为多台逻辑处理器。

空分复用是指多个用户或程序同时使用资源的一部分。例如，在一台机器上只配置一台硬盘，我们可以通过虚拟硬盘技术将一台硬盘虚拟为多台虚拟磁盘，使用户感觉有多台硬盘一样，这样既安全又方便。也可以将内存分给多个用户程序使用，但单纯的空分复用内存只能提高内存利用率，实现虚拟内存还需要增加请求调入和置换功能。

（四）不确定性

不确定性不是说操作系统本身的功能不确定，也不是说在操作系统控制下运行的用户程序的结果不确定（即同一程序对相同的输入数据在两次或两次以上运行有不同的结果），而是说系统中各种事件发生的时间及顺序是不可预测的。

在多道程序环境中，由于程序的并发执行及资源共享等原因，程序的执行具有"走走停停"的性质。系统中每个执行着的程序既要完成自己的事情，又要与其他执行着的程序共享系统资源，彼此之间会直接或间接相互制约，每个程序何时执行、多个程序间的执行顺序以及完成每道程序所需的时间都是不可预知的。

例如从外围设备发来的中断、I/O请求、程序运行时发生的故障等都是不可预测的。这是造成不确定性的基本原因。

五、操作系统的作用与功能

（一）操作系统的作用

计算机发展到今天，无论是个人机，还是巨型机，至少要都配置一种操作系统。操作系统已经成为现代计算机系统不可分割的重要组成部分，它为人们建立各种各样的应用环境奠定了重要基础。

操作系统的作用主要体现在下述三个方面。

1. 操作系统是用户与计算机硬件之间的接口

操作系统是对计算机硬件系统的第一次扩充，用户通过操作系统来使用计算机系统。换句话说，操作系统紧靠着计算机硬件并在其基础上提供了许多新的设施和能力，从而使得用户能够方便、可靠、安全、高效地操纵计算机硬件和运行自己的程序。例如，改造各种硬件设施，使之更容易使用；提供原语和系统调用，扩展机器的指令系统；而这些功能到目前为止还难以由硬件直接实现。

操作系统还合理组织计算机的工作流程，协调各个部件有效工作，为用户提供一个良好的运行环境。经过操作系统改造和扩充过的计算机不但功能更强，使用也更为方便，用户可以直接调用操作系统提供的各种功能，而无须了解许多软硬件本身的细节，对于用户来讲操作系统便成为他与计算机硬件之间的一个接口。

2. 操作系统为用户提供了虚拟机

人们很早就认识到必须找到某种方法把硬件的复杂性与用户隔离开来。经过不断的探索和研究，目前采用的方法是在计算机裸机上加上一层又一层的软件来组成整个计算机系统，同时，为用户提供一个容易理解和便于程序设计的接口。在操作系统中，类似地把硬件细节隐藏并把它与用户隔离开来的情况处处可见，例如：I/O管理软件、文件管理软件和窗口软件向用户提供了一个越来越方便地使用I/O设备的方法。由此可见，每当在计算机上覆盖了一层软件，提供了一种抽象，系统的功能便增加一点，使用就更加方便一点，用户可用的运行环境就更加好一点。所以，当计算机上覆盖了操作系统后，可以扩展基本功能，为用户提供一台功能显著增强，使用更加方便，安全可靠性好，效率明显提高的机器，对用户来说好像可以使用的是一台与裸机不同的虚拟计算机。

3.操作系统是计算机系统的资源管理者

在计算机系统中，能分配给用户使用的各种硬件和软件设施总称为资源。操作系统的重要任务之一是对资源进行抽象研究，找出各种资源的共性和个性，有序地管理计算机中的硬件、软件资源，跟踪资源使用情况，监视资源的状态，满足用户对资源的需求，协调各程序对资源的使用冲突；研究使用资源的统一方法，为用户提供简单、有效的资源使用手段，最大限度地实现各类资源的共享，提高资源利用率，从而，使得计算机系统的效率有很大提高。

资源管理是操作系统的一项主要任务，即控制程序执行、扩充机器功能、提供各种服务、方便用户使用、组织工作流程、改善人机界面等等都可以从资源管理的角度去理解。

（二）操作系统的功能

从资源管理的角度看，操作系统要对计算机系统内的所有资源进行有效的管理，并合理地组织计算机的工作流程来优化资源使用，提高资源利用率，为此操作系统应具有处理器管理、存储器管理、设备管理和文件管理功能。

1.处理器管理

处理器管理的主要任务是对处理器的分配和运行实施有效的管理。从传统的意义上讲，进程是处理器和资源分配的基本单位，因此对处理器的管理可以归结为对进程的管理。进程管理应实现下述主要功能：

（1）进程控制

进程是系统中活动的实体，进程控制包括进程的创建、进程的撤销以及进程状态的转换。

（2）进程同步

多个进程在活动过程中会产生相互依赖或相互制约的关系，为保证系统中所有进程能够正常活动，必须对并发执行的进程进行协调。

（3）进程通信

相互合作的进程之间往往需交换信息，为此系统要提供进程通信机制。

（4）作业和进程调度

一个作业通常需要经过两级调度才能在处理器上执行。作业调度将选中的一个或多个作业放入内存，为它们分配必要的资源并建立进程。进程调度按一定的算法将处理器分配给就绪队列中的合适进程。

2. 存储器管理

存储器管理的主要任务是内存分配、内存保护、地址映射和内存扩充。存储器管理应实现下述主要功能：

（1）内存分配

按一定的策略为每道程序分配一定的内存空间。为此操作系统应记录整个内存的使用情况，当用户程序提出内存空间申请要求时应按照某种策略实施内存分配，当程序运行结束时应回收其占用的内存空间。

（2）内存保护

系统中存在多道并发执行的程序，因此系统应保证各程序在自己的内存区域内运行而不相互干扰，更不能干扰和侵占操作系统空间。

（3）地址映射

通常源程序经过编译链接后形成可执行程序，可执行程序的起始地址都从 0 开始，程序中的其他地址相对于起始地址计算。这样在多道程序环境下，用户程序中的地址就有可能与它装入内存后实际占用的物理地址不一样，因此需要将程序中的地址转换为内存中的物理地址。

（4）内存扩充

一个计算机系统中的内存容量有限，而所有用户程序对内存的需求量之和通常大于实际内存容量。为了允许大程序或多个程序的运行，应借助虚拟存储技术去获得增加内存的效果。

3. 设备管理

计算机外部设备的管理是操作系统中最庞杂、琐碎的部分。设备管理的主要任务是对计算机系统内的所有设备实施有效的管理。设备管理应具有下述功能：

（1）设备分配

根据用户程序提出的 I/O 请求和相应的设备分配策略，为用户程序分配设备，当设备使用完后还应回收设备。为了缓解设备的慢速与处理器快速之间的矛盾，使设备与处理器并行工作，还需要使用缓冲技术。

（2）设备驱动

当 CPU 发出 I/O 指令后，应启动设备进行 I/O 操作，当 I/O 操作完成后应向 CPU 发出中断信号，由相应的中断处理程序进行传输结束处理。

（3）设备独立性

设备独立性又称设备无关性，是指用户程序中的设备与实际使用的物理设备无关。这样，用户程序不必涉及具体物理设备，由操作系统完成用户程序中的逻辑设备到具体物理设备的映射，使得用户能更加方便灵活地使用设备。

4. 文件管理

计算机系统中的程序和数据通常以文件的形式存放在外部存储器上，操作系统中负责文件管理的部分称为文件系统。文件系统的主要任务是有效地支持文件的存储、检索和修改等操作，解决文件的共享、保密和保护问题。文件管理应实现下述功能：

（1）文件存储空间的管理

文件存放在磁盘上，因此文件系统需要对文件存储空间进行统一管理，包括为文件分配存储空间，回收释放的文件空间，提高外存空间的利用率和文件访问效率。为此文件系统应设置专门的数据结构记录文件存储空间的使用情况。

（2）目录管理

外存上存放着成千上万的文件，为了方便用户查找自己需要的文件，通常由系统为每个文件设置一个目录项，目录项中包含文件名、文件属性及文件在外存的存放地址，以提供按名存取的功能。

（3）文件操作管理

为方便用户使用文件，系统提供了一组文件操作功能，包括文件创建、文件删除，文件读写等。

（4）文件保护

为了保证文件的安全性，防止系统中的文件被非法使用及遭到破坏，文件系统应提供文件保护功能。

六、操作系统的接口

操作系统除了对计算机系统中的软硬件资源实施管理外，还为用户提供了各种使用其服务功能的手段，即提供了用户接口。

不同的操作系统为用户提供的服务不完全相同，但有许多共同点。操作系统提供的共性服务使得编程任务变得更加容易。操作系统提供给程序和用户的共性服务大致如下：

第一，创建程序。提供各种工具和服务，如编辑程序和调试程序，帮助用户编程并生成高质量的源程序。

第二，执行程序。将用户程序和数据装入主存，为其运行做好一切准备工作并启动它执行。当程序编译或运行执行出现异常时，应能报告发生的情况，终止程序执行或进行适当处理。

第三，数据I/O。程序运行过程中需要I/O设备上的数据时，可以通过VO命令或VO指令，请求操作系统的服务。操作系统不允许用户直接控制/O设备，而能让用户以简单方式实现I/O控制和读写数据。

第四，信息存取。文件系统让用户按文件名来建立、读写、修改、删除文件，使用方便，安全可靠。当涉及多用户访问或共享文件时，操作系统将提供信息保护机制。

第五，通信服务。在许多情况下，一个进程要与另外的进程交换信息，这种通信发生在两种场合，一是在同一台计算机上执行的进程之间通信；二是在被网络连接在一起的不同计算机上执行的进程之间通信。

第六，错误检测和处理。操作系统能捕捉和处理各种硬件或软件造成的差错或异常，并让这些差错或异常造成的影响缩小在最小范围内，必要时及时报告给操作员或用户。

操作系统为用户提供了两类接口。一类是用户接口，用户利用这些接口来组织和控制作业的执行，包括命令接口及图形用户接口；另一类是程序接口，编程人员可以使用它们来请求操作系统服务。

（一）命令接口

使用命令接口进行作业控制的主要方式有两种，即脱机控制方式和联机控制方式。脱机控制方式是指用户将对作业的控制要求以作业控制说明书的方式提交给系统，由系统按照作业说明书的规定控制作业的执行。在作业执行过程中，用户无法干涉作业，只能等待作业执行结束之后才能根据结果信息了解作业的执行情况。联机控制方式是指用户利用系统提供的一组键盘命令或其他操作命令和系统会话，交互式地控制程序的执行。其工作过程是用户在系统给出的提示符下键入特定命令，系统在执行完该命令后向用户报告执行结果；然后用户决定下一步的操作；如此反复，直到作业执行结束。

按作业控制方式的不同，可以将命令接口分为联机命令接口和脱机命令接口。

1. 联机命令接口

联机命令接口又称交互式命令接口，它由一组键盘操作命令组成。用户通过控制台或终端键入操作命令，向系统提出各种服务要求。用户每输入完一条命令，控制权就转入操作系统的命令解释程序，然后命令解释程序对键入的命令解释执行，完成指定的功能。之后，控制权又转回到控制台或终端，此时用户又可以键入下一条命令。

在微机操作系统中，通常把键盘命令分成内部命令和外部命令两大类：

（1）内部命令

这类命令的特点是完成命令功能的程序短小，使用频繁。它们在系统初始启动时被引导至内存并且常驻内存。

（2）外部命令

完成这类命令功能的程序较长，各自独立地作为一个文件驻留在磁盘上，当需要它们时，再从磁盘上调入内存运行。

2. 脱机命令接口

脱机命令接口也称批处理命令接口，它由一组作业控制命令（或称作业控制语言）组成。脱机用户不能直接干预作业的运行，他们应事先用相应的作业控制命令写成一份作业操作说明书，连同作业一起提交给系统。当系统调度到该作业时，由系统中的命令解释程序对作业说明书上的命令或作业控制语句逐条解释执行。

（二）程序接口

程序接口由一组系统调用命令（简称系统调用）组成。用户通过在程序中使用这些系统调用命令来请求操作系统提供的服务。用户在程序中可以直接使用这组系统调用命令向系统提出各种服务要求，如使用各种外部设备，进行有关磁盘文件的操作，申请分配和回收内存以及其他各种控制要求；也可以在程序中使用过程调用语句，编译程序将它们翻译成有关的系统调用命令，再去调用系统提供的各种功能或服务。

1. 系统调用

所谓系统调用就是用户在程序中调用操作系统所提供的一些子功能。具体讲，系统调用就是通过系统调用命令中断现行程序，转而去执行相应的子程序，以完成特定的系统功能；系统调用完成后，控制又返回到系统调用命令的逻辑后继指令，被中断的程序将继续执行下去。

实际上，系统调用命令不仅可以供用户程序使用，还可以供系统程序使用，以此实现各类系统功能。对于每个操作系统而言，其所提供的系统调用命令条数、格式以及所执行的功能等都不尽相同，即使是同一个操作系统，其不同版本所提供的系统调用命令条数也会有所增减。通常，一个操作系统提供的系统调用命令有几十乃至上百条之多，它们各自有一个唯一的编号或助记符。这些系统调用按功能大致可分为如下几类：①设备管理。该类系统调用完成设备的请求或释放以及设备启动等功能。②文件管理。该类系统调用完成文件的读、写、创建及删除等功能。③进程控制。该类系统调用完成进程的创建、撤销、阻塞及唤醒等功能。④进程通信。该类系统调用完成进程之间的消息传递或信号传递等功能。⑤内存管理。该类系统调用完成内存的分配、回收以及获取作业占用内存区大小及始址等功能。

系统调用命令是作为扩充机器指令提供的，目的是增强系统功能，方便用户使用。因此，在一些计算机系统中，把系统调用命令称为广义指令。广义指令与机器指令在性质上是不同的，机器指令是用硬件线路直接实现的，而广义指令则是由操作系统提供的一个或多个子程序模块实现的。

2. 系统调用的执行过程

虽然系统调用命令的具体格式因系统而异，但用户程序进入系统调用的步骤及其执行过程大体上是相同的。

用户程序进入系统调用是通过执行调用指令（在有些操作系统中称为访管指令或软中断指令）实现的，当用户程序执行到调用指令时，就中断用户程序的执行，转去执行实现系统调用功能的处理程序。系统调用处理程序的执行过程如下：①为执行系统调用命令做准备。主要工作是把用户程序的现场保留起来，并把系统调用命令的编号等参数放入指定的存储单元。②执行系统调用。根据系统调用命令的编号，访问系统调用入口表，找到相应子程序的入口地址，然后转去执行。

这个子程序就是系统调用处理程序。③系统调用命令执行完后的处理。主要工作是恢复现场，并把系统调用的返回参数送入指定存储单元，以供用户程序使用。

3. 系统调用与过程（函数）调用的区别

程序中执行系统调用或过程（函数）调用，虽然都是对某种功能或服务的需求，但两者从调用形式到具体实现都有很大区别。

（1）调用形式不同

过程（函数）使用一般调用指令，其转向地址是固定不变的，包含在跳转语句中；但系统调用中不包含处理程序入口，而仅仅提供功能号，按功能号调用。

（2）被调用代码的位置不同

过程（函数）调用是一种静态调用，调用者和被调用代码在同一程序内，经过编译连接后作为目标代码的一部分。当过程（函数）升级或修改时，必须重新编译连接。而系统调用是一种动态调用，系统调用的处理代码在调用程序之外（在操作系统中），这样一来，系统调用处理代码升级或修改时，与调用程序无关。而且，调用程序的长度也大大缩短，减少了调用程序占用的存储空间。

（3）提供方式不同

过程（函数）往往由编程语言或编程者提供，不同编程语言或编程者提供的过程（函数）可以不同；系统调用由操作系统提供，一旦操作系统设计好，系统调用的功能、种类与数量便固定不变了。

（4）调用的实现不同

程序使用一般机器指令（跳转指令）来调用过程（函数），是在用户态运行的；程序执行系统调用，是通过中断机构来实现，需要从用户态转变到核心态，在管理状态执行，系统调用结束时，返回到用户态。

（三）图形用户接口

通过命令接口方式来控制程序的运行虽然有效，但给用户增加了很大的负担，即用户必须记住各种命令，并从键盘键入这些命令以及所需的参数，以控制用户程序的运行。随着大屏幕高分辨率图形显示器和多种交互式输入/输出设备（如鼠标、触摸屏等）的出现，图形用户接口于20世纪80年代后期出现并广泛应用。

图形用户接口的目标是通过对出现在屏幕上的对象直接进行操作，以控制和操纵程序的运行。例如，用键盘或鼠标对菜单中的各种操作进行选择，使命令程序执行用户选定的操作；用户也可以通过滑动滚动条上的滑动块在列表框中的选择项上滚动，以使所要的选择项出现在屏幕上，并用鼠标选取的方式来选择操作对象（如文件）；用户还可以用鼠标拖动屏幕上的对象（如某图形或图标）使其移动位置或旋转、放大和缩小。这种图形用户接口大大减少或免除了用户的记忆工作量，其操作方式从原来的记忆并键入改为选择并点取，极大地方便了用户，受到普遍欢迎。目前图形用户接口是最为常见的人机接口形式，可以认为图形接口是命令接口的图形化。

七、操作系统的运行环境和内核结构

（一）操作系统的运行环境

计算机硬件所提供的支持构成现代操作系统的硬件环境，如中央处理器（CPU）、主存储器、缓冲、时钟和中断等，其中中断技术是推动操作系统发展的重要因素之一。事件引发中断，中断必须加以处理，操作系统由此被驱动。

操作系统是一个众多程序模块的集合。根据运行环境，这些模块大致分为下述 3 类：

第 1 类是在系统初启时便与用户程序一起主动参与并发运行的，如作业管理程序、输入输出程序等。它们由时钟中断、外设中断所驱动。

第 2 类是直接面对用户态（亦称常态、或目态）程序的，这是一些"被动"地为用户服务的程序。这类程序的每一个模块都与一条系统调用指令对应，仅当用户执行系统调用指令时，对应的程序模块才被调用、被执行。系统调用指令的执行是经过陷入中断机构处理的。因此从这个意义上说，第 2 类程序也是由中断驱动的。

第 3 类是那些既不主动运行也不直接面对用户程序，而是隐藏在操作系统内部，由前 2 类程序调用的模块。既然前 2 类程序是由中断驱动的，那么第 3 类程序也是由中断驱动的。应当注意，操作系统本身的代码运行在核心态（亦称管态、特态）。从用户态进入核心态的唯一途径是中断。

操作系统控制和管理其他系统软件，并与其共同支持用户程序的运行，构建成用户的运行环境；同时，操作系统的功能设计也受到这些系统软件的功能强弱和完备与否的影响。

（二）操作系统的内核结构

1. 模块结构

模块结构也称为单内核模型。整个系统是一个大模块，可以被分为若干逻辑模块，即处理器管理、存储器管理、设备管理和文件管理，其模块间的交互是通过直接调用其他模块中的函数实现的。

模块结构是基于结构化程序设计的一种软件结构设计方法。早期操作系统（如IBM S/360 操作系统）采用这种结构设计方法，主要设计思想和步骤如下：把模块作为操作系统的基本单位，按照功能需要而不是根据程序和数据的特性把整个系统分解为若干模块（还可以再分成子模块），每个模块具有一定独立功能，若干个关联模块协作完成某个功能；明确各个模块之间的接口关系，各个模块间可以不加控制自由调用（所以，又叫无序调用法），数据多数作为全程量使用；模块之间需要传递参数或返回结果时，其个数和方式也可以根据需要随意约定；然后，分别设计、编码、调试各个模块；最后，把所有模块连接成一个完整的系统。

这种结构设计方法的主要优点是：结构紧密、组合方便，对不同环境和用户的不同需求，可以组合不同模块来满足，从而灵活性较大；针对某个功能可用最有效的算法和任意调用其他模块中的过程来实现，因此系统效率较高；由于划分成模块和子模块，设计及编码可齐头并进，能加快操作系统研制过程。

2. 层次结构

为了能让操作系统的结构更加清晰，使其具有较高的可靠性，较强的适应性，易于扩充和移植，在模块结构的基础上产生了层次式结构的操作系统。所谓层次结构，即是把操作系统划分为内核和若干模块（或进程），这些模块（或进程）按功能的调用次序排列成若干层次，各层之间只能是单向依赖或单向调用关系，即低层为高层服务，高层可以调用低

层的功能，反之则不能，这样不但系统结构清晰，而且不构成循环调用。

层次结构可以有全序和半序之分。如果各层之间是单向依赖的，并且每层中的诸模块（或进程）之间也保持独立，没有联系，则这种层次结构被称为是全序的。如果各层之间是单向依赖的，但在某些层内允许有相互调用或通信的关系，则这种层次结构称为半序的。

在用层次结构构造操作系统时，目前还没有一个明确固定的分层方法，只能

给出若干原则，供划分层次中的模块（或进程）时参考。

第一，应该把与机器硬件有关的程序模块放在最底层，以便起到把其他层与硬件隔离开的作用。在操作系统中，中断处理、设备启动、时钟等反映了机器的特征，因此，与这些特征有关的程序都应该放在离硬件尽可能近的层次中，这样安排既增强了系统的适应性也有利于系统的可移植性，因为，只需把这层的内容按新机器硬件的特征加以改变后，其他层内容都可以基本不动。

第二，为进程（和线程）的正常运行创造环境和提供条件的内核程序，如CPU调度、进程（和线程）控制和通信机构等，应该尽可能放在底层，以支撑系统其他功能部件的执行。

第三，对于用户来讲，可能需要不同的操作方式，譬如可以选取批处理方式，联机控制方式，或实时控制方式。为了能使一个操作系统从一种操作方式改变或扩充到另一种操作方式，在分层时就应把反映系统外特性的软件放在最外层，这样改变或扩充时，只涉及到对外层的修改，内层共同使用的部分保持不变。

第四，应该尽量按照实现操作系统命令时模块间的调用次序或按进程间单向发送信息的顺序来分层。这样，最上层接受来自用户的操作系统命令，随之根据功能需要逐层往下调用（或传递消息），自然而有序。譬如，文件管理要调用设备管理，因此，文件管理诸模块（或进程）应该放在设备管理诸模块（或进程）的外层；作业调度程序控制用户程序执行时，要调用文件管理的功能，因此，作业调度模块（或进程）应该放在文件管理模块（或进程）的外层等等。一个操作系统按照层次结构的原则，从底向上可以被安排为：裸机、CPU调度及其他内核功能、内存管理、设备管理、文件管理、作业管理、命令管理、用户。

3. 微内核结构

微内核是指把操作系统结构中的内存管理、设备管理、文件系统等高级服务功能尽可能地从内核中分离出来，变成几个独立的非内核模块，而在内核只保留少量最基本的功能，使内核变得简洁可靠，因此叫微内核。

微内核实现的基础是操作系统理论层面的逻辑功能划分。操作系统几大功能模块在理论上是相互独立的，形成比较明显的界限。微内核的优点如下：第一，充分的模块化，可独立更换任一模块而不会影响其他模块，从而方便第三方开发设计模块。第二，未被使用的模块功能不必运行，因而能大幅度减少系统的内存需求。第三，具有很高的可移植性，理论上讲只需要单独对各微内核部分进行移植修改即可。由于微内核的体积通常很小，而且互不影响，因此设计开发的工作量减少。

但是，因为各个模块与微内核之间是通过通信机制进行交互的，微内核的明显缺点是系统运行效率较低。

第三章　计算机信息系统安全

第一节　计算机网络与信息系统安全

一、计算机网络概述

（一）计算机网络的发展趋势

网格是计算机网络的发展趋势之一。网格是把地理位置上分散的资源集成起来的一种基础设施。通过这种基础设施，用户不需要了解这个基础设施上资源的具体细节就可以使用自己需要的资源。资源包括计算资源、存储资源、通信资源、软件资源、信息资源、知识资源等。网格的资源共享、协同工作能力将改变目前信息系统存在的信息孤岛、资源浪费的局面，使新一代的信息系统建立在更有效的平台之上。

网格的目标是让网格用户能够容易地访问网格资源。在网格上，用户不需要使用远程登录、文件传输协议等网络工具就可以使用远程结点上的信息资源，还可以共享使用网格上的各种计算资源，包括 CPU、存储器、数据库、软件等。网格的目标本身不在于规模的大小，而在于共享资源的种类、共享资源的形式、对用户共享资源的要求、共享的透明程度接口的简单程度等。网格将分布在不同地理位置的计算资源通过互联网和网格软件组成新的计算环境。

（二）计算机网络的定义与分类

在计算机网络发展的不同阶段，人们对计算机网络的定义和分类也不相同。不同的定义和分类反映着当时网络技术发展的水平及人们对网络的认识程度。

1. 计算机网络的定义及基本特征

随着计算机应用技术的迅速发展，计算机的应用已经逐渐渗透到各类技术领域和整个社会的各个行业。社会信息化的趋势和资源共享的要求，推动了计算机应用技术向着群体化的方向发展，促使当代的计算机技术和通信技术实现紧密的结合。计算机网络就是现代通信技术与计算机技术结合的产物。

目前，计算机网络的应用已远远超过计算机的应用，并使用户们真正理解"计算机就是网络"这一概念的含义。

计算机网络是利用通信线路和通信设备，把分布在不同地理位置的具有独立处理功能的若干台计算机按照一定的控制机制和连接方式互相连接在一起，并在网络软件的支持下实现资源共享的计算机系统。

这里所定义的计算机网络包含以下几部分内容：①通信线路和通信设备。通信线路是网络连接介质，包括同轴电缆双绞线、光缆、铜缆、微波和卫星等。通信设备是网络连接设备，包括网关、网桥、集线器、交换机、路由器、调制解调器等。②具有独立处理功能的计算机，包括各种类型计算机、工作站、服务器、数据处理终端设备。③一定的控制机制和连接方式是指各层网络协议和各类网络的拓扑结构。④网络软件是指各类网络系统软件和各类网络应用软件。

2. 计算机网络的分类

计算机网络有几种不同的分类方法：按通信方式分类，如点对点和广播式；按带宽分类，如窄带网和宽带网；按传输介质分类，如有线网和无线网；按拓扑结构分类，如总线型、星型、环型、树型、网状；还有按地理范围分类，如局域网、城域网和广域网。一般所说的分类常指按地理范围的分类，所以下是按地理范围的计算机网络的分类。

（1）局域网

局域网（Local Area Network，LAN）是将较小地理范围内的各种数据通信设备连接在一起，实现资源共享和数据通信的网络（一般几千米以内）。这个小范围可以是一间办公室、一座建筑物或近距离的几座建筑物，如一个工厂或一个学校。局域网具有传输速度快、准确率高的特点。另外，它的设备价格相对低一些，建网成本低。局域网适合在某一个数据较重要的部门、某一企事业单位内部使用，有助于实现资源共享和数据通信。

（2）城域网

城域网（Metropolian Area Network，MAN）是一个将距离在几十千米以内的若干个局域网连接起来以实现资源共享和数据通信的网络。它的设计规模一般在一个城市之内，其传输速度相对局域网低一些。

（3）广域网

广域网（Wide Area Network，WAN）实际上是将距离较远的数据通信设备、局域网、城域网连接起来实现资源共享和数据通信的网络。广域网一般覆盖面较大，一个国家、几个国家甚至于全球范围，如 Internet 可以说是最大的广域网。广域网一般利用公用通信网络提供的信息进行数据传输，传输速度相对较低，网络结构较复杂，造价相对较高。

（三）计算机网络的拓扑结构

尽管 Internet 网络结构非常庞大且复杂，但组成复杂庞大网络的基本单元结构具有一些基本特征和规律。计算机网络拓扑就是用来研究网络基本结构和特征规律的。

1. 计算机网络拓扑的概念

所谓"拓扑"就是把实体抽象成与其大小、形状无关的"点"，而把连接实体的线路抽象成"线"，进而以图的形式来表示这些点与线之间关系的方法，其目的在于研究这些点、线之间的相连关系。表示点和线之间关系的图被称为拓扑结构图。拓扑结构与几何结构属于两个不同的数学概念。在几何结构中，我们要考察的是点、线之间的位置关系，或者说几何结构强调的是点与线所构成的形状及大小。比如，梯形、正方形、平行四边形及圆都属于不同的几何结构，但从拓扑结构的角度去看，由于点、线间的连接关系相同，从而具有相同的拓扑结构即环形结构。也就是说，不同的几何结构可能具有相同的拓扑结构。

类似地，在计算机网络中，我们把计算机、终端、通信处理机等设备抽象成点，把连接这些设备的通信线路抽象成线，并将由这些点和线所构成的拓扑称为网络拓扑结构。

2. 计算机网络拓扑的分类方法及基本拓扑类别

计算机网络的拓扑结构是计算机网络上各结点（分布在不同地理位置上的计算机设备及其他设备）和通信链路所构成的几何形状。常见的拓扑结构有总线形、星形、环形、树形和网状五种。

（1）总线型结构

总线型拓扑结构采用一条公共线（总线）作为数据传输介质，所有网络上结点都连接在总线上，通过总线在网络上结点之间传输数据。

总线型拓扑结构使用广播或传输技术，总线上的所有结点都可以发送数据到总线上，数据在总线上传播。在总线上所有其他结点都可以接收总线上的数据，各结点接收数据之后，首先分析总线上的数据的目的地址，再决定是否真正接收。由于各结点共用一总线，所以在任一时刻只允许一个结点发送数据，因此，传输数据易出现冲突现象，总线出现故障，将影响整个网络的运行。总线型拓扑结构具有结构简单，建网成本低，布线、维护方便，易于扩展等优点。比如，以太网就是典型的总线型拓扑结构。

（2）星形结构

在星形结构的计算机网络中，网络上每个结点都由一条点到点的链路与中心结点（网络设备，如交换机、集线器等）相连。

在星形结构中，信息的传输是通过中心结点的存储转发技术来实现的。这种结构具有结构简单、便于管理与维护、易于结点扩充等优点，其缺点是中心结点负担重，一旦中心结点出现故障，将影响整个网络的运行。

（3）环形结构

在环形拓扑结构的计算机网络中，网络上各结点都连接在一个闭合环形通信链路上。

在环形结构中，信息的传输沿环的单方向传递，两结点之间仅有唯一的通道。网络上各结点之间没有主次关系，各结点负担均衡，但网络扩充及维护不太方便。如果网络上有一个结点或者是环路出现故障，将可能引起整个网络故障。

（4）树形结构

树形拓扑结构是星形结构的发展，在网络中各结点按一定的层次连接起来，形状像一棵倒置的树，所以称为树形结构。

在树形结构中，顶端的结点称为根结点，它可带若干个分支结点，每个分支结点又可以再带若干个子分支结点。信息的传输可以在每个分支链路上双向传递，网络扩充、故障隔离比较方便。如果根结点出现故障，将影响整个网络运行。

（5）网状结构

在网状拓扑结构中，网络上的结点连接是不规则的，每个结点可以与任何结点相连，且每个结点可以有多个分支。在网状结构中，信息可以在任何分支上进行传输，这样可以减少网络阻塞的现象，但由于结构复杂，不易管理和维护。

（四）计算机网络的体系结构

计算机之间的通信是实现资源共享的基础，相互通信的计算机必须遵守一定的协议。协议是负责在网络上建立通信通道和控制信息流的规则，这些协议依赖于网络体系结构，由硬件和软件协同实现。

1. 计算机网络协议概述

（1）网络协议

计算机网络如同一个计算机系统包括硬件系统和软件系统两大部分一样，因此，只有网络设备的硬件部分是不能实现通信工作的，需要有高性能网络软件管理网络，才能发挥计算机网络的功能。计算机网络功能是实现网络系统的资源共享，所以网络上各计算机系统之间要不断进行数据交换。但不同的计算机系统可能使用完全不同的操作系统或采用不同标准的硬件设备等。为了使网络上各个不同的计算机系统能实现相互通信，通信的双方就必须遵守共同一致的通信规则和约定，如通信过程的同步方式、数据格式、编码方式等。这些为进行网络中数据交换而建立的规则、标准或约定称为协议。

（2）协议的内容

在计算机网络中任何一种协议都必须解决语法、语义、定时这三个主要问题。

①协议的语法：在协议中对通信双方采用的数据格式、编码方式等进行定义。比如，报文中内容的组织形式、内容的顺序等、都是语法中解决的问题。

②协议的语义：在协议中对通信的内容作出解释。比如，对于报文，它是由几部分组成，哪些部分用于控制数据，哪些部分是真正的通信内容，这些是协议的语义中解决的问题。

③协议的定时：定时也称时序，在协议中对通信内容中先讲什么、后讲什么、讲的速度进行了定义。比如通信中采用同步还是异步传输等，这些是协议的定时中要解决的问题。

（3）协议的功能

①分割与重组：协议的分割功能，可以将较大的数据单元分割成较小的数据单元，其相反的过程为重组。

②寻址：寻址功能使网络上设备彼此识别，同时可以进行路径选择。

③封装与拆封：协议的封装功能是将在数据单元的始端或者末端增加控制信

息，其相反的过程是拆封。

④排序：协议的排序功能是指报文发送与接收顺序的控制。

⑤信息流控制：协议的流量控制功能是指在信息流过大时，对流量进行控制，使其符合网络的吞吐能力。

⑥差错控制：差错控制功能使得数据按误码率要求的指标，在通信线路中正确地传输。

⑦同步：协议的同步功能可以保证收发双方在数据传输时保证一致性。

⑧干路传输：协议的干路传输功能可以使多个用户信息共用干路。

⑨连接控制：协议的连接控制功能是可以控制通信实体之间建立和终止链路的过程。

（4）协议的种类

①标准或非标准协议：标准协议涉及各类的通用环境，而非标准协议只

涉及专用环境。

②直接或间接协议：设备之间可以通过专线进行连接，也可以通过公用通信网络相连接。当网络设备直接进行通信时，需要一种直接通信协议；而网络设备之间间接通信时，则需要一种间接通信协议。

③整体的协议或分层的结构化协议：整体协议是一个协议，也就是一整套规则。分层的结构化协议，分为多个层次实施，这样的协议是由多个层次复合而成。

2.OSI 参考模型

国际标准化组织（International Standard Organization，ISO）提出一个通用的网络通信参考模型 OSI（Open System Interconnect Model）模型，称为开放系统互联模型。将整个网络系统分成七层，每层各自负责特定的工作，各层都有主要的功能。

（1）OSI 参考模型分层原则

按网络通信功能性质进行分层，性质相似的工作计划分在同一层，每一层所负责的工作范围，层次分得很清楚，彼此不重叠，处理事情时逐层处理，绝不允许越层，功能界限清晰，并且每层向相邻的层提供透明的服务。

（2）各层功能

①物理层：也称最低层，它提供计算机操作系统和网络线之间的物理连接，它规定电缆引线的分配线上的电压、接口的规格及物理层以下的物理传输介质等。

在这一层传输的数据以比特为单位。

②数据链路层：数据链路层完成传输数据的打包和拆包的工作。把上一层传来的数据按一定的格式组织，这个工作称为组成数据帧，然后将帧按顺序传出。另外，它主要解决数据帧的破坏、遗失和重复发送等问题，目的是把一条可能出错的物理链路变成让网络层看起来是一条不出差错的理想链路。数据链路层传输的数据以帧为单位。

③网络层：主要功能是为数据分组进行路由选择，并负责通信子网的流量控制、拥塞控制。要保证发送端传输层所传下来的数据分组能准确无误地传输到目的结点的传输层。网络层传输的数据以数据单元为单位。一般称以上介绍的三层为通信子网。

④传输层：主要功能是为会话层提供一个可靠的端到端连接，以使两通信端系统之间透明地传输报文。传输层是计算机网络体系结构中最重要的一层，传输层协议也是最复杂的，其复杂程度取决于网络层所提供的服务类型及上层对传输层的要求。传输层传输的数据以报文为单位。

⑤会话层：主要功能是使用传输层提供的可靠的端到端连接，在通信双方应用进程之间建立会话连接，并对会话进行管理和控制，保证会话数据可靠传送。会话层传输的数据以报文为单位。

⑥表示层：主要功能是完成被传输数据的表示工作，包括数据格式数据转化、数据加密和数据压缩等语法变换服务。表示层传输的数据以报文为单位。

⑦应用层：它是 OSI 参考模型中的最高层，功能与计算机应用系统所要求的网络服务目的有关。通常是为应用系统提供访问 OSI 环境的接口和服务，常见的应用层服务如信息浏览、虚拟终端、文件传输、远程登录、电子邮件等。应用层传输的数据以报文为单位。一般称第五至第七层为资源子网。

（3）OSI 模型中数据传输方式

在 OSI 模型中，通信双方的数据传输是由发送端应用层开始向下逐层传输，并在每层增加一些控制信息，可以理解为每层对信息加一层信封，到达最低层源数据加了七层信封；再通过网络传输介质，传送到接收端的最低层，再由下向上逐层传输，并在每层去掉一个信封，直到接收端的最高层，数据还原成原始状态为止。

另外，当通信双方进行数据传输时，实际上是对等层在使用相应的规定进行沟通。这里使用的规定称为协议，它是在不同终端相同层中实施的规则。如果在同一终端，不同层中称为接口或称为服务访问点。

3.TCP/IP 模型

由于 TCP/IP 参考模型与 OSI 参考模型设计的出发点不同，OSI 是为国际标准而设计的，因此考虑因素多，协议复杂，产品推出较为缓慢；TCP/IP 起初是为军用网设计的，将异构网的互联、可用性、安全性等特殊要求作为重点考虑。因此，TCP/IP 参考模型分为网络接口层、互联层、传输层和应用层四层。

（1）TCP/IP 中各层功能

①网络接口层：它是 Internet 协议的最低层，它与 OSI 的数据链路及物理层相对应。这一层的协议标准也很多，包括各种逻辑链路控制和媒体访问协议，如各种局域网协议、广域网协议等任何可用于 IP 数据报文交换的分组传输协议。作用是接收互联层传来的 IP 数据报；或从网络传输介质接收物理帧，将 IP 数据报传给互联层。

②互联层：它与 OSI 的网络层相对应，是网络互联的基础，提供无连接的分组交换服务。互联层的作用是将传输层传来的分组装入 IP 数据报，选择去往目的主机的路由，再将数据报发送到网络接口层；或从网络接口层接收数据报，先检查其合理性，然后进行寻址。若该数据报是发送给本机的，则接收并处理后，传送给传输层；如果不是送给本机的，则转发该数据报。另外，还有对差错控制报文、流量控制等功能。

③传输层：传输层与 OSI 的传输层相对应。传输层的作用是提供通信双方的主机之间端到端的数据传送，在对等实体之间建立用于会话的连接。它管理信息流，提供可靠的传输服务，以确保数据可靠地按顺序到达。在传输层包括传输控制协议 TCP 和用户数据报协议 UDP 两个协议，这两个协议分别对应不同的传输机制。

④应用层：应用层与 OSI 中的会话层、表示层和应用层相对应。向用户提供一组常用的应用层协议。提供用户调用应用程序访问 TCP/IP 互联网络的各种服务。常见的应用层协议包括网络终端协议 Telnet、文件传输协议 FTP、简单邮件传输协议 SMTP、域名服务 DNS 和超文本传输协议 HTTP。

（2）Internet 协议应用

网络协议是计算机系统之间通信的各种规则，只有双方按照同样的协议通信，把本地计算机的信息发出去，对方才能接收。因此，每台计算机上都必须安装执行协议的软件。协议是网络正常工作的保证，所以针对网络中不同的问题制定了不同的协议。

（3）Internet 地址

在局域网中各台终端上的网络适配器即网卡都有一个地址，称为网卡物理地址或 MAC 地址。它是全球唯一的地址，每一块网卡上的地址与其他任何一块网卡上的地址不会相同。而在 Internet 上的主机，每一台主机也都有一个与其他任何主机不重复的地址，称为 IP 地址。IP 地址与 MAC 地址之间没有什么必然的联系。

二、信息系统安全

信息系统的安全技术问题非常复杂，涉及物理环境、硬件、软件数据、传输、体系结构等各个方面。除了传统的安全保密理论技术及单机的安全问题以外，信息系统安全技术包括了计算机安全、通信安全、访问控制安全、安全管理和法律制裁等诸多内容，并逐渐形成独立的学科体系。

（一）网络安全定义

安全就是最大限度地减少数据和资源被攻击的可能性。Internet 最大的特点就是开放性，对于安全来说，这又是它致命的弱点。

网络安全的广义定义是指网络系统的硬件、软件及其系统中的数据受到保护，不因偶然的或者恶意的原因而遭到破坏、更改泄露，系统能连续、可靠地正常运行，提供不中断的网络服务。网络安全的具体含义会随着"视角"的不同而改变。

从用户（个人或企业等）的角度来说，希望涉及个人隐私或商业利益的信息在网络上传输时，在机密性、完整性和真实性方面得到保护，避免其他人或对手利用窃听、冒充、篡改、抵赖等手段侵犯用户的利益和隐私，同时避免其他用户的非授权访问和破坏。

从社会教育角度来讲，网络上不健康的内容会对社会的稳定和人类的发展造成阻碍，必须对其进行控制。

（二）网络安全属性

网络安全从本质上来讲主要是指网络上信息的安全。伴随网络的普及，网络安全日益成为影响网络效能的重要问题。无论网络入侵者使用何种方法和手段，最终都要通过攻击信息网络的如下几种安全属性来达到目的。

1. 保密性

保密性是指保证信息只让合法用户访问，信息不泄露给非授权的个人和实体。信息的保密性可以具有不同的保密程度或层次，所有人员都可以访问的信息为公开信息，需要限制访问的信息一般为敏感信息，敏感信息又可以根据信息的重要性及保密要求分为不同的密级。例如，国家根据秘密泄露对国家经济、安全利益产生的影响不同，将国家秘密分为"秘密""机密"和"绝密"三个等级，可根据信息安全要求的具体情况在符合《中华人民共和国保守国家保密法》的前提下将信息划分为不同的密级。对于具体信息的保密性还有时效性（如秘密到期了即可进行解密）等要求。

2. 完整性

完整性一方面是指信息在利用、传输、存储等过程中不被篡改、丢失、缺损等，另一方面是指信息处理方法的正确性。不正当的操作有可能造成重要信息的丢失。信息完整性是信息安全的基本要求，破坏信息的完整性是影响信息安全的常用手段。例如，破坏商用信息的完整性可能意味着整个交易的失败。

3. 可用性

可用性是指有权使用信息的人在需要的时候可以立即获取。例如，有线电视线路被中断就是信息可用性的破坏。

4. 可控性

可控性是指对信息的传播及内容具有控制能力。实现信息安全需要一套合适的控制机制，如策略、惯例、程序、组织结构或软件功能，这些都是用来保证信息的安全目标能够实现的机制。

不同类型的信息在保密性、完整性、可用性及可控性等方面的侧重点会有所不同，如专利技术、军事情报、市场营销计划的保密性尤其重要，而对于工业自动控制系统，控制信息的完整性相对其保密性则重要得多。

确保信息的完整性、保密性、可用性和可控性是网络信息安全的最终目标。

（三）网络安全体系结构

OSI 参考模型是研究设计新的计算机网络系统和评估、改进现有系统的理论依据，是理解和实现网络安全的基础。OSI 安全体系结构是在分析对开放系统产生威胁和其自身脆弱性的基础上提出来的。在 OSI 安全参考模型中主要包括安全服务、安全机制和安全管理，并给出了 OSI 网络层次安全服务和安全机制之间的逻辑关系。

为了适应网络技术的发展，国际标准化组织的计算机专业委员会根据开放系统互连参考模型制定了一个网络安全体系结构：《信息处理系统开放系统互连基本参考模型》第二部分——安全体系结构，这个三维模型从比较全面的角度考虑网络与信息的安全问题，主要解决网络系统中的安全与保密问题。我国将其作为标准，并予以执行。该模型结构中包括五类安全服务及提供这些服务所需要的八类安全机制。

1.安全服务

网络安全需求应该是全方位的、整体的。在 OSI7 个层次的基础上，将安全体系划分为四个级别：网络级安全、系统级安全、应用级安全及企业级安全管理，而安全服务渗透到每一个层次，从尽量多的方面考虑问题，有利于减少安全漏洞和缺陷。

安全服务是由参与通信的开放系统的某一层所提供的服务，是针对网络信息系统安全的基本要求而提出的，旨在加强系统的安全性及对抗安全攻击。安全服务，即鉴别、访问控制、数据保密性、数据完整性和禁止否认五大类。

①鉴别。这种服务用于保证双方通信的真实性，证实通信数据的来源和去向是各方所要求和认同的。鉴别包括对等实体鉴别和数据源鉴别。

②访问控制。这种服务用于防止未经授权的用户非法使用系统中的资源，保证系统的可控性。访问控制不仅可以提供给单个用户，也可以提供给用户组。

③数据保密性。这种服务的目的是保护网络中各系统之间交换的数据，防止因数据被截获而造成泄密。

④数据完整性。这种服务用于防止非法用户的主动攻击（如对正在交换的数据进行修改、插入，使数据延时及丢失数据等），以保证数据接收方收到的信息与发送方发送的信息完全一致，包括可恢复的连接完整性、无恢复的连接完整性、选择字段的连接完整性、无连接完整性、选择字段无连接完整性。

⑤禁止否认。这种服务有两种形式：第一种形式是原发证明，即某一层向上一层提供的服务，它用来确保数据是由合法实体发出的，它为上一层提供对数据

源的对等实体进行鉴别，以防假冒；第二种形式是交付证明，用来防止发送数据方发送数据后否认自己发送过数据，或接收方接收数据后否认自己收到过数据。

2. 安全机制

为了实现以上这些安全服务，需要一系列安全机制作为支撑。安全机制可以分为两大部分共八个类别：其一与安全服务有关，是实现安全服务的技术手段；其二与管理功能有关，用于加强对安全系统的管理。

第二节　系统攻击技术与防御手段

一、系统攻击技术

网络具有连接形式多样性、终端分布不均匀性和网络开放性、互连性等特征，致使网络易受黑客恶意软件和其他不轨行为的攻击。所以网络信息的安全和保密是一个至关重要的问题，无论在局域网还是在广域网中，都存在着自然和人为等诸多因素的脆弱性和潜在威胁，因此网络的安全措施应能全方位地针对各种不同的威胁和脆弱性，这样才能确保网络信息的保密性、完整性和可用性。

网络安全所面临的威胁大体可分为两种：其一是对网络中信息的威胁；其二是对网络中设备的威胁。影响网络安全的因素很多，有些因素可能是有意的，也可能是无意的；可能是人为的，也可能是非人为的，也有可能是外来黑客对网络系统资源的非法使用。

（一）计算机病毒

在生物学界，病毒是一类没有细胞结构，但有遗传、复制等生命特征，主要由核酸和蛋白质组成的有机体。计算机病毒具有与生物界中的病毒极为相似特征的程序。在《中华人民共和国计算机信息系统安全保护条例》中，病毒代码被明确定义为：计算机病毒，是指编制或者在计算机程序中插入的破坏计算机功能或者毁坏数据、影响计算机使用，并能自我复制的一组计算机指令或者程序代码。

通常，人们也简单地把计算机病毒定义为：利用计算机软件与硬件的缺陷，破坏计算机数据并影响计算机正常工作的一组指令集或程序代码。更广义地说，凡是能够引起计算机故障，破坏计算机数据的程序代码都可称为计算机病毒。病毒主要具有如下特征。

1. 传染性

传染是病毒最本质的特征，是病毒的再生机制。生物界的病毒可以从一个生物体传播到另一个生物体，病毒也可以从一个程序、部件或系统传播到另一个程序、部件或系统。

在单机环境下，病毒的传染基本途径是通过磁盘引导扇区、操作系统文件或应用文件进行传染；在网络中，病毒主要是通过电子邮件、Web 页面等特殊文件和数据共享方式进行传染。一般将传染分为被动传染和主动传染。通过网络传播或文件复制，使病毒由一个载体被携带到另一个载体，称为被动传染。病毒处于激活状态下，满足传染条件时，病毒从一个载体自我复制到另一个载体，称为主动传染。

从传染的时间性上看，传染分为立即传染和伺机传染。病毒代码在被执行瞬间，抢在宿主程序执行前感染其他程序，称为立即传染。病毒代码驻留内存后，当满足传染条件时才感染其他程序，称为伺机传染。

2. 潜伏性与隐蔽性

病毒一旦取得系统控制权，可以在极短的时间内传染大量程序。但是，被感染的程序并不是立即表现出异常，而是潜伏下来，等待时机。

病毒的潜伏性还依赖于其隐蔽性。为了隐蔽，病毒通常非常短小，一般只有几百字节或上千字节，还有可能寄生于正常的程序或磁盘较隐蔽的地方，也有个别以隐含文件形式存在，不经过代码分析很难被发现。

3. 寄生性

寄生是病毒的重要特征。病毒实际上是一种特殊的程序，必然要存储在磁盘上，但是病毒为了进行自身的主动传播，必须使自身寄生在可以获取执行权的寄生对象宿主程序上。

就目前出现的各种病毒来看，其寄生对象有两种，一种是寄生在磁盘引导扇区；另一种是寄生在可执行文件（.EXE 或 .COM）中。这是由于不论磁盘引导扇区还是可执行文件，它们都有获取执行权的可能，病毒寄生在它们的上面，就可以在一定条件下获得执行权，从而使病毒得以进入计算机系统，并处于激活状态，然后进行病毒的动态传播和破坏活动。对于寄生在磁盘引导扇区的病毒来说，病毒引导程序占有了原系统引导程序的位置，并把原系统引导程序搬移到一个特定的地方。这样，系统一启动，病毒引导模块就会自动地装入内存并获得执行权，然后该引导程序负责将病毒代码的传染模块和发作模块装入内存的适当位置，并采取常驻内存技术以保证这两个模块不会被覆盖，接着对该两个模块设定某种激活方式，使之在适当的时候获得执行权。处理完这些工作后，病毒引导模块将系统引导模块装入内存，使系统在带毒状态下运行。对于寄生在可执行文件中的病毒来说，病毒一般通过修改原有可执行文件，使该文件一执行就先转入病毒引导模块。该引导模块也完成把病毒的其他两个模块驻留内存及初始化的工作，然后把执行权交给执行文件，使系统及执行文件在带毒的状态下运行。

病毒的寄生方式有两种，一种是替代法，另一种是链接法。替代法是指病毒用自己的部分或全部指令代码替代磁盘引导扇区或文件中的全部或部分内容。链接法是指病毒将自身代码作为正常程序的一部分与原有正常程序链接在一起，病毒链接的位置可能在正常程序的首部、尾部或中间，寄生在磁盘引导扇区的病毒一般采取替代法，而寄生在可执行文件中的病毒一般采用链接法。

4. 非授权执行性

一个正常的程序是由用户调用的。程序被调用时，要从系统获得控制权，得到系统分配的相应资源，来实现用户要求的任务。病毒虽然具有正常程序所具有的一切特性，但是其执行是非授权进行的：它隐蔽在合法程序和数据中，当用户运行正常程序时，病毒伺机取得系统的控制权，先于正常程序执行，并对用户呈透明状态。

5. 可触发性

潜伏下来的病毒一般要在一定的条件下才被激活，发起攻击。病毒具有判断这个条件的功能。下面列举一些病毒的触发（激活）条件。

6. 破坏性

破坏性体现了病毒的杀伤能力。大多数病毒具有破坏性，并且其破坏方式总在翻新。常见的病毒破坏性有以下几个方面：

①占用或消耗 CPU 资源及内存空间，导致一些大型程序运行受阻，系统性能下降。

②干扰系统运行，如不执行命令、干扰内部命令的执行、虚发报警信息、打

不开文件、内部栈溢出、占用特殊数据区、时钟倒转、重启动死机、文件无法存盘、文件存盘时丢失字节、内存减小、格式化硬盘等。

③攻击CMOS。CMOS是保存系统参数（如系统时钟、磁盘类型、内存容量等）的重要场所，有的病毒（如CIH病毒）可以通过改写CMOS参数破坏系统硬件的运行。

④攻击系统数据区。硬盘的主引导记录分区引导扇区FAT（文件分配表）、文件目录等是系统重要的数据，这些数据一旦受损，将造成相关文件的破坏。

⑤攻击文件。现在发现的病毒中，大多数是文件型病毒，这些病毒会使染毒文件的长度、文件存盘时间和日期发生变化。

⑥干扰外部设备运行，如封锁键盘、产生换字、抹掉缓存区字符、输入紊乱、使屏幕显示混乱及干扰声响、干扰打印机等。

⑦破坏网络系统的正常运行，如发送垃圾邮件、占用带宽，使网络拒绝服务等。

（二）病毒的分类

按照不同的分类标准，病毒可以分为不同的类型，下面介绍几种常用的分类方法。

1. 按照所攻击的操作系统分类

第一类：DOS病毒：攻击DOS系统。

第二类：UNIX/linux病毒：攻击UNIX或Linux系统。

第三类：Windows病毒：攻击Windows系统，如CIH病毒。

第四类：OS/2病毒：攻击OS/2系统。

第五类：Macintosh病毒：攻击Macintosh系统，如Mac.simpsons病毒。

第六类：手机病毒。

第七类：网络病毒。

2. 按照寄生位置分类

（1）引导型病毒

引导型病毒是寄生在磁盘引导区的病毒。磁盘有两种引导区，即主引导区和分区的引导区，所以就有两种引导型病毒。

①MBR病毒，也称主引导区病毒。该类病毒寄生在硬盘主引导程序所占据的硬盘0头0柱面第1个扇区中，典型的病毒有2708病毒、火炬病毒等。

②BR 病毒，也称为分区引导病毒

该类病毒寄生在硬盘活动分区的逻辑 0 扇区（即 0 面 0 道第 1 个扇区），典型的病毒有 Brain、小球病毒、Girl 病毒等。

（2）引导兼文件型病毒

这类病毒在文件感染时还伺机感染引导区，如 CANCER 病毒、HAMMERV 病毒等。

（3）文件型病毒

文件型病毒按照所寄生的文件类型可以分为以下几类：①可执行文件，即扩展名为 COM、EXE、PE、BAT、SYS、OVL 等的文件。一旦运行这类病毒的载体程序，就会将病毒注入、安装并驻留在内存中，伺机进行感染。感染了该类病毒的程序往往会减慢执行速度，甚至无法执行。②文档文件或数据文件，如 Word 文档、Excel 文档、Access 数据库文件。宏病毒就感染这些文件。③ Web 文档，如 HTML 文档和 HTM 文档。已经发现的 Web 病毒有 HTML/Prepend 和 HTML/Redirect 等。④目录文件，如 DIR2 病毒。

（4）CMOS 病毒

CMOS 是保存系统参数和配置的重要地方，它也存在一些没有使用的空间。CMOS 病毒就隐藏在这一空间中，从而可以躲避磁盘的格式化清除。

3. 按照是否驻留内存分类

（1）非驻留病毒

非驻留病毒选择磁盘上一个或多个文件，不等它们装入内存，就直接进行感染。

（2）驻留病毒

驻留病毒装入内存后，发现另一个系统运行的程序文件后进行传染。驻留病毒又可进一步分为以下几种：①高端驻留型。②常规驻留型。③内存控制链驻留型。④设备程序补丁驻留型。

4. 按照病毒形态分类

（1）隐身病毒

隐身病毒对所隐身之处进行修改，以便藏身。其可以分为以下几种情形：①规模修改：病毒隐藏感染一个程序之后，立即修改程序的规模。②读修改：病毒可以截获已感染引导区记录或文件的读请求并进行修改，以便于隐藏。

（2）多态病毒

这种病毒形态多样，它们在复制之前会不断改变形态及自己的特征码，以躲避检测。例如，最臭名昭著的"红色代码"病毒几乎每天变换一种形态。

（3）逆录病毒

这是一种攻击病毒查防软件的病毒，可以分为以下几种攻击方式：①关闭病毒查防软件。②绕过病毒查防软件。③破坏完整性校验软件中的完整性数据库。

5.按照感染方式分类

（1）寄生病毒

这类病毒在感染的时候，将病毒代码加入正常程序之中，原来程序的功能部分或者全部被保留。根据病毒代码加入的方式不同，寄生病毒可以分为文件型病毒头寄生、尾寄生、中间插入和空洞利用四种。

头寄生是将病毒代码加入文件的头部，具体有两种方法：一种是将原来程序的前面一部分拷贝到程序的最后，然后将文件头用病毒代码覆盖；另一种是生成一个新的文件，首先在头的位置写上病毒代码，然后将原来的可执行文件放在病毒代码的后面，再用新的文件替换原来的文件，从而完成感染。头寄生方式适合于不需要重新定位的文件，如批处理病毒和 COM 文件。

尾寄生是将病毒代码加入文件的尾部，避开了文件重定位的问题，但为了先于宿主文件执行，需要修改文件头，使用跳转指令使病毒代码先执行。不过，修改头部也是一项复杂的工作。

中间插入是病毒将自己插入被感染的程序中，可以整段插入，也可以分成很多段，靠跳转指令连接。有的病毒通过压缩原来的代码的方法保持被感染文件的大小不变。

空洞利用多用于视窗环境下的可执行文件。因为视窗程序的结构非常复杂，其中会有很多没有使用的部分，一般是空的段或者每个段的最后部分。病毒寻找这些没有使用的部分，然后将病毒代码分散到其中，这样就实现了难以察觉的感染（著名的 CIH 病毒就使用了这种方法）。

（2）覆盖病毒

这种病毒的手法极其简单，是初期的病毒感染技术，它仅仅直接用病毒代码替换被感染程序，使被感染的文件头变成病毒代码的文件头，不用作任何调整。

（3）无入口点病毒

这种病毒并不是真正没有入口点，在被感染程序执行的时候，并不立刻跳转到病毒的代码处开始执行，病毒代码无声无息地潜伏在被感染的程序中，可能在非常偶然的条件下才会被触发，开始执行。采用这种方式感染的病毒非常隐蔽，杀毒软件很难发现在程序的某个随机的部位有这样一些在程序运行过程中会被执行到的病毒代码。

（4）伴随病毒

这种病毒不改变被感染的文件，而是为被感染的文件创建一个伴随文件（病毒文件），这样，当被感染文件执行的时候，实际上执行的是病毒文件。

（5）链接病毒

这类病毒将自己隐藏在文件系统的某个地方，并使目录区中文件的开始簇指向病毒代码。这种感染方式的特点是每个逻辑驱动器上只一份病毒的副本。

（三）蠕虫

蠕虫与病毒都是具有恶意的程序代码，简称恶意代码，它们都可以传播，但两者也有许多不同。下面进一步说明蠕虫的特点。

1. 存在的独立性

病毒具有寄生性，寄生在宿主文件中；而蠕虫是独立存在的程序个体。

2. 攻击的对象是计算机

病毒代码的攻击对象是文件系统，而蠕虫的攻击对象是计算机系统。

3. 感染的反复性

病毒与蠕虫都具有感染性，它们都可以自我复制。但是，病毒与蠕虫的感染机制有以下几点不同：①病毒感染是一个将病毒代码嵌入宿主程序的过程，而蠕虫的感染是自身的复制。②病毒的感染目标针对本地程序（文件），而蠕虫是针对网络上的其他计算机。③病毒是在宿主程序运行时被触发进行感染，而蠕虫是通过系统漏洞进行感染。

此外，由于蠕虫是一种独立程序，所以它们也可以作为病毒的寄生体，携带病毒，并在发作时释放病毒，进行双重感染。病毒防治的关键是将病毒代码从宿主文件中摘除；蠕虫防治的关键是为系统打补丁，而不是简单地摘除，只要漏洞没有完全修补，就会重复感染。

4. 破坏的严重性

病毒虽然对系统性能有影响，但破坏的主要是文件系统。而蠕虫主要是利用系统及网络漏洞影响系统和网络性能，降低系统性能。

例如，它们的快速复制及在传播过程中的大面积漏洞搜索，会造成巨量的数据流量，导致网络拥塞甚至瘫痪。对一般系统来说，多个副本形成大量进程，会大量耗费系统资源，导致系统性能下降，对网络服务器尤为明显，其破坏的严重性造成了巨大的经济损失。

5. 攻击的主动性

计算机使用者是病毒感染的触发者，而蠕虫的感染与操作者是否进行操作无关，它搜索到计算机的漏洞后即可主动攻击进行感染。也就是说，蠕虫与病毒的最大不同在于它不需要人为干预，能够自主不断地复制和传播。所以通常认为：Internet 蠕虫是无须计算机使用者干预即可运行的独立程序，它通过不停地获得网络中存在漏洞的计算机上的部分或全部控制权来进行传播。

6. 行踪的隐蔽性

由于蠕虫传播过程的主动性，不需要像病毒那样由计算机使用者的操作触发，因而难以察觉。从上述讨论可以看出，蠕虫虽然与病毒有些不同，但也有许多共同之处。如果将凡是能够引起计算机故障、破坏计算机数据的程序统称为病毒代码，那么，从这个意义上说，蠕虫也应当是一种病毒。它以计算机为载体，以网络为攻击对象，是通过网络传播的恶性病毒。

（四）木马

木马是一种危害性极大的恶意代码。它执行远程非法操作者的指令，进行数据和文件的窃取篡改与破坏，释放病毒，以及使系统自毁等任务。它的特征有以下几个方面。

1. 目的性和功能特殊性

一般说来，每个木马程序都赋有特定的使命，其活动目的都比较清楚，例如盗号木马、网银木马、下载木马等。木马的功能都是十分特殊的，除了普通的文件操作以外，还有些木马具有搜索高速缓存中的口令、设置口令、扫描目标计算机的 IP 地址、进行键盘记录、远程注册表的操作以及锁定鼠标等功能。

2. 非授权性与受控性

所谓非授权性是指木马的运行不需由受攻击系统用户授权；所谓受控性是指木马的活动大都是由攻击者控制的。一旦控制端与服务器端建立连接后，控制端将窃取用户密码，获取大部分操作权限，如修改文件、修改注册表、重启或关闭服务器端操作系统、断开网络连接、控制服务器端鼠标和键盘、监视服务器端桌面操作、查看服务器端进程等。这些权限不是用户授权的，而是木马自己窃取的。

3. 非自繁殖性、非自传播性

一般说来，病毒具有极强的感染性，蠕虫具有很强大的传播性，而木马不具备繁殖性和自动感染的功能，其传播是通过一些手段植入的。例如，可以在系统软件和应用软件的文件传播中人为植入，也可以在系统或软件设计时被故意放置进来。例如，微软公司曾在其操作系统设计时故意放置了一个木马程序，可以将客户的相关信息发回到其总部。

4. 欺骗性

隐藏是一切恶意代码的存在之本，而木马为了获得非授权的服务，还要通过欺骗进行隐藏。木马通过这些手段便可以隐藏自己，更重要的是，通过偷梁换柱的行动，让用户把它当作要运行的软件启动。这类网购木马利用多款银行交易系统接口，后台自动查询银行卡余额，可将中毒网民银行卡的所有余额一次窃走。

二、系统防御手段

（一）网络防火墙

网络防火墙是系统防护的第一道防线。它可以监控网络流量，并根据预先设定的规则来允许或拒绝流量通过。网络防火墙可以阻止未经授权的访问和恶意攻击，保护系统免受网络攻击的威胁。

（二）强密码策略

强密码是保护系统安全的基础。系统管理员应该要求用户使用复杂的密码，包括大小写字母、数字和特殊字符，并定期要求用户更换密码。此外，系统还可以通过限制登录尝试次数和锁定账户等方式来防止密码破解。

（三）定期更新补丁

系统的软件和操作系统会不断发布新的版本和补丁，修复已知的安全漏洞。为了保护系统的安全，管理员应该定期检查和安装这些补丁，以确保系统的软件和操作系统始终是最新的版本。

（四）权限管理

权限管理是系统安全的关键。管理员应该根据用户的角色和职责，分配适当的权限。只有经过授权的用户才能访问和执行特定的操作。此外，管理员还应该定期审查和更新用户的权限，确保权限的及时撤销和变更。

（五）数据备份

数据备份是保护系统数据的重要手段。管理员应该定期备份系统数据，并将备份数据存储在安全的地方，以防止数据丢失或损坏。此外，备份数据的加密和离线存储也是保护数据安全的重要措施。

（六）入侵检测系统（IDS）

入侵检测系统可以监控系统和网络上的异常活动，并及时发出警报。它可以识别和阻止恶意攻击，提高系统的安全性。管理员应该定期检查和更新入侵检测系统的规则，以确保其有效性。

第四章　计算机信息可视化应用

第一节　二维信息可视化

一、信息图表设计元素

信息图表设计的核心就是通过图表中的视觉元素的次序、构图和叙事方式，来向观众清晰地讲述一个故事或传达一种意义。因此，任何项目应该从分析图表所要传达的主题开始。设计师首先分析图表故事的主要内容，然后将其分解成不失深度，但通俗易懂的视觉语言。

信息图表的设计元素中，数据是最重要的内容，同时信息可视化和对数据的解读是设计师面临的最大挑战。塔夫特教授希望设计师用更少的内容表达更多的信息，并认为这才是优秀的可视化设计。但事实上，视觉元素对于用户解读数据信息有着至关重要的作用。虽然现在有各种各样令人眼花缭乱的大数据可视化软件或数据分析平台，但这些制造商仅仅是把数据扔给了读者或用户，而没有考虑如何展示出连贯的故事。这些交互式软件工具包含了大量的泡泡图、桑基图、曲线图和柱形图，它们期望读者自己发现信息并通过数据得出结论，但问题是并非所有读者都善于数据分析。因此，信息设计师的工作是无法用机器替代的。好的设计师不仅展示数据，同时也解释关键信息，让读者关注数据或信息图表中最有趣的部分。

二、信息图表设计原则

信息图表的本质在于对复杂信息的提取、重构和可视化。因此，信息图表与信息可视化的概念经常会被混淆。一些专家和学者对这两个概念提出了明确的界限。他们认为，信息图表通过统计图表、地图和示意图来表达信息，而信息可视化则是提供可视化工具（软件），让用户利用这些工具（软件）自己挖掘和分析数据集并得出结论。也就是说，信息图表更偏向由设计师来讲述故事，而信息可视化则是用户利用工具（软件）来发现故事或分析出因果关系。事实上，这二者是相互联系、不可分割的统一体。认知心理学认为，人类从事分析和进行综合的大脑左右半球都是协同工作的，左脑偏重分析而右脑则通过色彩、形象与情感的联系来加深左脑对图表的理解。

三、信息图表的类型

信息图表分为多种形式，总体划分可以分为具象和抽象两大类：具象的图形表达方式更适合面对大众使用，具有普遍性，包括插画地图、技术插图、说明书、科普读物或基于社交媒体传播的图形等。企业的商业推广或宣传多数采用饼图、条状图、线形图或思维导图（树状图）式的信息图表。专业和学术领域更关注更深层次的问题，因此对于散点图、流程图、柱形图、曲线图等更为青睐。对于信息设计的表达来说，用抽象的符号语言可以提炼更多的内容，解释更复杂的问题。

（一）信息图表的分类方法

从视觉表现形式的角度，"信息图表"的呈现方式可以分为以下几类：示意图、图表、表格、统计图、地图和图形符号。《信息图表设计入门》的作者进一步把信息图表的范围缩为五大类：关系型、统计型、地图型、时间轴型和混合型图表。他把图形符号或象形图归于构成信息图表设计的独立因素，即图形符号 × 示意图 = 信息图表。

1. 示意图和流程图

运用图形、线条及插图等阐述事物的相互关系，即用简单的线框图对产品或过程所做的图示和解释（结构 / 功能 / 逻辑 / 过程的可视化）。示意图的英文意思，即"在两个位置之间画出的东西"，指的是描述产品的结构或服务的流程的一串图形，如产品解剖图、组织架构图、作业流程图、程序执行图等。流程英文 flow 译为"流动"，也意味着事物之间的关系。示意图和流程图在图表设计中占的比重很大，具体可以分为以下几个方面：①表现构成要素或体系的示意图：树状图、蜂巢状图、花瓣形图和卫星形图。②对多组数据进行比较的示意图：矩形象限图、坐标轴象限图、表格图。③表现事物的流程或过程示意图：作业流程图、程序执行图、鱼骨图、循环图。④表现事物层级关系的示意图：金字塔图、同心圆图、树状图。

在上面的分类中，树状图有着双重身份，不仅可以表示系统的构成要素，也可以反映事物的层级关系，如网站的三级页面结构（主页、目录页和详细页）。

2. 统计图

统计图是根据统计数字，通过数值来表现变化趋势或者进行比较，并用几何图形、事物形象等绘制的各种图形。它具有直观、形象、生动、具体等特点。条形图、柱形图、折线图和饼图是最常用的四种类型.此外还有散点图、环状图、雷达图、气泡图、K线图和热力图等。与示意图或者流程图不同，统计图主要是用于定量分析，因此在数据可视化领域有着广泛的应用。随着数据分析软件的发展，数据的定量显示的方式也越来越多。

虽然统计图表有着大量的模板并在呈现数据可视化方面有着巨大的优势，但由于这些统计图表多由数学统计方法得到，因此不够人性化或者非专业用户体验较差。因此，设计师需要在色彩、构图、文字、图表形式（图形符号的加入）等方面进行"二次设计"，才能更好地吸引观众的注意力。

3. 图表和时间轴图

在信息可视化中，英文的"图表"一词既可以用统计图，也可以用图表。按照牛津英语词典的解释，图表原本是指航海用的"海域图"，是一份详细标明各条航海路线上暗礁、海岛、岩石、海深等信息的航海图，后来泛指包含各种详细数据或信息的图表，如柱形图、饼图、折线图、趋势图等。这个词和统计图常常在一起混用。但图表偏向统计数据的可视化表达，如饼图、环状图或流程图。统计图则偏向与各变量间关系的表达，比如身高与年龄对照的曲线图等。总体上看，图表的范围比较大，统计图应该只是其中的一个部分。英文的示意图更偏向"图解"的概念，如线路图、运行图等。除了这几个词汇外，技术插图、地图和图形符号也需要厘清范围。简单来说就是信息图表＞示意图＞图表＞统计图，地图和技术插图也属于信息图表，但它们属于相互叠加的范畴，其语义要超过示意图、图表或统计图，这里用三种不同的虚线标注其概念范畴。其中，图形符号是信息图表特别是象征性、诠释性图表不可或缺的构成元素，也是虚线范围中叠加区域最多的词汇。

时间轴图可以反映某个事物在一段时间内变化的曲线或者趋势，如年表中根据时间变量反映出的变化等。时间轴图一般不涉及定量分析，但也可以反映出随时间变化引起的事物之间关系的变化。

（二）信息图表的具体类型

1. 地图类

（1）地图

地图是地理信息、位置和空间信息的可视化，也是人类历史上最早出现的可视化设计。

地图可以简单定义为"空间信息的图形表达"，即根据数学法则，通过制图技术，将地理映射的地形、地貌以及标尺、符号系统和方位等信息按比例绘制到平面图形中。从古至今，传统的地图经历了多种媒介形式，如泥版、银盘、雕刻、丝绸和纸张等。随着科技的进步和地图制作工艺的提高，今天已经产生了数字地图和可搜索、可交互式网络地图（如百度地图或谷歌地图）。地图可以分为多种形式。

对于信息设计来说，普通地图在今天这个信息爆炸和个性张扬的时代无疑是一种落伍的形式。对于专业人员来说，专题地图只是技术索引而非视觉体验。对于普通大众来说，完全抽象化的地图在易读性、美观性、故事性和吸引力上更是一种匮乏的体验。视觉设计师要做的工作就是"二次创意"：将原普通地图的信息经过简化、提取、舍弃和加工，提炼出更符合大众审美的核心要素（如地理标志）。设计师通过视觉创意和信息优化，形成插图式的地图。

（2）插画地图

插画地图的蓬勃兴起是与今天人们的数字体验有关的。传统纸媒地图信息量繁杂，使人阅读起来枯燥吃力，而数字时代的插画地图风格明快，信息简洁突出，色彩丰富美观，符合用户的认知心理体验诉求，因此可以吸引读者的注意力、兴趣度和深度记忆。插画地图从用途角度可以分为以下几种类型。

①旅游观光地图。旅游观光地图不但能够引导游客，同时也可作为旅游地区的形象宣传媒体，因此受到各地旅游机构的重视。旅游地图通过对景点和环境等要素进行梳理整合，突出景点的社会性、人文性和历史性的特征。

②城市（地区）鸟瞰图。鸟瞰图有着悠久的历史，由此证明了这种地图形式的生命力。人们总是喜欢登高望远，体验一览众山小。鸟瞰图正是站在"上帝"

的视角俯瞰芸芸众生，使读者既能够看清地理坐标又能享受到审美的体验。鸟瞰图还具有信息量大、生动直观、便捷实用的特点。

③美食、民俗和校园地图。美食地图多以夸张、突出的手法突出地方特色食品的美味和可口，并通过形象化的特征表现食物的历史和现状等内容。我国的北京、上海、厦门、成都、西安、杭州、济南等地都有介绍本地特色的美食地图，如厦门的鼓浪屿、曾厝垵等地的美食街等。除了纸媒地图外，还有丝巾形式和数字形式的地图。这些美食地图属于当地的旅游文化衍生品。除了装饰风格的美食地图外，个性化的手绘风格美食地图也受到人们的青睐。

④专题类插画地图。专题地图包括自然地图、环境地图和社会经济地图。自然地图包括地质、地貌、气候、海洋、土壤、植被、动物等专题地图；环境地图包括环境污染与环境保护、自然灾害、疾病与医疗地理等专题地图；社会经济地图包括人口、工业、农业、交通运输、财经贸易、文化和历史等专题地图。此外，还有面向商业和军事专题的地图。这些专题地图多用于各种专业媒体，如商业周刊、军事杂志、工业杂志或相关的网站或博客等。

专题类插画地图就是对上述专题地图的深加工或再创造，其目标是让专题地图的呈现方式更加通俗化和大众化。为了强化视觉效果，专题类插画地图多数采用示意图和地图结合的方式。

2. 图表类

（1）插画图表

在大众传播领域，插画式图表往往是吸引读者注意力的关键要素之一。尤其是在博物馆科普、动态可视化或自然主题电影都少不了信息插图或插画式图表的参与。果壳网、知乎这种专业媒体网站或博客、微博也是设计师的用武之地。在这个强调交互的信息时代，任何数据及信息的表达都应该是有趣的，至少应该是有亲和力的。一幅优秀的插画图表不能仅仅罗列数据，而应该是一个系统，包括数据分类、逻辑关系、阅读习惯和视觉体验等因素。设计者通过图表将观众带入主题情景，激发观众的兴趣从而传达信息。

从可视化角度说，信息插画的设计，就是图表信息的完整、准确和清晰地表达。从艺术角度看，构图、色彩、文字和设计语言中的诸多要素都需要体现出来。信息插图设计中经常会用到八类设计手法和技巧：图形化、对比、转换、比喻、关联、流动、引入时空和构建场景。通常人眼会把视觉对象从背景中浮现出来，浮现出的即为主，其余的周围背景元素为次。主体元素往往通过比例、色彩、对比和动势设计等方式加以强化。设计师要从庞大的信息量中将真正必要的信息筛选出来，设计表现手法同样需要合理简化，去粗取精，去伪存真，突出重点。

（2）数据图表

数据可视化最具魅力的特点就是能激发人的形象思维和空间想象，帮助人们洞察数据中隐藏的奥秘。简言之，数据可视化的目的就是让数据说话，让复杂抽象的数据以视觉的形式更准确、更快速地传达。在大数据迅速发展的时代，数据可视化的价值显而易见，而设计师最重要的任务就是要理解不同数据图表的分类与特征，并通过软件工具或编程来设计出最能满足用户需求的图表类型。

数据图表的选择也同样遵循图表设计的原则和方法。数据可视化就是根据用户需求，将枯燥、复杂的数据提炼成更简洁直观的视觉信息。美国著名计算机科学家本·史奈德曼（Ben Snyderman）是人机交互领域的专家，他提出了广受欢迎的交互设计的八项黄金法则：一致性原则、快捷性原则、反馈性原则、闭合性原则、渐进性原则、返回性原则、控制性原则、简约性原则，从这几方面为信息与数据的可视化设计提供了思考和解读。

四、新媒体环境下的信息可视化设计

（一）新媒体环境下信息可视化的特征

1. 新媒体环境下信息传播的优势

第一，新媒体环境下信息传播具有主动性优势。网络技术下的信息传播能够突破传统被动接收信息的模式，受众可以自行选择是否接收信息，并能够随时获取需要的信息，体现了信息接受者的主观能动性。信息资源也逐渐由单向发展向多向发展转变，信息接收者同时也是信息的传播者，实现资源共享，能够提高信息传播效率。

第二，新媒体环境下信息传播的广泛性。各个新媒体平台成为信息传播的主要渠道，由于信息传播不受空间、时间的限制，使得信息能够快速、广泛地传播。新闻信息内容的传播逐渐大众化，增强了新闻对大众的影响力。大众可以获得更具技术特色的各种信息，在提高信息的传播速度同时，也能促进信息可视化设计发展，增加了新闻设计的娱乐性，提高新闻信息可视化舒适度。

2. 新媒体环境下信息可视化设计的表现

首先，影响力特征。新媒体环境下信息的传播更加便捷，大众积极参与到信息的传播和交流中，能够提高信息内容对大众的影响力。随着信息可视化设计融合新媒体技术快速发展，不断提高了广大群众的参与感，广大群众可以通过对信息的评价实现网络互动，突破了传统信息传播单一的模式，并且能够提供更加具有技术性的视觉体验。

其次，虚拟化特征。新媒体环境下信息接收者接收的资料更加多元化，信息通过更多维度的发展，体现了信息虚拟现实的发展方向。虚拟现实的信息，能够受到更多人的喜爱，并且为设计创作提供更多空间思维，激发更多设计创造的潜力，使得信息传播更加立体化，让人印象深刻。

最后，精神情感特征。新时代下人们对于信息的需求更多偏向于精神和情感方面，人们日常工作压力较大，生活水平提高。因此，对于物质方面的信息关注较少。人们的关注点随着需求的转变而变化，物质满足的情况下，会更突出精神层面的信息传播、交流，也是当代人情感表达的重要形式。此外，新媒体信息平台能够提供给人们更多情感交流的机会，促进了网络全民交流参与度，信息传播和发展更加智能化和人性化。

（二）新媒体环境下信息可视化设计动态化创新应用

新媒体环境下，信息可视化设计逐渐由静态向动态方向发展，以动态的形式作为信息表达方式，突破了传统信息模式，能够吸引更多受众。动态图像由新媒体技术设计而成，更符合当今新科技时代人们的审美和对信息的要求，能够带动社会信息传播方式多元化发展，且可以帮助大众更好地理解信息内容。此外，动态文本的设计成为了当下信息可视化传播主要内容，动态文字能够让受众有更立体化的视觉体验，动态文字在传播中考虑到文字的颜色、大小、形状及背景音乐等，提高了信息传播的趣味性。对于需要着重强调的内容，可通过对文字的加工处理来实现，比如，调整文字大小及颜色可以让部分文字突出显示，便于大众更加直接地读取到信息核心内容。

动态化应用在新媒体环境下信息传播中具有很多优势，动态信息的表达能够吸引到大众，视觉上的变化丰富了内容，能够吸引信息读取者的关注度。新媒体环境下信息动态设计需要科学、合理地对各个要素进行布局，考虑空间排列感和动画切换效果，以保证信息内容传播的有效性，使人们能够更好地理解。简单、直接的动态信息表达方式更容易被人们接受，繁琐、复杂的信息内容在生活节奏快的人群中已逐渐淘汰；因此，动态化信息创新理念对新媒体环境下信息可视化设计整体发展具有重要作用。

第二节　交互界面信息可视化

一、交互信息设计

"交互"或"互动"的历史可以上溯到早期人类在狩猎、捕鱼、种植活动中人与人、人与工具之间的关系。"交互"或"互动"意为互相作用、互相影响、互相制约和交互感应。

（一）概述

交互信息设计主要是指基于交互界面、数字仪表板及触控媒介的设计。用户的交互体验主要是通过界面（User Interface，UI）实现的。今天的新媒体无处不在，虚拟正在改变着现实。从休闲旅游到照片分享，从网络视频到美团外卖，信息可视化已经渗透我们生活的每一个角落。界面交互设计师担负着沟通现实服务与虚拟交互平台的重任。作为交互媒体的设计，界面设计不仅涉及文字、色彩、版式等视觉元素，而且还与用户行为、操作方式和功能设计密切相关。

交互信息可视化具有跨平台的特点，可以在手机、平板计算机或台式计算机之间实现无缝切换。该类信息可视化设计要求具备科学性、可靠性、准确性和完整性，如能够清晰体现数据之间的因果关系，同时也需要具备一定的艺术性和美观性，在色彩、量化与表现上更加舒适和自然，避免出现视觉疲劳。如航空交通流量数据分析图就充分利用了彩虹色，可以清晰地反映出不同区域航班的实时数据。

（二）交互设计的意义和价值

交互设计（interaction design，IxD）从狭义上看，就是指人与智能媒介之间的交互方式的设计。早期的人机交互主要是基于触觉和视觉，而随着信息化技术的发展，全身体验的环境交互已成为现实。此外，智慧服装、人脸识别、GPS 定位智能鞋，还有基于"互联网+"概念设计的智能家居等都是交互设计的范例。交互方式代表了不同的行为隐喻，并帮助全球十几亿人欣赏和分享照片、浏览新闻、发邮件、玩游戏或微信聊天等。所有这些事情不仅依赖于数字和工程技术的发展，而且正是交互设计或者人性化的人机互动方式（界面设计），才能使这些数字媒体产品和服务成为贴心的伙伴、省力的助手、娱乐的源泉和亲密的朋友。

二、交互设计和周边学科

对于交互设计师而言，为达成用户的目标，他需要综合运用多门学科知识，了解用户的生理习惯、心理特点、实际需求，并将其表现在产品的功能、性能以及形式上等。

（一）工业设计

工业设计中采用的设计过程，很多的设计原则，将应用到交互设计中。比如设计需要充分理解商业、技术和人，并平衡三者关系。甚至有人觉得，交互设计是工业设计在软件上的延伸，许多交互设计从业者也是由工业设计师转型而来，并将他们在工业设计中的知识与技能应用其中。

（二）认知心理学

认知心理学主要是研究人的认知过程，包括注意、直觉、表象、记忆、思维、语言等。认知心理学为交互设计提供基础的设计原则。

（三）人因工程学

人因工程学研究的核心问题是在特定条件下人、机器及环境三者间的协调，该工程在研究过程中涉及了心理学、人体工程学、美学等多个领域。例如，让系统更容易使用，便于点击，减少鼠标移动，也被交互设计所采用。

（四）信息架构

信息架构是指组织起信息内容的结构与方式，在互联网产品中，信息架构就是对内容的分类，并通过建立一种引导人使用的方式，让人更易于获得想要的内容而进行的设计。有效的信息架构能够让用户按照逻辑，没有障碍地、逐步地得到他们想要获得的内容。

三、UI 设计与信息可视化

数字媒体和互联网已经彻底改变了我们与信息的互动方式。今天人们获取信息的主要方式源于网络。随着媒体的数字化，技术和艺术的联姻打开了通往时间、虚拟空间和互动生活方式的大门。技术不仅改变了社会，同时也改变了设计的法则。电子阅读逐渐替代书籍，意味着静态的、叙事性的和线性的设计美学的终结。手机屏幕替代了海报，象征着以字体、版式、图像和图形构成的印刷世界被数字化媒体的"流动世界"所替代。一种基于流动的、交互的、大众的和服务的设计美学呼之欲出。由此，基于数字媒体的设计时代正在成为设计的中心。

用户对软件产品的体验主要是通过用户界面（User Interface，UI）实现的。广义界面是指人与机器（环境）之间存在一个相互作用的媒介，这个机器或环境的范围从广义上包括手机、计算机、平面终端、交互屏幕（如投影仪在桌面或墙上的投影）、可穿戴设备和其他可交互的环境感受器和反馈装置。在人和机器（环境）接触层面即我们所说的界面。

界面设计包括硬件界面和软件界面的设计。前者为实体操作界面，如电视机、空调的遥控器，后者则是通过触控面板实现人机交互。除了这两种界面外，还有根据重力、声音、姿势等识别技术实现的人机交互。软件界面是信息交互和用户体验的媒介。早期的 UI 设计主要体现在网页设计上，随着宽带的增加和 4G/5G 移动媒体的流行，界面设计从开始的功能导向向视觉导向转移。移动互联网、电商、生活服务、网络金融纷纷崛起，界面设计和用户体验成为火爆的词汇，UI 设计开始被提升到一个新的战略高度。近几年，国内大量的从事移动网络、软件服务、数据服务和增值服务的企业和公司都设立了用户体验部门。还有很多专门从事 UI 设计的公司也应运而生。软件 UI 设计师的待遇和地位逐渐上升。界面设计已成为 21 世纪设计师的新职业。

界面设计与信息可视化相辅相成。例如，人体多数生理参数，如血压、脉搏、体脂率、卡路里等信息必须依靠可视化的动态图表或数字仪表盘显示。智能手表最突出的特征就是它能够支持可交互的表盘，可以实现计时、通话、日历、天气和社交等功能。可交互表盘除了有拖曳标签、点按切换、长按通话等几种交互方式外，还可以采用语音、滑动和长按等交互方式。智能手表通过传感器监测运动、生理、健康指标；通过屏幕、声音和震动完成以手机为核心的推送信息传递以及初步的社交功能。此外，新一代智能手表还可以用可视化的方式检测情感、情绪变化，特别是能够通过对身体的监测及时为用户健身提出建议。

四、交互界面信息设计原则

在既定的环境中，感知结构能让我们能更快地了解事物。人们在使用应用软件和浏览网站时，大多不会仔细阅读每一个词，而只会快速地扫视信息，找到感兴趣的内容。所以，信息呈现方式越是结构化，人们就越能更快和更容易地扫视和理解。这就意味着我们应去掉烦琐的内容而只呈现高度相关的信息，如此占用的页面空间会更少，会更容易浏览。我们可以通过信息结构的优化来避免视觉干扰，从而提高用户的浏览速度，并更快地找到所要的结果。这样，我们就能得到更加便于感知的信息视觉结构。

（一）结构化的信息

即使是少量的信息，也能通过结构化使其更容易被浏览。例如，现在常见的信用卡上信息的布局方式，其中很多信息被分组设置，并会进行一定的组合，这样做便于浏览，也便于记忆。一般来说，一长串的数字可以用很多的方式进行分隔，例如依据用户的记忆习惯，或是某行业的标准，这其实就是引导信息结构化的方法。

（二）数据控件

我们可以使用数据的专用控件来形成有效率的视觉结构，这十分方便。使用数据控件时，设计师不用考虑如何分割数据，就能通过恰当的文本输入框来布局某个具体类型的数据以及接收输入的方式。

（三）视觉层次

可视化信息显示的最重要目标之一是提供科学的视觉层次，即将信息分段，把大块整段的信息分割为小段，按照视觉感知的先后顺序明显标记每个信息段和其统领的内容，以便用户识别。当用户查看信息时，视觉层次能够使其从大篇幅的信息中立刻提取出与自己目标更相关的内容，并将注意力放在所关心的信息上。因为设定好的视觉层次能够帮助用户轻松跳过无关的信息，更快地找到要找的东西。

五、界面、交互与应用情境

（一）界面与交互

我们可以把界面定义为存在于人和机器的互动过程中的一个层面，它不仅是人与机器进行交互沟通的操作方式，同时也是人与机器相互传递信息的载体。它的主要任务是信息的输入和输出，即把信息从机器传送到用户以及把信息从用户传送到机器。由于界面总是针对特定的用户而设计，因此也把界面称为用户界面。

依据界面在人与机器互动过程中的作用方式，可以将其分为操作界面与显示界面两大类。通常操作界面起到的是控制作用，用户通过操作界面发出信息、操作机器执行指令，同时也通过操作界面对机器的反馈信息做出反应动作。操作界面主要包括触控屏幕、鼠标、键盘、操作手柄、遥控器等。

显示界面主要的职能是信息显示。用户通过显示界面监控机器对于指令的执行状况。显示界面是人机之间的一个直观的信息交流载体，通常包括图、文、声、光等可释读要素。在通常情况下，操作界面与显示界面是并存的，操作界面为人机互动提供了一个行动平台，而显示界面则为人机互动提供了一个信息平台，这两个平台组成了人机互动的一个基本环境。

用户原则是界面设计中最核心的原则。用户原则的关键在于用户类型的划分与确定。例如，我们可以依据用户对于界面的熟练程度，将他们划分为新手用户、一般用户和专家用户；也可以依据他们使用界面的频次，将他们划分为经常用户和偶然用户，还可以根据他们的操作特性，将他们划分为普通用户和特殊用户。可以从各种不同角度和不同方式来划分用户，在设计实践中具体采用何种方式还需要视实际情况而定。

确定用户类型后，要针对其特点来预测他们对不同界面的反应。这就要从多方面进行综合考察与分析。在这一原则中我们需要考虑以下几个问题：一是界面设计是否有利于目标用户学习和使用，二是界面的使用效率如何，三是用户对界面设计有什么反应或建议。这三个问题概括了在界面设计中，依据用户原则应该实现的任务目标，同时也确定了设计的主要内容。

"界面"与"交互"是我们在界面设计中经常谈到的两个概念。"交互"这个概念从本质上说是一种人机交互。

界面是完成信息交互的载体，它是一个横向的平台，而交互则是这个平台中的一个纵向的工作流程。没有界面提供的平台，交互就无法顺利进行；但如果没有交互行为，界面也就失去了其存在的意义。由此看来，界面与交互是两个相辅相成的概念，二者缺一不可。作为界面设计的组成部分，交互是界面设计的核心内容，也是界面设计所需要实现的基本目标。

（二）应用情境

应用情境可以说是移动领域最常用又最容易被低估和误解的概念。在信息的界面设计中，我们常要把用户的需求放在十分重要的位置，但是任何的用户需求实质上都是一定情境中的需求。也就是说，撇开情境谈需求，其实是舍本求末。

一般来说，应用情境分为两种——背景环境和归属环境，这两种应用情境可以无差别地互换使用。

背景环境就是对周围环境的理解，这是为理解当前所做的事情而建立的心理模型。例如，站在柏林墙的遗迹前在手机上阅读关于它的历史，就是在给做的事情增加背景环境。

归属环境是人们做事时所用的方法、媒介或环境，或者说是认知环境。通常有三种不同的归属环境：

其一，所处位置或物理环境，它决定了人的行为。不论是在家中、办公室、汽车或火车上，每种环境都决定了人们访问信息的方式，以及怎样从信息中获取价值。

其二，访问时所用的设备，或者称为媒体环境。移动终端媒体的内容并没有想象地那么丰富，但它可以根据当前的状况提供信息。移动终端的媒体环境并非只涉及接收的信息的实时性，还可以用于实时吸引观众，这是其他媒体做不到的。

其三，当前的思维状态，或者称为情态环境。思维状态是影响人们在何时何地做什么事的最重要的因素。由于各种需求或欲望的驱使，人们会做出选择以完成目标。任何经过深思熟虑的行为或无所作为，其核心其实都是情态环境。

六、UI 设计

（一）列表与宫格

智能手机 UI 与内容布局开始逐步走向成熟和规范化。其导航设计包括列表式、宫格式、标签式／选项卡式、平移或滚动式、侧栏式、折叠式、图表式、弹出式和抽屉式等这些都是基本布局方式，在实际的设计中，我们可以像搭积木一样组合起来完成复杂的界面设计。例如，顶部或底部导航可以采用选项卡式，而主面板采用宫格的布局。另外要考虑到用户类型和各种布局的优劣，如老年人往往会采用更鲜明简洁的条块式布局。在内容上，还要考虑信息结构、重要层次以及数量上的差异。

1. 列表式手机导航界面设计

列表菜单式是最常用的布局之一。手机屏幕一般是列表竖屏显示的，文字或图片是横屏显示的，因此竖排列表可以包含比较多的信息。列表K度可以没有限制，通过上下滑动以查看更多内容。

2. 宫格式手机导航界面设计

宫格式布局是手机 UI 界面最直观的方式。可以用于展示商品、图片、视频和弹出式菜单。同样，这种布局也可以采用竖向或横向滚动式设计。宫格式采用网格化布局，设计师可以平均分布这些网格，也可根据内容的重要程度不规则地分布。宫格式设计属于扁平化设计风格的一种，不仅应用于手机，而且在电视节目导航界面，在苹果 iPad 和微软 Surface 平板计算机的界面中也有广泛的应用。它的优点不仅在于同样的屏幕可放置更多的内容，而且更具有流动性和展示性，能够直观展现各项内容，方便浏览和更新相关的内容。

在手机导航中，九宫格是非常经典的设计布局。其展示形式简单明了，用户接受度很高。

3. 混合式手机导航界面设计

宫格式布局主要用来展示图片、视频列表页以及功能页面。宫格式布局会使用经此的信息卡片和图文混排的方式来进行视觉设计。同时也可以结合网格化设计进行不规则的宫格式布局，实现"照片墙"的设计效果。信息卡片和界面背景分离，使宫格更加清晰，同时也可以丰富界面设计。瀑布流的布局是宫格式布局的一种，在图片或作品展示类网站中比较常见。瀑布流布局的主要特点是通过所展示的图片让用户身临其境，而且是非翻页的浅层信息结构，用户只需滑动鼠标就可以一直向下浏览，而且每个图像或者宫格图标都有链接可以进入详细页面，方便用户查看所有的图片。国内部分图片网站，如美丽说、花瓣网也是这种典型的瀑布流布局。宫格式布局的优点是信息传递直观，极易操作，适合初级用户使用。丰富页面的同时，展示的信息量较大，是图文检索页面设计中最主要的设计方式之一。但缺点在于其信息量大，所以使得浏览式查找信息效率不高。因此，许多宫格式布局也结合了搜索框、标签栏等来弥补这个缺陷。

（二）侧栏与标签

1. 侧栏式布局

侧栏式布局也称作侧栏菜单，是一种在移动页面设计中频繁使用的用于信息展示的布局方式。如果说，宫格式布局是从网页时代就开始出现，并通过网页设计影响到手机移动界面设计，那么，侧栏式布局可以说是根据手机屏幕特点设计的布局方式。手机界面的侧栏式布局大多是通过点击图标查看隐藏信息的一种方式，受屏幕宽度限制，手机单屏可显示的数量较少，但可通过左右滑动屏幕或点击箭头查看更多内容，不过这需要用户进行主动探索。它比较适合元素数量较少的情形，当需要展示更多的内容时，采用竖向滚屏则是更优的选择。

侧栏式布局的最大优势是能够减少界面跳转和信息延展性强。其次，该布局方式也可以更好地平衡当前页面的信息广度和深度之间的关系。折叠式菜单也叫风琴布局，常见于两级结构的内容。传统的网页树状目录就是这种导航的经典，用户通过点击分类菜单可展开并显示二级内容。侧栏菜单在不用的时候是隐藏的，因此它可承载比较多的信息，同时保持界面简洁。折叠式菜单不仅可以减少界面跳转，提高操作效率，而且在信息架构上也显得干净、清晰，是电商 App 的常用导航方式。在实现侧栏式布局交互效果时，增加一些交互上的新意或趣味性，比如折纸效果、弹性效果、翻页动画等，可以增强侧栏布局的丰富性。

2. 标签式布局

标签式布局又称选项卡布局，是从网页设计到手机移动界面设计都会大量用到的布局方式之一。标签式布局最大的优点便是对于界面空间的高重复利用率。所以在处理大量同级信息时，设计师就可以使用选项卡或标签式布局。尤其是手机 UI 设计中，标签式布局真正发挥其寸土寸金的效用。此外，从用户体验角度来讲，一味地增加 App 页面的浏览长度并不是一个好方法，当用户从上到下浏览页面时，其心理也会从仔细浏览变成走马观花式地快速查看。在手机移动界面中，一般手机页面的长度不会超过 5 屏，所以利用标签式布局可以很好地解决这样的问题，在信息传递和页面高度之间提供了一个有效的解决方案。

作为标签式网页的子类，弹出菜单或弹出框也是手机布局常见的方式。弹出框把内容隐藏，仅在需要的时候才弹出并可以节省屏幕空间。弹出框在同级页面进行，这使得用户体验比较连贯，常用于下拉弹出菜单、地图、二维码信息等。但由于弹出框显示的内容有限，所以只适用于特殊的场景。

（三）平移与滚动

平移式布局是移动界面中比较常见的布局方式。大平移式布局主要是通过手指横向滑动屏幕来查看隐藏信息的一种交互方式。微软将该设计语言视为"时尚、快速和现代"的视觉规范，并逐渐被苹果和安卓系统所采用。使用这些设计方式最大的好处就是创造对比，可以让设计师通过色块、图片上的大字体或者多种颜色层次来创造视觉冲击力。对于手机 UI 设计来说，由于交互方式不断优化，用户越来越追求页面信息量的丰富和良好的操作体验之间的平衡，平移式布局不仅能够展示横轴的隐藏信息，而且通过手指的左右滑动，可以横向显示更多的信息，从而有效地释放手机屏幕的容量，也使得用户的操作变得更加简便。

对于手机屏幕来说，通常的屏幕尺寸都是固定的，所以页面信息的广度更多是在纵向区域来展示的，平移式布局的使用使得信息在手机屏幕的横向延展成为可能，可以非常有效地增加手机屏幕的使用效率。这种设计样式使页面的层级结构变少，用户避免了一次次地在一级和二级页面之间切换。对于 iOS 平台，随着 iOS 系统的逐步更新，对于手机屏幕横向空间的利用也变得更加频繁。同样，Android 系统也支持了平移布局为主的左右滑动。一般在设计平移式布局时，主要根据卡片式设计进行设计，如旅游地图的设计就可以采取左右滑动的方式。左右滑动的卡片还可以采用悬停、双击等方式跳转到详细页，这样会给用户一种现实操作感，就像是在真实滑动一张张卡片似的，体验感会更加优化。在设计平移动式的卡片时，最好能够考虑圆角的大小以及投影等各个参数的效果，以使视觉设计更加优化。如果结合了缓动或加速的浏览方式，还能带给用户趣味的体验。

对于手机界面来说，无论是平移设计还是上下滚动设计，都是为了最大限度地利用手机的屏幕空间。对于一些需要快速浏览的信息，如广告图片、分类信息图片和定制信息等，就可以考虑采用平移扩展的布局，一般以横向三四屏的内容最为合适，可以设计成手控双向滚动的模式。如果是大量的图片或视频等，就可以考虑采用上下滚动的布局，通常可以考虑四五屏的长度，如果太长则用户会失去耐心。平移或滚动设计也可以结合标签或宫格式布局使界面更加丰富。

第三节　动态媒体信息可视化

一、图形动画与可视化

图形动画应用于商业领域已经有数十年的历史。动态可视化除了动态特效外，科普性、新闻性和客观性往往是其表现的重点。动态可视化需要对数据图表进行展示，用旁白等方式来推进叙事进程，对非故事性内容的侧重使得这类动画更接近于特定的人群。动态可视化主要用于新闻、科普、学术与教育领域，部分用于企业品牌包装和产品推广、展览、广告、营销等目的，这些都要求有一定的信息时效性。

随着社交媒体和在线传媒的发展，动态影像设计和动态可视化也成为广告营销、企业形象推广和公共宣传的重要表现形式。

二、图形动画的视觉语言

观念和表达是动画的灵魂。动画作者必须具有视觉思维，这在图形动画中更加重要。相对于剧情动画来说，图形动画的特殊性在于其符号的象征意义。如果说，传统剧情动画主要依赖"演员角色"的表演和戏剧性情节来取悦观众，图形动画则主要依靠观众对象征性"幻变"图形的感悟和对可视化信息体验所激发的情感来打动观众。

作为实验动画的继承者和新媒体时代的新兴产物，图形动画从诞生到发展，经历了近百年的发展与传承，并在数字时代绽放出绚丽的色彩。这一方面是源于数字技术的迅猛发展和制作手段的与时俱进，而更重要的是，由于信息可视化的发展，人们才能将数据、图形和动画三个领域相结合并形成较为完整的视觉语言体系。沿用电影艺术中"视听语言"的概念，图形动画语言即是其运用视觉和听觉语言进行叙述和表现思想、阐释意义和传达信息的一套体系。新媒体传播、平面设计和影像艺术是图形动画语言的基础。

（一）图形动画与平面设计语言

从表现形式上看，图形动画语言带有平面设计的诸多特征，服从平面设计原则和规律。平面设计与视觉传达的理论对图形动画有着深刻的影响。在视觉风格上，不同于传统动画偏写实的造型和画面风格，图形动画讲究点、线、面、构图、色彩等原则和规律，形成了图形化的视觉风格，较为普遍的扁平化、极简线条和瑞士风格等都与平面设计、信息可视化密切相关。

正是由于源自平面设计，图形动画对画面的构成更为重视，不仅具有连环画或PPt般清晰的逻辑性，而且对画面内容与元素的解析也更为丰富。

（二）图形动画与视觉隐喻

图形动画在故事设计中同样具有独特性。首先，图形本身必须提供足够具体的信息，使观众对角色、情景和故事的起因有充分的了解。图形不仅要提供情节发展的信息，还必须要包含隐喻。这种隐喻使得动画超越了故事情节而延伸到其所代表的具有关联性的领域中，体现出科学、政治、社会或经济问题的解读；品牌与产品的推广可以通过动感酷炫的图形变化来激发观众的情感。对于图形动画脚本作者来说，熟悉视觉语言和形式非常重要。视觉写作既要掌握讲故事的基本技巧，又要将在此提到的象征性关联渗透到故事中。所有动画图像都是高度浓缩的符号，它是故事及其视觉体现的原创性的核心。

此外，图形动画的动态视觉语言不同于传统动画以角色表演、场面调度等来实现，而是以信息可视化来思考图形的运动，如图形元素自身的形变、性质变化和空间中的位移等。另外，图形动画还可以通过图层叠加组接画面，比传统动画的分镜头的剪辑更加高效快捷，因此长镜头的运用在图形动画中非常普遍，一镜到底的表现手法可以制造出酣畅淋漓的视觉流畅感。

结合了数据、图形和动画三者的优势，图形动画的视听语言具有更大的表现空间，在包容性、适应性和互动性上远超传统电影和电视。此外，图形动画突破了实景拍摄、真人表演的限制，可以用技术实现各种抽象、夸张、复合或超现实的创意设计，成为影视片头、包装、广告、MV和品牌推广的最佳媒介之一。

三、图形动画的应用类型

（一）企业品牌推广和产品营销类

企业品牌推广和产品营销是图形动画最主要的应用场景，大约占全部图形动画总数的三分之一以上。在视频流媒体时代，图形动画能够带来更强的相关性、趣味性和个性化，图形动画不仅可以讲述产品故事，还可以向观众展示如何使用产品或服务。

（二）科普类与新闻诠释类

科普与新闻领域也是图形动画最重要的应用场景之一。特别是在自媒体、视频媒体爆发增长的时代，人们更需要清晰、准确和有用的知识与技能。科普动画内容相对客观、中立或者偏学术性、知识性和大众性，采用了"摆事实、讲道理、晒图表、拉家常"的表现方式，通俗易懂，为观众所青睐。在网络上，很多涉及低碳环保、节能减排或生态健康等科普内容都是 MG 动画表现的焦点。

新闻 / 媒体类图形动画以时效性和普及性为核心，强调新闻的二次挖掘和解读，并通过大众喜闻乐见的形式加以传播。传统的新闻报道，无论是杂志、报纸还是电视，多是通过语言、文稿、插图或图表来展示，这对于当下手机一代来说应该是落伍的形式。新媒体环境成长起来的受众，习惯于多环境、快餐式获取信息并且偏重视觉化、娱乐化的新闻信息内容。图形动画可以用卡通幽默的方式来展示新闻故事，还可以通过深度解读，挖掘出这些现象背后所蕴含的深刻哲理。

此外，图形动画还可以通过旁白、单口相声和对白相声的叙述形式来解说品牌故事、讲解科普知识和评述社会热点，成为结合了新闻性、教育性和娱乐性的新的传播形式。

（三）操作演示类和 UI 界面类

软件和编程、人工智能、大数据与信息可视化的巨大市场需求，使得在线学习成为大热门。相比录课式网络课堂教学，图形动画不仅更简洁、更生动、更清晰，而且文件量更小，也更适合在手机等移动设备上阅读。随着制作技术的进步，图形动画也早早摘掉了"图形"的帽子，"混合媒介""混搭技术"与"视觉多样性"已成为这种动画的突出特点，包括数字化手绘、剪纸、拼贴、定格、CAD 三维动画、视频剪辑合成、字幕特效等多种形式都成为图形动画的表现方式，这也使得图形动画成为在线软件教育的新宠。UI 界面演示类图形动画是借助 AE 实现动画特效，如点击、滑动、翻页、放大或是各种酷炫的效果。使用图形动画不仅可以向客户展示原型设计或者 App 的创意，还可以让客户能够提前判断软件的功能设计、交互设计、色彩风格或导航方式的可行性，帮助设计团队更好地与客户进行沟通。

（四）动态插图和 GIF 动图类

在数字媒体与手机人人普及的时代，还在用静态标志设计品牌形象就显得非常落伍。因此，动态插图、动态标志或者更酷炫的动画标志应运而生。动态标志的流行不仅适应新媒体的发展，更重要的是能为读者带来新的感受和体验，也是一种改善品牌营销的绝佳方法。例如，鼠标悬停动画就可以将交互性和特效相结合。同样，设计师借助 SVG（矢量图形）和 CSS 动画，也可以创建一些令人惊叹的动态信息插图或 LOGO 图标和品牌的动画效果，而文件尺寸比传统动画要小很多。不仅如此，动态插图和标志也给平面设计带来了新思维，推动了视觉传达采用更新颖的品牌塑造方法。

早期的 GIF 动图可以说是可视化符号的范例，但在数字媒体时代，GIF 动画突破了"表情符号"的局限，成为功能强大的社交媒体交流工具之一。GIF 动图兼有平面图形与动画的双重属性，可以快速实现基于网络的交流和内容分享，如信息传达、故事梗概、幽默短片、网络段子等。GIF 动图的发展经历了由简单到复杂、由黑白到彩色、由表情动画到复杂动画；由平面到三维，由社交到品牌塑造这样一个逐步丰富，逐步自然化、人性化的过程。

影视特效、片头设计和电视栏目包装是图形动画最早涉足的领域，也是图形动画最成功的商业领域。早在网络媒体出现之前，图形动画就涉足频道包装、片头、广告、MV 和舞台特效等业务。当代数字视觉特效的范围更加广泛，除了传统的动画、动态媒介、实验影像和互动装置外，还与新媒体平台业务有着多处重叠，如网剧包装、抖音、快手类视频 App 特效包装、HTML5 交互式营销等。和传统的基于演员和 3D 酷炫制作的电影电视片头和广告相比，图形动画更趋向于新媒体，色彩对比更强，风格也更加扁平化。图形动画高效、简洁、清晰、视觉冲击力强，能够最大限度地彰显作者的艺术修养和技术表现能力。

四、图形动画设计流程

（一）从概念到分镜

图形动画制作的流程结合了信息可视化设计和动画设计的方法，通常按照文案、脚本、图形、动画、后期五大步骤来进行。该过程同样符合信息产品的设计过程，即从战略层、范围层、结构层、框架层到表现层的步骤。

1. 项目策划与客户沟通

创建图形动画需要综合各方面的知识与技能。从战略层、范围层、结构层、框架层到表现层，每个步骤都有各自的目标，这些对于最终作品的成功必不可少。一般来说，任何创意项目都应以甲、乙双方的项目启动会议开始。为了建立客户与设计团队间的信任关系，必要的见面沟通环节不可或缺。虽然视频会议形式的交流比较方便，但美国麻省理工学院的一项研究表明：面对面往往是最有效的交流形式。这个阶段任务包括：①确定目标、内容与受众；②确定作品媒介形式、主题与风格；③确定项目预算与工期。

2. 设计方案和文字脚本

通常来说，设计方案和文字脚本是乙方提交客户的第一份文件。文字脚本、大纲、草图和故事梗概对于后期的故事板设计和分镜设计非常重要。这份设计草案通常包括文字概述、脚本草图、画外音和屏幕上的文字。由于脚本内容和故事情节是任何视频或动态图形的基础，因此故事脚本和后面的场景以及动画设计最好是一体化的过程。一个设计项目的成功往往需要收集各方面的反馈意见，因此，设计师、策划师、用户研究人员、动画师和项目经理可以集体进行头脑风暴和细节规划。这种方法可确保故事情节能够引人入胜，并与后续的设计和动画风格很好地配合。在确定作品呈现风格时，也可以参考目前网络上的各种图形动画资源。

3. 故事板与分镜设计

当前面的设计方案获批后，设计团队将继续进行深入的故事与场景设计。在此阶段，设计师和动画师将分镜画面草图、配音文字、场景与动画结合在一起组成故事板，使最初的文字方案视觉化，成为更加栩栩如生的视觉故事。根据该项目包含的预算、时间表和制作工艺等诸多因素，故事板草图的复杂程度可能会有所不同。

传统的分镜头本是一些图画或草图的集合，看上去就像是连环画，记录了动画从开始到结束的整个过程，包括时间律表、场景、动作、旁白、音乐、转场和特效等。通常传统分镜头故事板格式包括镜号、画面+转场标注、景别、解说或对白、音效和备注。但故事板也并非标准化，往往会根据动画导演的要求采用更灵活的方式。故事板是动画片中最重要的部分，根据这些线索动画师就能知道在成片中哪些是主要的情节。早期故事板多数是动画师手绘在卡纸律表上。现在也有很多故事板软件，设计师可以通过软件工具直接进行设计。此外，图形动画的艺术指导、项目经理和客户也会参与该过程，并对作品的颜色、字体和插图风格等进行最后确认。

（二）从原型设计到影片推广

1.动画原型设计

故事板确定之后，插画、图形或动态元素设计就是最重要的工作。这个阶段需要设计师对动画元素，如人物造型、道具、场景、字体、动态图形、数据图表等多种动画原件或原型进行设计。例如，设计师需要用 Adobe Illustrator 进行图形设计，需要用 Photoshop 对相关图像进行抠图、加工，随后这些图形元素需要导入 After Effects 中进行动画合成。不同风格的图形动画往往需要的合成组件差别很大，有的仅仅是扁平化图形元素，还有的则需要将视频、三维图形、文字和平面图形进行分层叠加，还有的需要有真人表演抠像。

2.前期配音准备

视觉效果并不是图形动画的唯一组成部分，在动画前期的脚本设计中通常会包含画外音，包括旁白、解说、背景音乐和动画音效等。因此，为了保证音画同步和流畅的视听效果，录制的画外音可能就是视频声音的一部分。选择合适的配音师对于完善图形动画的整体效果至关重要。画外音必须吸引目标受众，并且必须与影片的艺术风格一致。因此，在动画脚本的准备阶段，制作团队就应确定好前期配音的人选和音效，这对于动画工作的顺利完成是必不可少的环节。

3.动画制作

动画制作阶段是图形动画制作的关键性步骤。图形动画中最常用元素就是"角色"，无论是插画人物、拟人化的图标还是机械的运动，这些角色会将观众带入场景，并通过展开故事来诠释动画的主旨。图形动画制作软件多数是用 Adobe 公司的 After Effects 或者 Animate（Flash）。

4.音画同步与音效设计

严格来说，音画同步和音效设计并非动画完成以后的"锦上添花"，而是几乎与动画制作同步进行的流程。除了录音师对动画声音进行调整和编辑外，音效设计师还需要针对图形动画中角色的行为，如运动、碰撞、摔倒、搏斗等画面添加各种音效。此外，调音师还得对音乐的音量进行调整，以配合动画中语音的速度。如果音乐不够长，则需要复制音乐，如果幸运，音乐会正好添加到动画的末尾结束，但多数情况下，动画师需要对音乐进行剪辑以实现无缝过渡。

当完成图形动画的制作后，制作团队还面临着最后一项任务：发布和推广该产品，这也是整体流程的一部分。在如今碎片化的时代，短视频、H5 等早已成为商业宣传的重要载体，而在明星代言出现审美疲劳的当下，越来越多的广告商也开始把目光投向动画领域。动画营销在助力品牌形象年轻化、精准针对喜爱二次元的年轻群体方面的效果十分突出。因此，对动画产品发布和推广应该有明确的策划方案。例如，通过著名的设计师作品交流网站扩大工作室知名度，吸引客户或者同行的重要渠道。

图形动画的营销与推广还可以通过博客、微博、哔哩哔哩、抖音和微信等社交媒体来进行。特别是动态的或交互式的信息图表或图形动画、GIF 动画等，都是一种信息量大并具有一定观赏性和吸引力的传播媒介。动画制作过程中检索和收集到的图片、模板、角色、音乐、场景、数据和文献等，都是可以反复使用的素材，同时也是动画工作室最重要的无形资产之一。

五、新媒体环境下动态图形在交互设计中的应用

（一）动态图形的交互设计要素

1. 图形元素

动态图形的交互设计要素（字符，LOGo，图案，插画及影像等图形要素）的形成。动态图形具有强大的传递信息功能，是设计师进行图形设计时不可缺少的一部分，不仅能给用户提供一个良好的交互界面，而且还能增强产品的吸引力与视觉效果。字符号类中的动态图形主要有以下几种类型：文字和图片；汉字作为中国传统文化的代表之一，其应用非常广泛。将包含的丰富情感融入动态图形之中，图文则指基于字形和图形相结合的图形化文本，设计时确保了文本的可读性，从而增强交互设计的视觉效果。

2. 色彩元素

色彩在动态图形中具有表层属性，作为能直接影响观赏者大脑引起本能反应的设计元素。色彩对人的视觉效果具有很大影响，因此，应根据不同的设计主题

和情绪表达来选择合适的颜色，以达到预期的象征意义，不同颜色赋予了人们丰富而深刻的情感内涵。此外，色彩还具有象征性。色彩与人之间有着千丝万缕的联系，人是色彩使用中的主体。所以色彩的设计需根据主题内容，从视觉层面传达信息。

3. 动态元素

动态图形的本质指静态图像经过动态设计变成可以改变的图形，使更有生气，传达出更多的讯息，位移和缩放是最常见也是最具代表性的两种动态方法。位移包括直线移动和曲线移动两种形式，即图形沿着规定的轨道变换位置，作简明而有生气的动态设计；缩放是将图形按照一定的比例缩小或者放大以突出内容和吸引用户注意力；旋转就是图形绕着某一点灵活地旋转，然后形成灵动视觉效果；形变是物体形态受到各种作用力后，发生压缩，拉抑，扭转，曲折等等或者规则，或者无规律的形变；色变是图形经过改变后的色彩增强了图形表达能力，从而更具有内涵性。

（二）新媒体视域下动态图形的交互设计原则

1. 分层性原则

分层布局是对文本、图形、色彩、动态等构成元素通过适当的设置加以组织和操作，使设计内容得到直接而有条理的表现。只有布局合理，才能够保证用户在短期内迅速接收信息和执行操作。因此，在网页制作中，运用布局技巧能够有效提高工作效率和质量。因此，设计者需要根据实际情况设计出最佳的设计方案。比如，主题图形经过挑选和加工，能较好地完成不同样式的转换；用多种颜色创造视觉。

2. 简化性原则

动态图形交互设计需遵循方便应用原则。交互行为语言是影响使用者体验最重要的因素之一。操作是一种自然而又有趣的交互方式，它能使用户更容易理解产品的意图，从而产生更好的使用感受。在交互设计中引入操作元素，有助于提高产品的可用性和易用性。故操作设计可援引使用者每日的习惯动作而遵循其对现实的感知与体验。

3. 辅助性原则

以动态图形交互设计功能性为基础，以确保基础操作能够取得预期结果为前提的辅助操作设计方法。设计出台之后，面对的用户水平层次不一，无法确保大家具备理解和工作交互方式的能力。面对纷繁复杂而又艰涩难懂的功能，许多人面对某种困难的运作而陷入停滞状态，体验不到愉快的交互体验感。因此，设计师们需要通过合理有效的方式将这一特点融入具体的设计过程之中。而交互界面设计中对用户使用行为进行分析是一个很好的切入点。以信息交互设计为主线，以用户的实际心理需求和可用性作为主要指导。

4. 灵活性原则

在对动态图形进行交互设计时，灵活性同样是设计的重点。灵活性体现在以下几点：①对于用户来说，用户只需简单地输入一些指令就能得到相应的结果；②对于设计者而言，只要能够让用户按照自己的意愿进行操作即可。灵活性在动态图形交互中体现得尤为突出，因为灵活性是人们对自己生活和工作的态度以及个人习惯的一种反映。动态界面风格多样，如，返回操作、箭头指示和手势操作等。友善的动态交互设计要求符合不同使用者的使用习惯和设置灵活多变的交互设计选择，这恰恰是为了适应不同级别使用者的要求。

（三）新媒体视域下动态图形的交互设计空间特性

1. 导视性体验特征

导视按其字义理解为导向，指示、指引、视线。它在环境布局、营造风格、塑造文化等方面起着重要的作用。只有对它有一个整体的认识与正确的理解，才有可能使之发挥最大的效用。从某种意义上来说，现代社会已进入了"信息时代"，信息传播在人们生活中占据着越来越大的比重，而导视性设计体验是信息传达的直接途径之一。导视系统作为信息传递的重要媒介，主要功能就是将视觉信息传达给用户。在数字技术与智能化科技不断运用的今天，听觉与触觉信息同样运用到标识标牌的信息中，使得导视系统变得更加人性化。

2. 创造性体验特征

人们对动态图形有着独特的需求，而动态图形又具有一定的创造性特征。这种创造性不仅体现在交互装置艺术上，也表现在动态图形在交互装置中的应用上，它给人们带来了一种艺术和科技相结合的创新体验。将动态图形引入艺术装置中是非常有必要的，它可以让观者更深刻地体会到动态图形带来的视觉冲击效果。通过对静态图形的改变来表现出动态性。在互动中，动态图形由于各个不同个体所表现出来的形象也各不相同，相应地也就表现出了大家的创造性。这一崭新而又附之以创造性价值动态图形交互体验正是科学技术和艺术发展的表现。

3. 沉浸式体验特征

产品与用户之间通过多重感官进行交互，从而产生身临其境的感受。沉浸式交互主要有以下几种形式：第一，在真实环境下进行的；第二，基于人体视觉的虚拟交互方式。二者之间有着很大的区别。一般应用于影视、游戏以及虚拟现实技术等领域。在现实情境中，受众以直接或间接方式和作品互动，实现沉浸式体验；通常无须构造逼真的情景，仅需借助专用设备重现仿真出逼真情景，对环境要求较低。在交互体验感上，最重要的一个要素就是动态图形的视觉体验，也就是虚拟现实交互。而后者则会利用虚拟世界提供的背景信息以及周围物体的运动状态，使得用户在观看视频或者游戏时产生更为逼真的感受。

（四）新媒体视域下动态图形在交互设计中的应用

1. 动态图形在可视化产品中的应用

动态海报逐渐成为海报设计的发展趋势，借助多媒体技术高速发展，带来更为灵活的创作方式。依托 H5 技术，动态海报得到更多的传播途径与展示方式。H5 广告作为一种新型传播载体，具有互动性强、用户体验佳以及良好的传播能力，与其他的传播方式相比，更加酷炫夺目，更注重感官体验。同时，具备分享属性，提供互动层面，应用场景丰富多彩。相对以往的静态宣传物料，静态海报设计中的"动态"更是对心理与精神视觉的追求，而动态海报设计中的"动态"更是一种多重感官的视觉表现。声音、影像、文字、色彩、线条等元素的综合运用。

2. 动态图形在场景空间的应用

动态图形包装表现为电视频道包装和栏目包装。由于影视包装作为展示频道或者栏目的形象之窗，作为提升其社会声誉，扩大社会影响和吸引更多的受众而采用的整体渲染手段，动态图形能够和影视包装完美对接，有助于树立良好的电视节目品牌形象，增强节目的可视性及可信度，从而更好地为受众服务，使其产生最佳的传播效果。游戏从动态图形引入情景中带来画面极致的感受，随之传达出更加丰富的资讯，因此动态图形在这一方面具有特别的优越性，这是因为动态图形更加关注资讯表达本身，使繁杂且难以理解的资讯数据清晰明确，能够以动态图形形式表达出多重资讯的深层内容，便于用户进行操作和使用。

3. 动态图形在城市公共空间的应用

在城市信息化程度快速提升和交互显示技术高速发展的背景下，城市公共空间对多样化的交互方式产生了日益增长的需求。互动是城市公共空间情景下各个主体间的互动。

第五章 信息技术在多领域的应用

第一节 信息技术在军事中的应用

在新一代网络技术和未来移动通信技术的推动下，军事通信系统将发展多种军事通信技术来满足未来信息化战争的军事需求，为军事作战提供有力支撑。

一、量子通信技术

量子通信是面向未来的全新通信技术，在安全性、高效性上具有经典通信无法比拟的优势，已经引起各国国防部门的充分重视。美国国防部已计划将量子通信推向实用化，并视之为最安全的通信方式。量子通信的理论基础是量子信息理论，它是基于量子力学发展起来的，目前已在量子计算、量子通信方面引起了国际的广泛重视，各国都投入了大量的人力、物力和财力加强相关技术研究。由于量子的不可克隆性和测不准原理，量子通信可以实现无条件的安全通信。

（一）实现量子通信的手段

实现量子通信的手段是以光子作为载体的，原因是：①光子和环境的相互作用——退相干比较容易控制；②可以利用传统光通信的相关器件、技术、工具等，这也是量子通信最开始使用光纤信道的主要原因。

（二）量子通信的发展现状

经典的通信系统没有绝对安全的，量子通信具有经典通信所没有的保密特性，最大限度地符合军事通信的需求。量子通信保密机理所依托的最基本思想，是人们无法在不破坏或不改变量子状态的情况下测量量子状态。

量子通信主要包括基于量子通信的量子密钥分发、通过量子通信直接进行信息传输两种应用方式和量子隐形传态。

1.基于量子通信的量子密钥分发方式

利用量子的不可克隆性和量子测量塌缩现象，可以传送由量子状态承载的编码信息实现密钥分发，通过量子密钥分配协议，通信双方可以相隔 100 km 左右通过光纤或者相隔数十千米通过自由空间分配绝对安全的加密密钥，从而实现安全的保密通信。

2.利用量子通信直接进行信息传输方式

利用量子通信直接进行信息传输的研究，主要包括利用纠缠光子对直接传输信息和基于纠缠光子对的超密编码通信两种方式。

3.量子隐形传态

量子隐形传态在未来的分布式量子计算中有重要作用。其基本思想是：一个物理客体等价于构造该客体所需要的所有信息，而无须搬运客体的原件。从通信工程的角度来看，量子隐形传态就是以纠缠粒子为信号载体对信号进行调制与解调的过程，而纠缠粒子的传输通道就是量子通信信道。其重要的特性是非定域性，通过纠缠建立的量子信道可以实现相隔遥远的两方之间实现未知量子态的远程传输。

二、IPv6 技术

IPv6 协议是 IP 协议第 6 版本，是作为 IPv4 协议的后继者而设计的新版本的 IP 协议，它是为了解决现行基于 IPv4 协议的互联网出现的问题而诞生的。现存的 IPv4 网络潜伏着两大危机：地址枯竭和路由表急剧膨胀。IPv6 的出现将从根本上解决这些问题。IPv6 继承了 IPv4 的优点，并根据 IPv4 多年来运行的经验进行了大幅度的修改和功能扩充，比 IPv4 处理性能更加强大、高效。

（一）IPv6 的技术特色

1.IPv6 地址的分类

IPv4 根据报头比特将地址划分为 A 类～E 类地址。其中，A 类～C 类为单播地址（使用 VLSM 后已无差别）；D 类为组播地址；E 类保留。

IPv6 拥有的地址空间达 128 bit，是 IPv4 的 4 倍。IPv6 地址被划分为以下几种类型：①单点地址。唯一标识单个接口，类似 IPv4 的单播地址。②多点地址。一组接口地址,类似IPv4的多播地址。③任意点地址。一组接口地址中的最近一个，从单点地址中分配。

2.IPv6 的简化处理

IPv4的报头是变长的，而IPv6报头的长度是固定的；IPv4要处理的域为14个，IPv6则为8个。在报文长度和处理域的数量方面，IPv6报头更利于高效处理报文。从具体报文域来看，IPv6报头中删除的域有以下几类。

（1）校验和域

链路层和上层已做校验和验证，网络层取消，减少每个IP报文的处理时间。

（2）标识符，分片偏移域，标志

这三个域与IP分片重组相关，IPv6将它们移到IPv6分片扩展头实现，并规定转发路径的中间节点无须分片，提高报文转发效率。IPv6要求链路最小支持1280B MTU，通过结合Path MTU发现机制，IPv6报文只在源节点处被一次性分片，直到到达目的节点处被重组。

（3）选项，填充域

由IPv6扩展头替代，IPv6节点只需按顺序处理扩展头，不必像IPv4选项那样存在冗余处理，符合IP简化中间处理的思想，提高了处理效率。

3. 扩展灵活

IPv6将IPv4的选项改造为IPv6扩展头，如将IPv4源路由选项功能由IPv6路由扩展头替代实现，致使提高效率的同时，提供了灵活的扩展性。IPv6扩展头基本按照处理的先后顺序包含以下分类：①逐跳扩展头。该扩展头被报文路径的每一跳处理，可包含多种选项，如路由器告警选项。②路由扩展头。指定源路由，类似IPv4源路由选项，IPv6源节点用来指定信息包到达目的地路径上所必须经过的中间节点。源路由功能比较有用，如诊断测试，以及移动IPv6解决迂回路由，所以被IPv6保存了下来。③分片扩展头。IP报文分片重组信息。④ AH认证扩展头。IPSec用扩展头。⑤ESP加密扩展头。IPSec用扩展头。⑥目的地扩展头。只在目的地处理，可包含多种选项。

（二）IPv6 技术的重要性

IPv6对于国防和军队来说至关重要，因为IPv6可以满足未来对信息系统的需求。未来各种武器系统、信息系统和指挥控制系统将通过网络实现联系，IPv6为其提供了实现的技术基础和可能。因为IPv6具有IPv4所没有的巨大优势，它巨大的地址空间、高度的灵活性和安全性、可动态进行地址分配的特性以及完全的分布式结构具有巨大的军事价值和潜力，特别是对移动用户的支持更是以前所有的技术都不能相比的，为未来各种军事信息系统的互连互通，提供了实现的技术基础和可能。

三、超带宽无线通信技术

（一）超带宽无线通信技术概念

超带宽（Ultra Wideband，UWB）无线通信技术是一种与常规无线通信技术（包括窄带通信、常规扩频通信和 OFDM 技术）相比具有显著差异的新兴无线通信技术，是通信界近年来的研究热点。人们普遍认同 FCC 关于 UWB 设备带宽的规定：–10 dB 的相对带宽大于 0.2 MHz 或占用带宽大于 500 MHz，即凡是绝对带宽大于 500 MHz 或相对带宽大于 20% 的信号都称为 UWB 信号。因此对于中心频率高于 2.5 GHz 的 UWB 设备和信号，其最小 –10 dB 占用带宽必须大于 500 MHz；而中心频率低于 2.5 GHz 的 UWB 设备和信号，其最小 –10 dB 相对带宽至少为 0.2 MHz。

（二）超带宽无线通信技术分类

UWB 信号形式可分为基带极窄脉冲形式和带通载波调制形式两类。

1. 基带极窄脉冲形式

极窄脉冲序列携带信息直接通过天线传输，无须正弦载波调制，采用时域信号处理方式。这种传输方式具有系统实现简单、成本低、结构通用、多功能、功耗小、抗多径能力强、空间／时间分辨力高、具有穿透性、不易被截获／检测、隐秘安全等优点。

2. 带通载波调制形式

带通载波调制形式可以采用不同的无线传输技术，如 OFDM、DS-CDMA 等，这种传输方式有利于实现高数据速率低功率传输，适用于室内短距离、高速率传输应用。

（三）超带宽无线通信技术的优势

1. 频带宽

UWB 系统的工作频带极宽，一般从几百兆赫到几个吉赫，可实现极高速传输和极大的系统空间容量。目前研制的实验 UWB 短距（1 ~ 10 m）系统的传输速率已经达到 1 Gbit/s 以上，其空间通信容量是无线局域网、蓝牙等系统的 10 ~ 1000 倍。

2. 功率低，功耗小

由于 UWB 具有极低的信/扰比阈值，因此平均发射功率很低，如工作范围在 10 m 以内，所需功率仅需几十微瓦到几百微瓦，其功率谱密度极低，甚至低于环境噪声以下。

3. 脉宽极短，定位精度极高

UWB 脉冲系统一般工作在亚纳秒级，具有厘米级的距离分辨力，特别有利于雷达、定位和有定位功能的综合移动通信业务。

4. 具有穿透性

UWB 脉冲信号含有丰富的低频分量，因而具有很强的穿透地表面、墙壁和其他物体的能力，可应用于需要穿透物体进行成像、检测、监视、测量和通信的场景。

5. 实现结构简单、成本低

UWB 系统不论是基带脉冲的还是带通调制载波的，射频、模拟以及信号处理部件都相对较简单，容易实现全数字化的结构，因而可以大大降低成本。

6. 结构通用

UWB 通信、雷达、成像和定位系统可采用通用的硬件结构和工作频段，通过软件改变其功能，便于用软件无线电技术实现，具有很大的灵活性和经济性。

UWB 技术研究始于 20 世纪 60 年代，开始主要是时域电磁学研究，随着技术的发展逐步应用到雷达系统，随后发展到军事通信领域，并一直受到美国军方的大力资助。俄罗斯与美国 UWB 技术的研究基本同步，研究方向主要集中在大功率 UWB 雷达应用以及相关的信号传播、反射特性等方面。此外，瑞典、意大利等国的 UWB 合成孔径雷达早已做了多次飞行实验，并进入实际应用阶段。

四、认知无线电通信技术

(一)认知无线电通信技术的概念

认知无线电是对软件无线电技术的进一步的扩展。它采用无线电域的基于模型的方法对控制无线电频谱使用的规则（如 RF 频段、空中接口、协议以及空间和时间模式等）进行推理，通过无线电知识表示语言（RKRL）来描述无线电规则、设备、软件模块、电波传播特性、网络、用户需求和应用场景的知识，使系统无线频率的应用规则满足用户通信最佳性能的需求。

(二)认知无线电系统的工作过程

1. 无线传输场景分析

认知无线电系统传输信号时，首先要分析无线传输场景。由于发送端产生激励空时信号，接收端根据接收到的信号判断干扰温度的大小，并同时检测出频谱空穴和估计一些传输参数统计量。这些任务由接收端完成，再反馈到发送端，用于控制信号功率和频谱管理。另外，可以采用自适应天线波束形成技术进行干扰抑制。

2. 信道状态估计及其容量预测

信道估计方法有差分检测法和训练序列传输法两种。差分检测法鲁棒性较强，实现简单，但接收端为使帧错误率显著下降所需信噪比代价高；训练序列传输法接收机性能好，但浪费传输能量和带宽。基于上述两种方法的结合，使用一种叫半盲训练的方法，它既不同于全盲处理的差分检测法，也不同于指导处理的训练序列传输法，其工作过程有指导训练模式和跟踪模式两种。

3. 功率控制和频谱管理

功率控制和频谱管理的功能是在认知无线电系统发送端实现的，接收机把检测到的信道特征等传输参数反馈到发送端。基于这些参数，发送端通过某些策略来实现功率控制和频谱管理的功能，使认知无线电系统的传输性能达到最佳。

(三)认知无线电技术应用前景

通过采用认知无线电技术，无线通信设备可以针对不同的战场电磁干扰环境，对敌方干扰信号进行实时检测和识别。针对不同的干扰频谱、功率和种类，实时采用时域、频域和空域的多种综合智能抗干扰技术，智能地调整各种抗干扰手段的参数，提高战场电磁干扰环境下信息系统网络的生存力和通信效能，提高通信装备和系统的综合抗干扰能力，从而在网络对抗中占据主动权。

认知无线电技术的主要应用举例如下。

1. 新一代高性能跳频战术电台研制

为了进一步提高跳频通信性能，目前高性能跳频战术电台，如美国的FALCON 战术电台和法国的第四代战术电台，普遍采用了基于干扰检测和退避的自适应跳频（AFH）通信技术。利用空闲信道扫描和通信链路质量分析等方法，检测信号干扰大的传输信道，控制收发信机的跳频图案，通过退避干扰大的跳频信道提高战术电台的通信性能。这样的自适应技术正是利用了"认知无线电"的基本思想，即通过感知周边无线通信环境（如频谱空穴、信道干扰等）自适应地调整自身的通信策略。

2. 战场频谱资源管理与调度

认知无线电技术可以集成在现有的众多通信系统之上，为作战通信系统填充智能的心脏。通过实时感知外界战场环境，认知无线电通信系统使用人工智能技术从环境中学习，通过实时改变某些操作参数，使其内部状态适应接收到的无线信号的统计性变化，实现作战期间任何时间、任何地点的高度可靠通信，大大增强频谱资源利用率，实现灵活、高效、自动化的频谱协调与调度。

3. 智能抗干扰通信

认知无线电通信系统可抛开固定频带使用限制，智能灵活地挑选战场上空闲信道，避开敌我双方争执不休和产生干扰的热点频带，利用多部队频率使用时间地域间隔的特点，打破以往不同军种分配不同频率带宽的传统方式，在信息战的数字化战场建立高效、可靠的通信联结，提高军队协同作战能力，为战争胜利打下坚实的基础。

4. 军用战术电台高效组网应用

认知无线电技术将用于研制和开发频谱捷变无线电台（SAR）系统，这些无线电台在使用法规的范围内，可以动态适应变化的无线环境，在不干扰其他非合作无线电台的前提下，使得可接入的频谱范围扩大 10 倍（类似美国国防部提出的下一代无线通信项目）。

作为一门古老而年轻的学科，自有人类历史以来，医学就在不断地发展。

信息技术领域的发展成果都在一定程度上给医学的发展注入活力，如物理学的 X 射线技术极大地促进医学诊疗水平，以计算机为代表的信息技术同样推动着现代医学的进一步发展。不仅如此，信息技术在海洋事业发展中也起着基础性、公益性和战略性的重要作用，海洋信息化是国家信息化战略的重要组成部分，也是我国海洋事业发展的重要组成部分。随着我国海洋事业的快速发展，海洋信息化建设为海洋事业的快速发展提供了强有力的支撑。

第二节　信息技术在医学中的应用

一、医学信息系统

（一）医学信息系统概述

医学信息系统应用的对象是人，是一个独特的个体，每次疾病的发生发展都有特异性，很难用抽象的模型来概括和处理。而迄今为止，计算机处理问题的方法仍然是机械地模仿，在对人类行为、思维进行抽象化的基础上，按照某种理论、模型或规则进行模仿，受模型和规则的局限，这种模仿只能覆盖抽象出来的一般情况。因此，人的参与对医学信息系统的运行尤为重要。

1. 医学信息系统的种类

信息系统在医学领域的应用大致有三方面：计算医学，包括医学影像的获取和处理、三维和四维医学图像重建、核医学中数据的处理等，医学信息数据库以及计算机辅助诊断治疗。

根据服务对象或功能，医学信息系统可以做以下分类：医院信息系统、医学图像信息系统、公共卫生信息系统、临床决策支持系统、社区卫生信息系统、医疗保险信息系统、护理信息系统、实验室信息系统、电子病历、远程医疗、区域卫生信息系统、医学信息资源、中医信息处理等。

2. 医学信息系统的功能层次

根据人的参与程度和应用计算机的复杂程度，医学信息系统的功能大致可分为六个层次：

（1）信息交换与传输层次

最底层，几乎不需要人的参与，计算机应用的复杂性最低，数据格式的标准化是信息系统运行的基础。

（2）信息存储与检索层次

由于医学信息种类多、数量大、关联复杂，服务对象和目标多样，所以在信息存储与检索时需要人的干预。

（3）信息处理与自动化层次

医学信息的处理建立在人类对人体、疾病、卫生等对象的研究和理解的基础上，需要医学专业知识的支持；自动化只针对可以重复的、一般化的工作，更多的工作由人与计算机结合完成。此层是为医疗卫生应用专门开发的。

（4）诊断与决策层次

诊断与决策需要将医学知识格式化，设计决策支持模型化和标准化，以便计算机处理，人是主导。

（5）治疗与控制层次

治疗与控制的应用执行是在决策之后发出的指令，由于医学治疗和控制的复杂性，应用与工业生产的过程控制完全不同，只有极少部分治疗能够用计算机实现控制。

（6）研究与开发层次

研究如何结构化、抽象化，建立各种模型和算法，开发应用系统，提供给其他层次应用，是人类智慧的体现。

（二）医院信息系统

医院是实施医疗护理的场所，是通过医务人员的工作，对门诊或住院病人运用各种医疗技术和药品进行科学诊治、促进病人康复的医疗机构。医院的任务是以医疗为中心，兼顾科研、教学和预防等工作。医院管理的水平直接关系到医院履行职能的水平。

医院的职能和运行主要包括以下几方面：①医疗护理，指对病人的医疗护理工作；②医疗事务，指对医疗护理日常事务的管理工作；③经营管理，指对医院人力、物力、财力的管理工作。

医院信息系统（HIS）是在医疗卫生信息化建设中应用最早、发展最快、普及最广的大型管理系统。担当对所有信息的采集、传输、处理、存储和输出工作，通过信息流驾驭医院的人流、物流、财流和业务工作，提高医院管理水平、工作效率、服务质量和经营绩效，从而增强医院的竞争力。

1. 医院信息系统概述

（1）医院信息系统的定义

HIS 是现代化医院的基础设施、支撑环境和管理方式。医院以业务流程优化重组为基础，控制所有相关信息，实现内外信息共享和有效利用，提高医院的管理水平与综合发展实力。

医院信息系统是指利用计算机软硬件技术、网络通信技术等现代化手段，对医院及其所属部门的人流、物流、财流进行综合管理，对医疗活动各阶段中产生的数据进行采集、存储、处理、提取、传输、汇总、加工生成各种信息，从而为医院的整体运行提供全面的、自动化的管理及各种服务的信息系统。

HIS 利用电子计算机和通信设备，为医院所属各部门提供病人医疗信息和行政管理信息的采集、存储、处理、提取和数据交换的能力，并满足所有授权用户的功能需求。

HIS 的基本构成包括：①用户；②用户实际使用的终端，可以根据用户的应用作业给予不同形式的终端；③应用环境，包括医院信息系统的硬件和系统软件提供给用户应用时的各种装置；④应用程序或医院信息系统的子系统，用户在这个层次进入医院信息系统的应用程序，完成相关功能；⑤数据库管理系统，满足来自下设层次对数据库的要求，应用层次的所有应用程序都可以与此层通信并访问数据库，数据库中的所有数据也能被各种应用程序访问、共享，并符合一致性要求；⑥数据库，其中大量存储着医院各部门有关管理、病人诊疗等各类数据，这些数据来自用户、应用程序。

（2）医院信息系统的范畴

从狭义上说，医院信息系统指医院管理信息系统（HMIS），针对医院人流、物流、财流进行经济管理和医疗事务管理，包括病人的出入院管理、费用管理、药品物资管理、医务人员管理等。

HMIS 是医院信息管理的基础，常涉及一些病人的临床信息，特别是它所收集的病人主索引、病案首页等。把针对病人本身的临床医疗护理管理称为临床信息系统（CIS），CIS 是指利用计算机软硬件技术、网络通信技术对病人临床医疗信息进行采集、存储、处理、访问和传输，支持医务人员的医疗活动，提供临床决策支持，以病人为中心，以提高医疗质量为目的的信息系统。

从广义上说，一个完整的医院信息系统（IHIS）包括 HMIS 和 CIS，这两者相互联系、相互依存，HMIS 是 CIS 的基础，CIS 是 HMIS 发展的必由之路。

（3）医院信息系统的特性

HIS 是企业级信息系统中最复杂的一类，这是由医院本身的目标、任务和性质决定的。它不仅要同其他所有信息系统一样追踪各种信息流，提高医院的运作效率，而且还应该支持以病人医疗信息记录为中心的整个医疗、教学、科研活动。

①需要具有极其迅速的响应速度及联机事务处理能力。在急诊病人入院抢救时，迅速、及时、准确地获得其既往病史和医疗纪录。就诊高峰时，HIS 对联机事务处理（OLTP）迅速反应能力的要求非常高。

②医疗信息复杂性。病人信息是以多种数据类型表达出来的，不仅需要文字与数据，而且时常需要图形、图表、影像等。

③信息的安全性、保密性要求高。病人的医疗记录是一种拥有法律效力的文件，不仅在医疗纠纷案件中，而且在许多其他的法律程序中均会发挥重要作用，同时还涉及病人个人隐私。

④数据量大。任何一个病人的医疗记录都是一部不断增长着的、图文并茂的病案，一个大型综合性医院拥有上百万份病人病案是很常见的。

⑤缺乏医疗信息处理的标准。医疗卫生界对医学信息表达、医院管理模式与信息系统模式的标准与规范了解甚少。医学知识表达的规范化，即如何把医学知识翻译成一种适合计算机的形式，是一个世界性的难题。而真正电子病历的实现也有待于这一问题的解决。

⑥高水平的信息共享需求。HIS 必须保证信息的共享性设计、信息传输的速度与安全性、网络的可靠性。医生对医学知识、病人医疗记录的需求可能发生在其所进行的全部医、教、研的活动中，可能发生在任何地点；而某住院病人的住院记录摘要也可能被全院各有关临床科室、医技科室、行政管理部门所需要。

⑦医护、管理人员对计算机的心理行为障碍。由于教育背景和计算机普及程度所限，部分终端用户对使用计算机采取抵制态度，这就要求系统设计者付出更大的精力，增加了信息系统的成本与复杂程度。

医院的总体目标、体制、组织机构、管理方法、信息流模式的不确定性给分析、设计和实现 HIS 增加了难度。

2. 医院信息系统的基本功能

医院信息系统的本质是一个信息管理系统，具有对信息的收集、存储、处理、传输和提供五个基本功能。

（1）信息的采集功能

HIS 中的任何处理、分析、决策都依赖于系统采集到的数据和信息。原始数据和信息的采集来自各项业务处理的第一线，在它最初出现的时间、地点一次性地采集。采集信息要方便、准确、完整、及时和安全，以适应医院治病救人的特点。

根据信息的性质和形式不同，最常见的采集方法是手工键盘录入、手写录入、鼠标选择、各种形式的卡（磁卡、IC 卡、条码卡等）；借助于实验室系统（LIS）、图像处理系统（PACS）等，HIS 可直接从大型仪器的输出端采集病人的化验结果数据、医学图像信息；数码照相、缩微照相的图像也可以直接采集；还可以从互联网和医院局域网上直接下载信息。

（2）信息的存储功能

医院的数据和信息是非常宝贵的资源，对医疗、管理、科研和教学有不可估量的价值，需要长期保存。所以 HIS 的信息量是巨大而且与日俱增的，系统应该有完善的存储功能、措施和制度，保存信息时充分考虑存储量、信息格式、存储方式、使用方式、调用速度、安全保密等问题。

为保证安全，系统应有数据定时备份、异地存放功能。HIS 应当建立两个数据库，分库存放当前数据和历史数据。当前数据一般用硬盘存储，随着数据量的增加，系统运行速度会减慢，这时就由系统提供的自动转移功能将数据移到历史库，使当前库的数据量保持在一定值，以保证系统的运行速度。

（3）信息的处理功能

HIS 的主体是对数据和信息的加工处理，几乎囊括了从原始数据资料输入到最后结果输出的整个过程。HIS 内各个部门、各个子系统承担的业务不同，对同一批数据加工处理的要求也不同。信息处理还要适应各部门和子系统的性能。

（4）信息的传输功能

HIS 是在整个医院范围内运行的系统，包含许多业务部门和子系统，各个部门和子系统在处理自身业务、实现自身功能时，需要利用来自其他部门和子系统的数据，同时又生成数据提供给其他部门和子系统使用。HIS 中的海量信息时刻在进行着传输，传输得准确、快速是 HIS 正常运行的关键。

（5）信息的提供功能

HIS 为医院各业务部门提供他们所需要的信息。根据信息种类和用户要求的不同，信息的表达方式和提供形式也有所不同，一般有文字、数值、表格、图形、图像等表达方式，屏幕显示、打印文档、电子文件等提供形式。

信息处理的五个基本功能贯穿整个 HIS，互相融合，在医院各个部门实现多种多样的业务功能，支持医院完成其职能。

（三）医学图像存储与传输系统

医学图像是用各种设备对病人的身体、标本检查获得的结果，由于数据量非常大，数据的存储、传输和系统建设所需要的设备和技术与处理文字信息的系统有差别，因此医学图像存储与传输系统（PACS）的建设需要专门立项。

1.PACS 的基本知识

（1）PACS 的概念

PACS 是应用数字成像技术、计算机和网络技术，对医学图像进行获取、存储、传输、检索、显示、打印而设计的综合信息系统。其目的是有效地管理和利用医学图像资源，是医院迈向数字化信息时代的重要标志之一，是医疗信息资源达到充分共享的关键，对医院信息化建设起着重要作用。

PACS 以高速计算机系统为基础，以高速网络连接各种影像设备和相关科室，利用大容量磁盘和光盘存储技术，以数字化的方法采集、存储、管理、传输和显示医学影像及其相关信息，具有影像质量高、存储及传输和复制无失真、传输迅速、影像资料可共享等特点，其目标是提供一个更为方便、有效的图像显示、存储和检索的工具。

PACS 系统的使用不但为医院达到无胶片化环境提供解决方案，而且为进一步实现远程医疗、远程教学、远程学术交流和计算机辅助的医学影像诊断提供了支撑环境。

（2）PACS 的类型

①小型 PACS。局限于单一医学影像部门或影像亚学科单元范围内，在医学影像学科内部分地实现影像的数字化传输、存储和软拷贝显示功能。

②数字化 PACS。具备独立的影像存储及管理亚系统和必要的软、硬拷贝输出设备。包括除常规 X 线摄影以外的所有数字影像设备，常规 X 线影像经过胶

片数字化仪进入 PACS。

③全规模 PACS。采用模块化结构、开放性架构，与 HIS/RIS 整合良好。涵盖全放射科或医学影像学科范围，包括所有医学成像设备，有独立的影像存储及管理亚系统，足量的软拷贝显示和硬拷贝输出设备，以及临床影像浏览、会诊系统和远程放射学服务。

2.PACS 的结构与功能

（1）PACS 的拓扑结构

PACS 由高速网络、高性能服务器、各种信息采集设备、大容量存储设备、各种诊断及应用工作站、打印机等硬件组成。

（2）PACS 的工作流程

①预约工作站分诊登记。

在医院信息系统（HIS）进行病人登记，到预约工作站（属于放射科信息系统，即 RIS）分诊，预约检查的设备和时间。预约工作站自动将这些信息送到 PACS 的接口。

②查询病人信息。

病人准备接受检查，检查设备通过 Work List 查询 PACS 接口，得到预约工作站送来的病人信息。

③影像采集归档。

病人的影像被采集并以 DICOM 格式经分中心服务器分发给诊断工作站；同时影像被送到 PACS 服务器归档，以备 HIS 查询、调阅，或通过网络以供远程调阅。

④得到诊断报告。

影像经诊断或诊断后再会诊，写出诊断报告，提交主任工作站确认报告，报告发送到 RIS，并返回报告给 HIS。

3.PACS 的功能

PACS 的主要功能包括医学图像的采集、存储、检索、重现和后处理。

（1）图像采集

图像采集是医学图像进入系统的入口，系统中数字化图像的质量主要由采集部分决定，如果采集过程中产生图像的失真或丢失，后续的系统将无法弥补。

（2）图像存储

图像存储指将采集的数字化图像有序地组织起来，存储到持久介质上。数字化的图像占用的物理空间远远小于胶片图像的大小，而且可以方便地传输到任何有计算机的地方去。

（3）图像检索

图像检索指通过某些特定的信息（如病人姓名、医院 ID 等）能够检索到病人某次检查所产生的医学图像。

（4）图像重现

图像重现指将图像像素以及与图像相关的信息，进行转换后再现在特定的显示设备上，供临床诊断使用。图像重现一般有计算机屏幕显示、激光照相机输出胶片和打印机打印三种方式。

（5）图像后处理

PACS 对图像具有一定的处理能力，增强图像的显示力，使医生能更准确、更方便地作出诊断。PACS 可以对单幅或多幅平面图像进行后处理，包括几何变换、图像测量、调整图像显示效果、图像重建等。

（四）公共卫生信息系统

公共卫生就是组织社会共同努力，改善环境卫生条件，预防控制传染病和其他疾病，培养良好卫生习惯和文明生活方式，提供医疗服务，达到预防疾病、促进人民身体健康的目的。

1. 公共卫生信息系统的概念

公共卫生信息系统（PHIS）是公共卫生信息学的发展、信息知识以及公共卫生专业知识的发布的关键，有助于公共卫生基本使命的实现和加强公共卫生的服务能力。

信息技术对于公共卫生的利用，可以实现对传染性疾病的报告、突发公共卫生事件处理的全程跟踪，以及相关数据的实时采集，危机快速判定和决策，还可以为命令的部署、现场与指挥中心的实时信息反馈、联动指挥提供技术支持等功能，有助于对危机事件作出快速和有效的反应。

2. 我国公共卫生信息系统主要构成

（1）公共卫生信息系统的基本网络架构

我国公共卫生信息系统的基本网络架构为"纵向到底，横向到边"。"纵向到底"即前述的五级网络、三级平台；"横向到边"即区域卫生信息网络。

国家公共卫生信息系统主要包括疫情和突发公共卫生事件监测系统、突发公共卫生事件应急指挥中心与决策系统、医疗救治信息系统和卫生监督执法信息系统。

（2）中国疾病预防控制信息系统

及早发现可能的传染病病例是控制疫情的关键。建设基于互联网的传染病个案直报和纵向到底、横向到边、广覆盖的网络直报系统，即疾病预防控制信息系统，是当前公共卫生信息系统建设的主要任务。

在网络范围内，所有的医疗机构、各级疾病预防控制中心及其一线专业人员可以直接将监测数据提交到中国疾病预防控制中心的数据中心，基层报告和中央接收信息同步，最大限度地提高处理传染病爆发流行的效率，将重大传染性疾病的危害降到最低水平。

（3）突发公共卫生事件应急指挥中心与决策系统

突发公共卫生事件指"突然发生、造成或者可能造成社会公众健康严重损害的重大传染病疫情、群体性不明原因疾病、重大食物和职业中毒以及其他严重影响公众健康的事件"，突发公共卫生事件应急指挥系统建设状况集中反映了一个城市乃至一个国家的危机管理水平，同时也反映了城市的综合信息化水平。

为提高我国突发公共卫生事件应急反应能力，加快公共卫生信息系统建设，应建立中央、省、市三级突发卫生事件预警和应急指挥系统平台，提高医疗救治、公共卫生管理、科学决策及突发公共卫生事件的应急能力。

二、医学决策支持系统分析

（一）医学决策支持系统概述

1. 医学决策

医学决策就是作出与治疗方案、医学处置和公共卫生政策等有关的一些重要决定。医学决策时不能仅凭经验和直觉，而要在对相关医学信息的收集、整理、加工、分析的基础上，达到对对象客观规律的正确认识，而后作出决定。

医学决策的对象是人，所以有显著的不确定性，即决策往往要在不确定的情况下作出，这种不确定性表现在许多方面。在对同一临床症状做判断和记录时，会有差异；每个人都是独特的个体，同样的治疗方案用在不同病人身上，治疗效果也是不确定的。

医学决策的另一特点是需要进行风险值判断。根据治疗的可能结果来判断和权衡各种风险值贯穿整个医学决策分析过程。医学决策的关键是充分掌握信息并根据信息作出正确判断。

2. 医学决策支持系统

医学决策支持系统辅助医学工作人员、病人及其他潜在用户智能化地获取或筛选医学数据信息和知识，进行专项问题的辅助判断，达到提高决策水平和质量目的的系统。

广义的医学决策支持系统是在医学信息系统基础上发展起来的，以支持各级医疗卫生人员辅助决策为目的。狭义的医学决策支持系统是通过计算机进行模型计算、知识推理以及从医学数据获取诊断信息和诊断知识，达到支持医学诊断辅助决策的目的。

3.HIS 中的决策支持系统

HIS 中的决策支持系统包括临床决策支持系统（CDSS）和医院管理决策支持系统，前者主要讨论临床医疗诊治工作中的计算机辅助决策支持问题，后者主要讨论计算机辅助医院管理决策问题。临床决策支持系统偏重使用人工智能技术，管理决策系统偏重使用统计学和数据仓库技术。

4. 决策支持系统的基本构成

（1）数据库系统

数据库系统最主要的部分是数据库和数据管理系统。数据库包括大量支持决策所需的信息，有历史数据、当前数据和应用数据，而且可以与外部数据相互结合，不断更新，并且这些数据面向决策，是经过加工和浓缩的。

（2）知识库系统

知识库中存储各种规则、因果关系和决策人员经验等，包括知识的获取、表示、解释，由知识库、知识库管理系统和推理机组成。推理机综合利用数据库和知识库，对定量计算结果进行推理和问题求解，主要任务是选择知识和应用知识。知识库管理系统管理知识规则和多层次知识，使系统充分有效地利用现有知识。

（3）方法库系统

方法库系统主要组成部分为方法库和方法库管理系统。方法库从模型库中分离，综合数据库和程序库。方法库管理系统用于完成对方法的建立、检索、更新、方法库与模型库之间的通信以及有关文件和方法库字典的管理等。

（4）模型库系统

模型库系统包括模型库及其管理系统和模型字典。模型库中存储各种用于决策支持的模型。模型库管理系统对模型库进行构模管理、模型存取管理和模型的进行管理，综合和集成模型，使模型和数据达到一体化。模型字典存放有关模型的描述信息和模型的数据抽象，这部分信息是模型库管理系统对数据库自动存取数据的需要，用户和系统人员可以通过模型字典中有关模型模块的详细说明来查询模型库内容。

（5）人机接口

人机接口用以接收和检验用户请求，是决策支持系统的人机交互界面，可调用系统内部功能软件为决策服务，使模型运行、数据调用和知识推理达到有机统一，有效解决决策问题。

（二）医学决策支持系统的工作流程

1. 医学决策支持系统工作流程

医学决策过程的上半部分是决策支持系统的工作流程：系统采集数据和信息，将其结构化后，以数据库的形式保存在计算机中，数据库中的信息是按主题组织的，使之可以方便地实现自动查询和分析；通过多次实际信息分析而成熟的模型和推理构造成模型库和知识库，是具有决策支持功能的智能化部件。

医学决策过程的下半部分是人工信息分析研究模块，由于数据信息的标准和结构化程度不同，计算机目前还不能分析完成所有的信息，所以这部分信息要靠人工来进行分析处理，从而达到为决策和计划服务的目的。

2. 医院管理决策支持系统工作流程

医院管理决策支持系统可以看成医院管理信息系统的子系统，该子系统从医院信息系统中获取有关医院管理的所有医疗、教学、科研和人、财、物等信息，经加工、汇总、整理后，存储在数据仓库的内部数据库中。然后通过数据挖掘获取数据库的数据，以联机在线分析处理。通过对数据库中的数据进行有目的的分析，获取其中对决策有用的、可理解的知识，并将获得的知识存入相应知识库，以知识库和模型库为基础，应用专家系统进行决策和计划。

医院管理决策支持系统的关键技术是数据仓库和数据挖掘技术。数据仓库用于支持医院管理中的决策制定，是一个面向主题的、集成的、稳定的、包含历史数据的数据集合。数据挖掘是从数据中发现有用知识的过程，实际是多种算法的统称，算法来自传统的数学方法和人工智能的知识发现技术。

3. 临床决策支持系统的工作流程

临床决策支持系统是临床信息系统中专门辅助医疗工作的系统，子系统由收集的病人信息作出整合性诊断，为临床医生提供医学支持，帮助临床医生作出最合理的诊断、选择最佳的治疗措施。

临床决策支持系统的工作流程为：病人病症信息输入→医学知识分析处理→病例决策支持。

（三）医学决策支持系统的技术

1. 数据仓库技术

数据仓库是面向主题的、集成的、与时间相关且稳定的数据集合，用以支持经营管理中的决策制定过程。

数据面向主题，每一个主题对应一个宏观的分析领域。数据仓库的集成特性指在数据进入数据仓库之前，必须经过数据加工和集成，这是建立数据仓库的关键，既要统一原始数据中的矛盾之处，还要将原始数据结构做一个从面向应用到面向主题的转变。

数据仓库要求数据仓库中的数据保存时限能满足进行决策分析的需要。数据仓库的稳定性是指数据仓库反映的是历史数据，一旦某个数据进入数据仓库以后，一般情况下将被长期保留，也就是数据仓库中一般有大量的查询操作，通常只需要定期地加载、刷新。

2. 数据挖掘技术

随着数据库技术的成熟和数据应用的普及，人类积累的数据量以指数速度迅速增长。面对浩瀚无垠的信息海洋，人们可以跨越时空地在网上交换数据信息和协同工作。面对极度增长的数据量，如果没有有效的方法从中提取有用的信息和知识，会感到束手无策。面临这种"数据丰富，知识贫乏"的挑战，数据挖掘技术应运而生。

广义的数据挖掘是从数据库中发现知识（KDD）的同义词；狭义的数据挖掘

是数据库中知识发现的一个基本步骤。

数据挖掘是一门集数据库技术、人工智能技术、数理统计、可视化技术、并行计算等方面于一体的交叉学科，将对数据的应用从低层次的简单查询，提升到从数据中挖掘知识，最终提供决策支持。

三、信息技术在医学中的应用分析

（一）云计算与大数据等新兴技术在 HIS 中的应用

1. 移动云——急救医疗

移动云——急救医疗系统，可有效解决急救时信息传递不灵、急救效率低等弊端。其工作机制和流程如下：①患者向 120 报警后，通过该系统就可享受到高效、准确、及时的服务。②接收到急救报警信息后，移动网络自动对患者所在地点进行准确定位。③ 120 急救指挥中心根据患者的实际情况，派遣合适的救护车辆通过最合理的路径抢救患者，并选择综合条件最优的医院。同时，急救医护人员可获得专家的远程医疗指导。④详尽的医疗信息将传输给接诊医院，医院会在患者到达前完成血库、手术台等相应的抢救准备工作。

2. 移动医疗健康服务系统

移动医疗健康服务系统是面向个人的健康信息管理与健康促进服务平台，主要功能如下：①提供护理工作量统计功能。②实现病区常用护理文书的电子化，提供报表打印。③实现 ICU/CUU 的实时监控、移动护理及文书书写。④实现生命体征临床实时采集，自动生成体征单。⑤提供移动查房应用，可随时查看患者病程记录及治疗情况。⑥实现药物医嘱移动核查执行，包括输液、注射及口服药物的移动执行，并提供医嘱标签打印。

3. 个人健康管理服务平台

个人健康管理服务平台的主要功能如下：①支持与其他医疗机构的跨平台异构医疗信息数据的共享。②提供个人健康信息采集、存储、管理、查询、使用等功能。③实现个人健康状态持续性追踪功能，真正实现个人健康评估与健康指导。④研究和开发能够管理和支持海量健康数据的个人健康促进服务平台。⑤为用户提供个人健康状态评估、个性化健康促进方案、疾病风险评估和预警分析测算等保健服务。

4. 区域卫生医疗服务系统

区域卫生医疗服务系统通过整合区域内的医疗卫生信息系统，采集各医疗卫生业务部门的业务数据，建立卫生行业战略数据仓库，为宏观管理和决策支持提供数据资源。其主要功能如下：①建设与其他信息共享平台的互连互通，为与省市级平台对接提供基础，为居民提供一站式的医疗卫生信息服务。②实现区域医疗卫生业务的协同整合，实现网上诊疗查询、挂号、投诉、绩效考核等健康服务。③实现各医疗卫生机构资源共享，提高医疗质量和医疗效率，加强宏观调控，优化资源配置，提高应急指挥和决策支持能力，实现区域卫生业务的协同作业。④电子健康档案 EPR 全面共享，解决"看病难，看病贵"的问题，集成地区医疗资源，树立品牌、消除地区差异，平衡医疗资源，人人享有基本医疗卫生服务，发展医疗健康产业。

（二）数据挖掘技术在医学中的应用

1. 在疾病预警预测预后分析中的应用

利用数据挖掘技术可以对正常人的各项体征数据和生物数据与病人的数据进行各种分析对比，挖掘出相关关系。

对某些疾病的前兆特征分析，可以进行疾病预警，另外通过数据挖掘能够分析多种疾病之间的并发关系等。

2. 在疾病辅助诊断中的应用

医学专家系统是根据计算机中的专家经验，输入病人的症状与检验检查结果，给出病人的疾病诊断，其推理规则和结论是预设好的，缺乏客观性和普遍性。

数据挖掘技术可以通过病人资料数据库中大量历史数据的处理，挖掘出有价值的、普遍性的诊断规则，从而排除人为因素的干扰，客观性强，且具有自学习功能。

3. 在生物信息学中的应用

数据挖掘是 DNA 分析中强有力的工具。用序列模式分析 DNA 序列，有助于遗传性疾病的鉴定、胎儿先天性疾病的诊断；遗传研究中的路径分析可以帮助找到疾病发展不同阶段的遗传因素序列；关联分析方法有助于基因间交叉与联系的研究；数据清理和数据集成方法有助于基因数据集成和用于基因数据分析的数据仓库的构造。

第三节　信息技术在海洋系统中的应用

一、海洋信息系统技术

（一）海洋信息获取技术

"空、天、地、底"海洋立体观测网的建立，实现了对海洋的"全天时、全天候"多样化观测，海洋数据的采集量呈指数级增长，并呈现出多类、多维、多语义、强关联等大数据特征。

1. 天基观测数据的获取

天基观测主要指航天遥感。海洋卫星遥感利用卫星遥感技术来观察和研究海洋，是海洋环境立体观测中天基观测的主要手段，为海洋研究、监测、开发和保护等提供了一个巨大的数据集，这些信息是人类开发、利用和保护海洋的重要信息保障。

海洋卫星分为海洋观测卫星和海洋侦察卫星，常用的海洋卫星遥感仪器主要有合成孔径雷达、雷达高度计、雷达散射计、微波辐射计以及可见光/红外辐射计海洋水色扫描仪等。

（1）合成孔径雷达

合成孔径雷达可确定二维的海浪谱及海表面波的波长、波向和内波。根据SAR图像亮暗分布的差异，可以提取到海冰的冰岭、厚度、分布、水——冰边界、冰山高度等重要信息。

（2）雷达高度计

雷达高度计可对大地水准面、海冰、潮汐、水深、海面风强度和有效波高、"厄尔尼诺"现象、海洋大中尺度环流等进行监测和预报。利用星载高度计可测量出赤道太平洋海域海面高度的时间序列。

（3）雷达散射计

雷达散射计提供的数据可反演海面风速、风向和风应力以及海面波浪场。利用散射计测得的风浪场资料，可为海况预报提供丰富可靠的依据。

（4）微波辐射计

微波辐射计可用于测量海面的温度。以美国 NOAA-10、11、12 卫星上的甚高分辨率辐射仪为代表的传感器，可以精确地绘制出海面分辨率为 1 km、温度精度优于 10℃的海面温度图像。

2. 空基观测数据的获取

空基观测主要指航空遥感。航天遥感和航空遥感的区别主要是：①遥感平台不同，航天遥感使用空间飞行器，航空遥感使用空中飞行器。②遥感高度不同，航天遥感的高度一般约 1000 km，而航空遥感的高度只有几百米、几千米、几十千米。

航空遥感平台主要分为常规的航空遥感和无人机航空遥感。遥感飞机是空基观测数据的主要来源，装载各种传感器，便于对地观测，如安置航摄用的摄影机、多光谱摄影机以及各种扫描仪、辐射计、测高仪等。

航空遥感具有机动灵活、覆盖范围广、空间分辨率高等特点，特别适用于近岸海域的监测。其中，无人机航空遥感还具有续航时间长、影像实时传输、高危地区探测、成本低、机动灵活等优点。此外，高光谱遥感技术具有纳米级的光谱分辨率，是航空遥感主要发展方向，适用于细分光谱的遥感定量分析。

海洋航空遥感技术可准确获取海岸带资源和环境的科学数据，也可实现对赤潮、溢油、海冰等海洋灾害的快速监视监测。先进的航空遥感监测技术将为近海环境保护提供可靠支撑，为国家和地方海洋经济发展规划提供决策依据。

3. 岸基观测数据的获取

岸基观测分为海洋台站观测和岸基雷达观测。

（1）海洋台站观测数据的获取

海洋观测站点用于开展各类观测项目和要素的数据采集处理、传输等工作，主要观测要素包括潮汐、表层水温、表层盐度、海浪、风向风速、气压、气温、相对湿度、能见度和降水量等。

（2）岸基雷达观测数据的获取

岸基雷达指以海岸为基础部署的雷达，主要用于海流测量、海面目标监视等，其优势在于能够对海面目标进行持续、全天候的实时监视。

HFSWR 是一种岸基超视距遥测设备，在海洋环境监测领域，其具有覆盖范围大、全天候、实时性好、功能多、性价比高等特点，在气象预报、防灾减灾、航运、渔业、污染监测、资源开发、海上救援、海洋工程、海洋科学研究等方面有广泛的应用前景。

4.船基观测数据的获取

（1）调查船观测

调查船观测指在船舶上配备先进的仪器设备进行观测，是海洋调查观测的主要作业模式，建设海洋环境立体监测网的重要内容。

调查船上布放的仪器包括：温盐深探测仪、海流测量仪器、走航式声学多普勒流速剖面仪、声相关海流剖面仪等，能在走航中同时测量海流速度的剖面分布和海水中悬浮沙的浓度剖面分布，并能实时显示水中悬浮物的运动状态。

（2）走航拖曳式观测

走航观测是将拖曳式海洋学仪器从船尾放入海中，拖曳在船后进行观测。

拖曳系统通过船舶走航拖曳方式可实现上述参数的连续剖面观测或定深观测，测量数据连同经纬度等辅助数据实时被传输至调查船。走航观测是极地考察的一个重要组成部分，通过走航观测可以获得跨越多个纬度的海洋生物、海洋化学、海洋物理、大气等学科数据，有助于科研人员进行系统的对比研究。

5.海基观测数据的获取

根据观测设备的位置，将海基观测分为定点观测和移动观测。

（1）定点观测

海基定点观测包括海洋定点浮标观测和海床基观测。

①海床基观测。海床基观测系统是一种坐底式离岸海洋多参数监测系统。主要监测对象包括海流剖面、水位、盐度、温度等海洋动力要素。海床基观测系统是海洋环境立体监测系统的重要组成部分，是获取水下长期综合观测资料的重要技术手段，在海洋监测领域的应用十分广泛。随着我国在海洋资源开发、海洋防灾减灾、节能减排、海洋科学研究等领域开展越来越多的工作，对海床基观测系统的需求正在逐渐增加，海底观测系统也逐步成为海洋技术领域的研究热点。

②海洋定点浮标观测。海洋浮标观测是指利用具有一定浮力的载体，装载相应的观测仪器和设备，被固定在指定的海域，随波起伏，进行长期、定点、定时、连续观测的海洋环境监测系统。海洋浮标根据在海面上所处的位置分为锚泊浮标、

潜标和漂流浮标，其中前两者用于定点观测，后者属于移动观测。

（2）移动观测

主要的海基移动观测设备包括水面的漂流浮标、水下滑翔机和无人水下航行器等。

①漂流浮标。漂流浮标可以在海上随波逐流收集大面积有关海洋资料，体积小、重量轻，没有庞大复杂的锚泊系统，具有简单、经济的特点。它利用卫星系统定位与传送数据，可以连续观测表层海流及表层水温。测量参数包括气温、表层流、全向环境噪声、气压、表层水温、水下温度剖面、波浪及方向谱等。

②水下滑翔机。水下滑翔机是一种依靠浮力驱动、以锯齿形轨迹航行的新型水下移动观测平台，适合于较大范围、长时间、垂直剖面连续的海洋环境观测，具有可控、体积小、重量轻、易于布放与操作的特点，并且可以在船只进出困难海域以及极端气象条件下进行自主观测，已经成为一种通用的海洋环境观测平台，并在实际海洋环境观测计划中得到应用。

③无人水下航行器。无人水下航行器是指用于水下侦察、遥控猎雷和作战等，可以回收的小型水下自航载体，是一种以潜艇或水面舰船为支援平台，可长时间在水下自主远程航行的无人智能小型武器装备平台。

（二）海洋信息传输技术

1.有线传输

海底光缆是用绝缘材料包裹的导线，铺设在海底，用以实现国家之间的电信传输。

海底光缆系统分为岸上设备和水下设备两大部分。岸上设备将语音、图像、数据等通信业务打包传输；水下设备负责通信信号的处理、发送和接收，分为海底光缆、中继器和"分支单元"三部分。

同陆地光缆相比，海底光缆有很多优越性：①铺设不需要挖坑道或用支架支撑，因而投资少，建设速度快；②除了登陆地段以外，电缆大多在一定深度的海底，不受风浪等自然环境的破坏和人类生产活动的干扰，所以，电缆安全稳定，抗干扰能力强，保密性能好。

与人造卫星相比，海底光缆也有很多优势：①水可防止外界电磁波的干扰，所以海底光缆的信噪比较低；②海底光缆通信中感受不到时间延迟；③海底光缆的设计寿命为持续工作 25 年，而人造卫星一般在 10 ~ 15 年内就会燃料用尽。

由于海底光缆通信容量大、可靠性高、传输质量好，承载着世界 80% 以上的长途通信业务，其在世界通信网络中发挥着越来越重要的作用。

为了满足人们对信息传输业务不断增长的需要，大力开发兴建沿海地区海底光缆通信系统，进而改善通信设施，对于推动整个国民经济信息化进程、巩固国防具有重大的战略意义。

随着全球通信业务需求量的不断扩大，海底光缆通信发展应用前景将更加广阔。光纤通信技术的发展，为海底光缆通信提供了技术、物质等方面的基础。海底光缆通信方式普及之时，将使跨国、越洋电话、通信十分便捷，使国际的交往、信息传输彻底改观。

2. 无线传输

与有线传输相比，无线传输具有许多优点，其中最重要的是具有灵活性。无线信号可以从一个发射器发出，同时被多个接收器接收，而中间无须经过电缆。

随着世界经济的不断发展，海洋资源开发、海洋能源利用等现代海洋高新技术研究已成为世界新科技革命的主要领域之一，其中水下无线通信网络关键技术与装备已成为各海洋大国不遗余力进行研究的主要对象。

目前，国内外纷纷从水声通信网络的体系结构、节点构造、网络协议等方面展开研究，其中尤其以兼具水下监测功能的水下传感器网络的研究项目最为普遍。

DADS 是一个长期性、探索性研究项目，目的是研究开发一套可从多个平台部署的、携带低功耗、低成本微型声、电磁传感器的水下节点，通过自组织技术组成一个水下无线网络。

3. 海洋无线通信技术

与海洋相关的比较成熟的无线通信技术包括以下几种：

（1）无线电

无线电指在所有自由空间传播的电磁波。

①电磁波的产生。当导体中通过迅速变化的电流时，导体就会向周围的空间发射电磁波。

②电磁波的传播。电磁波的传播可以在真空中传播，不需要介质，也可在介质中传播。无线电通信中使用的电磁波是频率在一定范围内的电磁波，叫作无线

电波。

③频率、波长、波速间的关系。电磁波在真空中传播的速度与光速相同，在空气中传播的速度和在真空中近似。频率、波长、波速三者间的关系为波速＝波长 × 频率，用字母表示为 $v = \lambda f$。

④海洋电磁波。海水的各种较大尺度的运动，如表面长波、内波、潮汐和海流等，都能感应出相应的电磁场。

海洋中主要的天然电磁场是地磁场，而占据地磁场 99% 以上的主磁场，几乎全部起因于地核。

海水和海底接触处的电化学过程，岩石中的渗透过程，及海水在岩石中的扩散作用等物理作用和化学作用，在海洋中也能产生电场，其强度可达 100 微伏 / 米。在浮游植物和细菌的聚集区，也发现有生物电场。

（2）GPRS

GPRS 是通用分组无线服务技术的简称，它是 GSM 移动电话用户可用的一种移动数据业务，是 GSM 的延续。

GPRS 以封包式传输，使用者所负担的费用是以其传输资料单位计算，并非使用其整个频道，理论上较为便宜。GPRS 的传输速率可提升至 56 甚至 114 Kbps。

GPRS 通信依托移动网络基站的覆盖范围，是目前陆地无线通信技术发展成熟的结果，其覆盖区域广、传输稳定、费用相对较低。由于在海洋中并没有基站的部署，使得远离海岸的海洋传感数据无法通过 GPRS 方式进行通信。

（3）卫星通信

卫星通信利用人造地球卫星作为中继站来转发无线电波，以实现两个或多个地球站之间的通信。

卫星通信系统包括通信和保障通信的全部设备。一般由通信地球站、空间分系统、跟踪遥测及指令分系统和监控管理分系统等四部分组成：①通信地球站。通信地球站是微波无线电收、发信站，用户通过它接入卫星线路进行通信。②空间分系统。通信卫星主要包括通信系统、遥测指令装置、控制系统和电源装置等部分。通信系统是通信卫星上的主体，它主要包括一个或多个转发器，每个转发器能同时接收和转发多个地球站的信号，从而起到中继站的作用。③跟踪遥测及指令分系统。跟踪遥测及指令分系统负责对卫星进行跟踪测量，控制其准确进入静止轨道上的指定位置。卫星正常运行后，要定期对卫星进行轨道位置修正和姿态保持。④监控管理分系统。监控管理分系统负责对定点的卫星在业务开通前、后进行通信性能的检测和控制，例如，卫星转发器功率、卫星天线增益以及各地球站发射的功率、射频频率和带宽等基本通信参数进行监控，以保证正常通信。

卫星数据传输方式具有传输距离远、覆盖面广的优点，但目前国内的海洋卫星主要集中于海色海浪的检测分析，没有海洋通信卫星。国际上应用最广的是铱星卫星通信系统，可以提供无手机信号覆盖海域的稳定的无线通信。

卫星通信与其他通信方式相比较，有以下几个方面的特点：①通信容量大，适用多种业务传输。卫星通信使用微波频段，可以使用的频带很宽。一般 C 和 Ku 频段的卫星带宽可达 500 ~ 800 MHz，而 Ka 频段可达几个吉赫兹（GHz）。②安全可靠性。事实证明，在面对抗震救灾或国际海底光缆的故障时，卫星通信是一种无可比拟的重要通信手段。即使将来有较完善的自愈备份或路由迂回的陆地光缆及海底光缆网络，明智的网络规划者与设计师还是能够理解卫星通信作为传输介质应急备份与信息高速公路混合网基本环节的重要性与必要性。③通信距离远，且费用与通信距离无关。利用静止卫星，最大的通信距离达 18100 km 左右。而且建站费用和运行费用不因通信站之间的距离远近、两通信站之间地面上的自然条件恶劣程度而变化。这在远距离通信上，比微波接力、电缆、光缆、短波通信有明显的优势。④可以自发自收进行监测。一般，发信端地球站同样可以接收到自己发出的信号，从而可以监视本站所发消息是否正确，以及传输质量的优劣。⑤广播方式工作，可以进行多址通信。通常，其他类型的通信手段只能实现点对点通信，而卫星是以广播方式进行工作的，在卫星天线波束覆盖的整个区域内的任何一点都可以设置地球站，这些地球站可进行多址通信。一颗在轨卫星，相当于在一定区域内铺设了可以到达任何一点的无数条无形电路，它为通信网络的组成，提供了高效率和灵活性。⑥无缝覆盖能力。利用卫星移动通信，不受地理环境、气候条件和时间的限制，建立覆盖全球的海、陆、空一体化通信系统。⑦广域复杂网络拓扑构成能力。卫星通信的高功率密度与灵活的多点波束能力加上星上交换处理技术，可按优良的价格性能比提供宽广地域范围的点对点与多点对多点的复杂网络拓扑构成能力。

（三）海洋信息处理技术

海洋数据资料涵盖了海底地形数据、海洋遥感资料、船测数据、浮标资料、模式同化资料等诸多方面。这些海洋数据资料具有海量性、多类性、模糊性及时空过程性等特点，原始的海洋数据资料不能直接用于分析和挖掘，因此在对数据进行挖掘前要预先对数据进行清洗、转换、选择等预处理。

海洋数据挖掘常用的算法有回归算法、统计分析、聚类分析、关联规则挖掘等。回归分析是一个统计预测模型，用以描述和评估因变量与一个或多个自变量之间的关系；聚类分析是一种不依赖于预先定义的类和带类标号的训练数据的非监督学习，实现了在未知类别标签样本集的非监督学习；关联数据挖掘能够有效地发现数据潜在的规律。

1. 海洋数据特征

随着探测设备和信息技术的不断发展，海洋数据获取手段日益增多，海洋信息获取的速度和精度也在不断提高，获取的海洋数据量越来越大，海洋数据已经呈现出海量特征；海洋数据获取手段的多样化以及海洋观测要素的多元化，使得海洋数据类型呈现出多类性特征；同时，海洋时刻处于一个动态变化的过程中，它和大气、陆地密切相关，海洋数据表现为强时空过程性。

海洋是一个动态的、连续的、边界模糊的时空信息载体，海洋数据的海量性、多类性、模糊性、时空过程性等特征，使得海洋数据成为大数据的典范。

（1）海量性

海洋数据是大量不同历史、不同尺度、不同区域的数据的积累，主要通过陆地、海面、海底、水下、航空航天等多种监控和监测设备获取。由于技术手段的匮乏、投入少等原因，海洋环境调查多以年、月为周期，数据量相对较少。

随着各种长期定点观测设备的使用，大量专项调查的开展，特别是"空、天、地、底"海洋立体观测技术的飞速发展，数据采集周期逐渐缩短，催生了高频度、高精度、大覆盖的海洋数据，数据量从 GB、TB 到 PB 量级，呈指数增长，而其中遥感和浮标成为海洋数据量急剧增长的主要获取手段。

（2）多类性

海洋数据资料的来源主要包括海洋调查、观测、检测、专项调查、卫星遥感、其他各专项调查资料，以及国际交换资料等，这些资料的质量和精度等相关技术类数据信息又各不相同，包括监测方法、数据提取方法与模型、技术指标、仪器名称及参数、鉴定分析和测试方法、订正与校正方法及所涉及的相关技术标准等。

通过各种专业手段获取的各类海洋基础性数据又分属不同学科，主要包括海洋水文、海洋气象、卫星遥感、海洋化学、海洋生物、海洋地质、海洋地球物理、海底地形、人文地理、海洋经济、海洋资源、海洋管理等。

海洋数据常见的分类主要包括海洋遥感数据、海洋水温数据、海洋气象数据、海洋化学数据以及海洋生物数据等多种类型，每种海洋数据又包括多种属性元素和数据格式。

（3）模糊性

海洋数据的模糊性主要表现在概念和边界界定上：①由于海洋现象具有动态性，有些定义无法像陆地那么明确，由此从概念上就产生了模糊性。②海洋环境中各种水体边界往往是渐变的，与此相应的，要素分布也是一个渐变的过程，海洋中地理区域诸如海陆交接的海滨湿地、海岸带、领海界线、大陆架等界线无法像陆地区界线那样精确和清晰，同样环境分级界限都具有一定的模糊性。

若人为划分出海洋区域的边界，似乎是给出了精确的边界，实质是给出了不精确的描述。并且这一渐变过程既表现在空间维度上，也表现在时间维度上，往往无法用人为划定的确切边界处理。

（4）时空过程性

相对于陆地而言，海洋更加强调过程。海洋数据的时空过程性主要体现在海洋现象方面。

海洋现象的时空过程性不但存在于一定的空间范围内，还在时间上具有一定的持续性，不同时态的特征是不同的，在海洋现象中，不同时刻的特点是不同的，有些特征会发生变化。海洋环境数据的时空过程性在海洋研究中占据着非常重要的地位。

每一个海洋监测要素具有确定的位置信息才有其应用的价值。地球海洋面积广阔，从近海到大洋，从南极到北极，海洋数据所涉及的范围具有全球性。由此可见，海洋数据不具有稳定的生产环境，不同的空间位置的同一监测要素的值有所不同，因此，海洋数据具有较强的空间性。

（5）动态更新频繁

近30年来，在国内外先进技术的推动下，海洋卫星、浮标、台站、航空遥感等各类观测平台被广泛应用于海洋数据获取，新型的采集手段和技术的使用极大地提高了海洋数据获取的时效性，数据采集周期逐渐缩短，使得海洋数据库中的信息不断变化，数据的更新也变得日益频繁。

随着遥感技术在海洋监测领域的应用，海洋数据的监测频率缩短，甚至可达到全天候的监测；数据采集的周期逐步减小，甚至达到全天候的每分钟一次。

2. 海洋数据预处理

通过海洋数据预处理工作，可以使残缺的海洋数据完整，将所需的数据挑选出来并且进行数据集成，将多余的数据去除，将错误的数据纠正，将不适应的数据格式转换为所要求的格式，还可以消除多余的数据属性，从而达到数据格式一致化、数据类型相同化、数据信息精练化和数据存储集中化，最终提高数据质量，提高数据服务精度和决策准确度。

经过预处理之后，不仅可以得到挖掘系统所要求的数据集，而且，还可以尽量地减少应用系统所付出的代价和提高知识的有效性与可理解性。

（1）数据清洗

数据清洗就是通过分析"脏数据"的产生原因和存在形式，利用现有的技术手段和方法去清洗"脏数据"，将"脏数据"转化为满足数据质量或应用要求的数据，从而提高数据集的数据质量。具体的数据清洗方法包括填补缺失数据、消除噪声数据等。

数据清洗主要利用回溯的思想，从"脏数据"产生的源头上开始分析数据，对数据集流经的每一个过程进行考察，从中提取数据清洗的规则和策略，这些清洗规则和策略的强度，决定了清洗后数据的质量。最后在数据集上应用这些规则和策略发现"脏数据"和清洗"脏数据"。

（2）数据转换

数据转换是用一种系统的数据文件格式读出所需数据，再按另一系统的文件格式将数据写入文件。但从根本上讲，系统之间的数据格式转换是系统数据模型之间的转换。两系统能否进行数据转换以及转换的效果如何，从根本上取决于两模型之间的关系。若模型之间差别较大，在转换过程中则必然会导致信息的丢失，在这种情况下，系统之间不适于进行数据格式转换。

对海洋数据的描述是实现空间数据转换的前提。将所用的数据消除冗余数据后统一存储在数据库或文件中形成一个完整的数据集。主要是对数据进行规格化操作，如将数据值限定在特定的范围之内。对于某些应用模式，需要数据满足一定的格式，数据转换能把原始数据转换为应用模式要求的格式，以满足需求。

（3）数据选择

将不能够刻画系统关键特征的属性剔除掉，得到精练的并能充分描述被应用对象的属性集合。对于需要处理离散型数据的挖掘系统，应该先将连续型的数据量化，使其能够被处理。

二、海洋环境监测数据处理与应用

由于各地监测机构上报汇总的监测数据格式多样，且标准化程度低，不利于监测数据的合并与分析评价。现以各地上报的海洋环境监测数据集为对象，提出海洋环境监测数据的标准化和质量控制等处理流程。

海洋环境监测数据集的处理流程主要包括：标准化处理、齐全性检验、站位基础信息质控、站位监测参数数据质控以及数据输出共 5 个流程，各流程内部包含相对应的处理过程和方法。

（一）检测数据处理流程

1. 监测数据集标准化处理

（1）监测任务名称的标准化处理

根据监测任务的特征和监测目的，按照一定的规则和方法，对监测任务进行标准化命名和编码。

以目前的检测任务为基础，对我国的海洋环境监测任务进行分类与编码。一级类为环境状况、环境风险、环境监督、公益服务。二、三级类从环境监测的目的、意义及重点关注的监测对象等角度进行分类。

监测任务的编码方法采用层次码为主体，每层中采用顺序码。其中层次码依据编码对象的分类层级将编码分成若干层级，并与分类对象的分类层次相对应；编码自左至右表示的层级由高至低，采用固定递增格式，顺序码可采用递增的数字表示。

（2）监测要素名称的标准化处理

每个监测任务里包含着不同的监测要素，如海水水质、沉积物质量、浮游植物、浮游动物等，且不同的任务可能会监测相同的要素，因此需对监测要素进行规范命名，以便对相同的要素进行统一分析、数据量统计等，对上报的监测要素进行标准化命名和编码。

（3）组织单位名称的标准化处理

根据国家海洋环境监测工作任务以及各海区年度海洋环境监测工作方案，目前组织单位主要包括海洋局局属单位、3 个分局、11 个沿海省海洋行政管理部和 5 个计划单列市海洋行政管理部门。对上报的组织单位进行核实及标准化命名后，地方可根据单位情况规范各自组织单位。

（4）监测参数的标准化处理

由于每个监测要素需要监测不同的监测参数，如海水水质需要监测化学需氧量、氨氮、溶解氧等。而每个监测参数的名称在写法上有不同的形式，给数据的统计、评价带来一定的不便，因此有必要规范不同监测参数的名称。

另外，监测要素的单位也需统一规范。如重金属的锌元素，有的上报其参数单位为 mg/L，有的上报为 $\mu g/L$。在数据统一进入标准数据库时，需要将单位进行统一。针对不同的监测任务和监测要素，对每个监测参数的名称及计量单位进行标准化处理。

（5）监测区域名称的标准化处理

由于上报的监测区域不够规范，且很难表现出更多的区域信息，同时考虑到区域统计分析，所以需对监测区域进行规范化命名和编码操作，针对不同的监测任务，对上报的监测区域的名称进行标准化处理和编码。

（6）站位基础信息的数据类型标准化

监测数据的质量值类型包括数值型、字符型、布尔型、百分比等，需要对站位基础信息的数据类型进行规范。

2. 监测数据的齐全性检验

海洋环境监测数据的齐全性检验是以海洋环境监测方案为依据，检查监测办案中规定的监测数据是否全部上报完整。

齐全性检验需要在对国家海洋环境监测工作任务以及各海区年度海洋环境监测工作方案进行分析的同时，对监测工作方案进行信息解析，信息内容包括监测任务、监测要素、监测区域、监测站位、监测频次等。

对照监测方案，检查接收的数据是否存在区域、站位或频次等有空缺监测的情况，同时需记录缺失的原因及解决方法。

3. 站位基础信息数据质量控制

站位基础信息指海洋环境监测站位的时、空、区域属性等基本信息，如监测区域名称、站位编号、监测日期、经纬度信息等，且不包括监测参数值的信息。

（1）空间位置检验

空间位置检验主要针对检查单位在站位信息汇总过程中可能出现的录入错误。对于该类问题，可通过核查相关的监测数据、核对年度监测任务、联系监测机构确认等方法，予以更正。

将调查站位经纬度转换为十进制的单位后，通过生成站位图的方式检查站位落点所在位置，看其是否落在规定的监测区域，对于断面上的调查站位，检查其是否明显偏离断面沿线等。

（2）站位基础信息一致性的检验

根据站位基础信息一致性检验方法，不同的监测任务和监测要素，具体分析站位基础信息一致性是否符合。

针对站位编号和经纬度不一致的情况，从空间位置检验是否合理，并核实监测方案进行解决。

（3）数据记录重复的处理

海洋环境监测数据的上报过程中存在很多重复的数据记录，产生的主要原因有：①地方上报数据时，重复上报了监测数据集；②不同监测机构报送的重复数据；③数据集合并时，将曾经合并过的数据集再次合并。对于重复的记录数据，在建立环境监测数据库时应做剔除数据处理。

4. 监测参数数据质量控制

（1）逻辑一致性检验

根据逻辑一致性检验方法，对于不符合逻辑一致性的监测数据记录，应向监测机构进行核实。

（2）值域一致性检验

对填报的监测数据按不同监测要素对每个监测参数值进行检验，对于超出值域范围的值，进一步分析该区域其他站位、其他频次、周边站位的参数值情况，并结合监测任务性质以及超出值域比例，判断该参数值的可靠性。

（3）离群点检验

根据离群点检验方法，对于检验出来的离群点记录，应反复检查、核对，并进一步同监测机构进行核实，寻找可能的产生原因。

（4）生物种名检验

通过与海洋生物种中文名和拉丁文名的规范化名称进行核对，可对不规范的物种名称进行规范处理。若无法匹配，应向监测机构进行核实。

5. 数据输出

将文件进行批量检验处理，可以分年度或季度对批量处理的文件形成数据处理报告，从而制作成经整理、标准化和质量控制后的标准数据集。对于检验结果，给出合理且足够详细的错误提示，并保存质检日志，使得数据便于修改。

（二）海洋环境监测数据处理报告编制

海洋环境监测数据处理报告以书面材料的形式，详细记录海洋环境监测数据处理过程中遇到的各类问题及处理情况。其利用海洋环境监测数据标准化和质量控制方法，以年度汇交的海洋环境监测数据为对象，按照监测数据处理流程有步骤地进行数据处理及修改，是海洋环境监测数据信息管理的重要文件。

1. 编制基本要求及基本结构

（1）编制基本要求

编制基本要求主要有以下几个方面：①数据资料处理客观公正，处理结果切实可行；②以实际报表中的数据为准，数据来源可靠，资料翔实；③文字简洁通顺，条理清楚，前后对应，图表清晰无误；④报告书的编制必须依据行业规范、标准的要求；参照已有的方法和流程，内容全面真实，重点突出。

（2）报告基本结构

监测数据处理报告由包括编制单位与编制时间的封面、目录及报告正文等部分组成。

2. 报告编制基本内容

（1）监测数据概况

①年度监测任务及监测要素概况，阐述该年度组织实施的海洋环境监视监测工作，包括监测任务总数，每个监测任务包括的监测要素情况，以列表形式表示；②年度数据处理概况，阐述监测数据从哪些主要方面开展监测数据处理，对发现的各类数据记录问题进行汇总，统计发现处理问题文件数、问题记录条数以及占总文件数及数据记录数的百分比。

（2）具体监测任务的数据处理情况

一般地，监测数据问题主要包括：监测日期填写错误、监测区域名称不规范、监测站位与方案不一致、站位经纬度填写不规范、采样层次填写错误、监测参数数据类型错误、逻辑错误、监测异常值、重复记录等问题。

根据监测任务——监测要素——问题及处理的方法，分类细化列举数据处理和质量控制过程中的问题和记录，监测数据问题及处理的编写样式如下。

①监测区域名称标准化。如果数据报表中存在监测区域的填写错误或不规范等情况，就需要将监测区域标准化。

②采样层次规范化。如果数据报表中存在采样层次填写中文或填写错误等情况，则应按照表层"S"、中层"M"、底层"B"的规范采样层次。

③逻辑一致性检验。如果数据报表中存在检测数据逻辑错误的情况，就需与检测单位核实。

第六章　计算机信息技术创新应用

第一节　云计算的应用

云计算是传统 IT 领域和通信领域不断交融、技术进步、需求推动和商业模式转换共同促进的结果。它以开放的标准和服务为基础，以互联网为中心，提供安全、快速、便捷的数据存储和网络计算服务。

一、云计算基本概念

对于云计算，业界并没有统一的定义，不同的机构有不同的理解，但普遍认为它是并行处理、分布式计算、网格计算的发展，是由规模经济推动的一种大规模分布式计算模式。它通过虚拟化、分布式处理、在线软件等技术将数据中心的计算、存储、网络等基础设施以及其开发平台、软件等信息服务抽象成可运营、可管理的 IT 资源，然后通过互联网动态提供给用户，用户按实际使用数量进行付费。可以看出，云计算具有以下几个关键点：①由规模经济推动。②是一种大规模的分布式计算模式。③通过虚拟化实现数据中心硬件资源的统计复用。④能为用户提供包括软硬件设施在内的不同级别的 IT 资源服务。⑤可对云服务进行动态配置，按需供给，按量计费。

就像电力、煤气一样，云计算希望把计算、存储等 IT 资源，通过互联网这个管道输送给每个用户，使得用户拧开开关，就能获得所需的服务。云服务提供商通过虚拟化等技术把数据中心的 1T 资源集中起来，统计复用后提供给多个租户。为最大化经济效益，云计算要求数据中心最起码具备以下几个能力：①动态调配资源的能力，即按照实际情况动态增加或减少运行实例。②按用户实际使用的资源数量进行计费，例如根据实际使用的存储量和计算资源，按时、月、年等计费。按需供给、按量计费，一方面提高了数据中心的资源利用率；另一方面也降低了云企业用户的 IT 运营成本。

二、云服务分类

云计算服务可以分为基础设施即服务（IaaS）、平台即服务（PaaS）、软件即服务（SaaS）三类。IaaS 面向企业用户，提供包括服务器、存储、网络和管理工具在内的虚拟数据中心，可以帮助企业削减数据中心的建设成本和运维成本。PaaS 面向应用程序开发人员，提供简化的分布式软件开发、测试和部署环境，它屏蔽了分布式软件开发底层复杂的操作，使得开发人员可以快速开发出基于云平台的高性能、高可扩展的 Web 服务。SaaS 面向个人用户，提供各种各样的在线软件服务。这三类服务具有一定的层级关系，在数据中心的物理基础设施之上，IaaS 通过虚拟化技术整合出虚拟资源池，PaaS 可在 IaaS 虚拟资源池上进一步封装分布式开发所需的软件栈，SaaS 可在 PaaS 上开发并最终运行在 IaaS 资源池上。可见 IaaS、PaaS、SaaS 三种服务，几乎覆盖了整个 IT 产业生态系统。随着云计算的发展，IT 产业将面临新一轮的调整。

（一）IaaS

基础设施即服务（IaaS），是把计算、存储、网络及搭建应用环境所需的一些工具当成服务提供给用户，使得用户能够按需获取 IT 基础设施。它由计算机硬件、网络、平台虚拟化环境、效用计算计费方法、服务级别协议等组成。

IaaS 为用户提供按需付费的弹性基础设施服务，其核心技术是虚拟化，包括服务器、存储、网络的虚拟化以及桌面虚拟化等。虚拟化技术改变了 IT 平台的构建方式和 IT 服务的提供方式：其一，虚拟化技术能将一台物理设备动态划分为多台逻辑独立的虚拟设备，为充分复用软硬件资源提供了技术基础；其二，通过虚拟化技术能将所有物理设备资源形成对用户透明的统一资源池，并能按照用户需要生成不同配置的子资源，从而大大提高资源分配的弹性、效率和精确性。

（二）PaaS

平台即服务（PaaS），是把分布式软件的开发、测试和部署环境当作服务，通过互联网提供给用户。

PaaS 面向广大互联网应用开发者，其核心技术是分布式并行计算。PaaS 的技术范畴一直是业界讨论的热点。经典的 PaaS 定义仅指适用于特定应用的分布式并行计算平台（如 Google 和微软），这也是业界所高度关注的。以 Google 为例，它的分布式并行计算平台包含了分布式文件系统、分布式计算模型、分布式数据库、分布式同步机制和管理平台五个主要组件；广义的 PaaS 定义涵盖了更多的底层技术，只要这些技术符合云计算的四大特征。根据业务领域和技术类型的不同，PaaS 提供应用开发层面的服务有两种主流的实现模式：一种主要是面向广大互联网应用开发者，把端到端的分布式软件开发、测试、部署、运行环境以及复杂的应用程序托管当作服务，通过互联网提供给用户，其核心技术是分布式并行计算；另一种是面向电信增值应用开发者，把基于电信开放能力的增值应用开发、测试、部署以及应用发布和销售渠道作为服务，通过运营商的电信能力开放平台提供给用户。

PaaS 可以构建在 IaaS 的虚拟化资源池上，也可以直接构建在数据中心的物理基础设施之上。与 IaaS 只提供 IT 资源相比，PaaS 为用户提供了包括中间件、数据库、操作系统、开发环境等在内的软件栈，允许用户通过网络来进行远程开发、配置、部署应用，并最终在服务商提供的数据中心内运行。

从服务层级上看，PaaS 在 IaaS 之上，且在 SaaS 之下，实际上 PaaS 的出现要比 IaaS 和 SaaS 晚。某种程度上说，PaaS 是 SaaS 发展的一种必然结果，它是 SaaS 企业为提高自己的影响力、增加用户黏度而作出的一种努力和尝试。SaaS 企业把支撑应用开发的平台发布出来，软件开发商根据自身需求，利用平台提供的能力在线开发、部署，然后快速推出自己的 SaaS 产品和应用。

（三）SaaS

软件即服务（SaaS），是一种基于互联网来提供软件服务的应用模式，它通过浏览器把服务器端的程序软件传给千万用户，供用户在线使用。SaaS 提供商为用户搭建信息化所需要的所有网络基础设施及软件、硬件运作平台，并负责所有前期的实施、后期的维护等一系列服务；而用户则根据自己的实际需要，向 SaaS 提供商租赁软件服务，无须购买软硬件、建设机房、招聘 IT 人员，即可通过互联网使用信息系统。SaaS 的实现方式主要有两种：一种是通过 PaaS 平台来开发 SaaS；另一种是采用多租户构架和元数据开发模式，来实现 SaaS 中各层的功能。

三、云计算关键技术及其应用与发展

虚拟化技术、分布式技术、在线软件技术和运营管理技术是云计算的关键技术，是开展云服务的基础。

（一）虚拟化

1. 主要的虚拟化技术

虚拟化是将底层物理设备与上层操作系统、软件分离的一种去耦合技术，它通过软件或固件管理程序构建虚拟层并对其进行管理，把物理资源映射成逻辑的虚拟资源，对逻辑资源的使用与物理资源相差很少或者没有区别。虚拟化的目标是实现 IT 资源利用效率和灵活性的最大化。实际上，虚拟化是云计算相对独立的一种技术，具有悠久的历史。从最初的服务器虚拟化技术，到现在的网络虚拟化、文件虚拟化、存储虚拟化，业界已经形成了形式多样的虚拟化技术。云计算的持续走热，更是促进了虚拟化技术的广泛应用。

（1）服务器虚拟化

服务器虚拟化也称系统虚拟化，它把一台物理计算机虚拟化成一台或多台虚拟计算机，各虚拟机间通过被称为虚拟机监控器（VMM）的虚拟化层共享 CPU、网络、内存、硬盘等物理资源，每台虚拟机都有独立的运行环境。虚拟机可以看成是对物理机的一种高效隔离复制，要求同质、高效和资源受控。同质说明虚拟机的运行环境与物理机的环境本质上是相同的；高效指虚拟机中运行的软件需要有接近在物理机上运行的性能；资源受控制 VMM 对系统资源具有完全的控制能力和管理权限。一般来说，虚拟环境由三个部分组成：硬件、VMM 和虚拟机。VMM 取代了操作系统的位置，管理着真实的硬件。

对服务器的虚拟化主要包括处理器（CPU）虚拟化、内存虚拟化和 I/O 虚拟化三部分，部分虚拟化产品还提供中断虚拟化和时钟虚拟化。CPU 虚拟化是 VMM 中最核心的部分，通常通过指令模拟和异常陷入实现。内存虚拟化通过引入客户机物理地址空间实现多客户机对物理内存的共享，影子页表是常用的内存虚拟化技术。I/O 虚拟化通常只模拟目标设备的软件接口而不关心硬件具体实现，可采用全虚拟化、半虚拟化和软件模拟几种方式。

按 VMM 提供的虚拟平台类型可将 VMM 分为两类：①完全虚拟化，它虚拟的是现实存在的平台，现有操作系统无须进行任何修改即可在其上运行。②类虚拟化，虚拟的平台是 VMM 重新定义的，需要对客户机操作系统进行修改以适应虚拟环境。完全虚拟化技术又分为软件辅助和硬件辅助两类。按 VMM 的实现结构还可将 VMM 分为以下三类：① Hypervi-sor 模型，该模型下 VMM 直接构建在硬件层上，负责物理资源的管理以及虚拟机的提供。②宿主模型，VMM 是宿主操作系统内独立的内核模块，通过调用宿主机操作系统的服务来获得资源，VMM 创建的虚拟机通常作为宿主机操作系统的一个进程参与调度。③混合模型，是上述两种模式的结合体，由 VMM 和特权操作系统共同管理物理资源，实现虚拟化。

（2）存储虚拟化

存储系统大致可分为直接依附存储系统（directed accessed storage，DAS）、网络附属存储（net attached storage，NAS）和存储区域网络（storage area network，SAN）三类。DAS 是服务器的一部分，由服务器控制输入 / 输出，目前大多数存储系统属于这类。NAS 将数据处理与存储分离开来，存储设备独立于主机安装在网络上，数据处理由专门的数据服务器完成。用户可以通过 NFS 或 CIFS 数据传输协议在 NAS 上存取文件、共享数据。SAN 向用户提供块数据级的服务，是 SCSI 技术与网络技术相结合的产物，它采用高速光纤连接服务器和存储系统，将数据的存储和处理分离开来。SAN 采用集中方式对存储设备和数据进行管理。随着年月的积累，数据中心通常配备多种类型的存储设备和存储系统，这一方面加重了存储管理的复杂度，另一方面也使得存储资源的利用率极低。存储虚拟化应运而生，它通过在物理存储系统和服务器之间增加一个虚拟层，使物理存储虚拟化成逻辑存储，使用者只访问逻辑存储，从而实现对分散的、不同品牌、不同级别的存储系统的整合，简化了对存储的管理。通过整合不同的存储系统，虚拟存储具有如下优点：①能有效提高存储容量的利用率。②能根据性能差别对存储资源进行区分和利用。③向用户屏蔽了存储设备的物理差异。④实现了数据在网络上共享的一致性。⑤简化管理、降低了使用成本。

目前，业界尚未形成统一的虚拟化标准，各存储厂商一般根据自己所掌握的核心技术来提供虚拟存储解决方案。从系统的观点看，有三种实现虚拟存储的方法，分别是主机级虚拟存储、设备级虚拟存储和网络级虚拟存储。主机级虚拟存储主要通过软件实现，不需要额外的硬件支持。它把外部设备转化成连续的逻辑存储区间，用户可通过虚拟管理软件对它们进行管理，以逻辑卷的形式进行使用。设备级虚拟存储包含两方面内容：一是对存储设备物理特性的仿真。二是对虚拟存储设备的实现。仿真技术包含磁盘仿真技术和磁带仿真技术，磁盘仿真利用磁带设备来仿真实现磁盘设备，磁带仿真技术则相反，利用磁盘存储空间仿真实现磁带设备。虚拟存储设备的实现，是指将磁盘驱动器、RA1D、SAN 设备等组合成新的存储设备。设备级虚拟存储技术将虚拟化管理软件嵌入在硬件实现，可以提高虚拟化处理和虚拟设备 I/O 的效率，性能和可靠性较高，管理方便，但成本也高。

网络级虚拟存储是基于网络实现的，通过在主机、交换机或路由器上执行虚拟化模块，将网络中的存储资源集中起来进行管理。有三种实现方式：①基于互联设备的虚拟化，虚拟化模块嵌入到每个网络的每个存储设备中。②基于交换机的虚拟化，将虚拟化模块嵌入到交换机固件或者运行在与交换机相连的服务器上，对与交换机相连的存储设备进行管理。③基于路由器的虚拟化，虚拟化模块被嵌入到路由器固件上。网络存储是对逻辑存储的最佳实现。

（3）网络虚拟化

一般而言，在企业数据中心里网络规划设计部门往往会为单个或少数几个应用建设独立的基础网络，随着应用的增长，数据中心的网络系统变得十分复杂，这时需要引入网络虚拟化技术对数据中心资源进行整合。网络虚拟化有两种不同的形式，纵向网络分割和横向节点整合。当多种应用承载在一张物理网络上时，通过网络虚拟化的分割功能（纵向分割），可以将不同的应用相互隔离，使得不同用户在同一网络上不受干扰地访问各自不同应用。纵向分割实现对物理网络的逻辑划分，可以虚拟化出多个网络。对于多个网络节点共同承载上层应用的情况，通过横向整合网络节点并虚拟化出一台逻辑设备，可以提升数据中心网络的可用性及节点性能，简化网络架构。

对于纵向分割，在交换网络可以通过虚拟局域网（VLAN）技术来区分不同业务网段，在路由环境下可以综合使用 VLAN、MPLS-VPM、Multi-VRF 等技术实现对网络访问的隔离。在数据中心内部，不同逻辑

网络对安全策略有着各自独立的要求，可通过虚拟化技术将一台安全设备分割成若干逻辑安全设备，供各逻辑网络使用。横向整合主要用于简化数据中心网络资源管理和使用，它通过网络虚拟化技术，将多台设备连接起来，整合成一个联合设备，并把这些设备当作单一设备进行管理和使用。通过虚拟化整合后的设备组成了单一逻辑单元，在网络中表现为一个网元节点，这在简化管理、配置、可跨设备链路聚合的同时，简化了网络架构，进一步增加了冗余的可靠性。网络虚拟化技术为数据中心建设提供了一个新标准，定义了新一代网络架构。它能简

化数据中心运营管理，提高运营效率；实现数据中心的整体无环设计；提高网络的可靠性和安全性。端到端的网络虚拟化，通过基于虚拟化技术的二层网络，能实现跨数据中心的互联，有助于保证上层业务的连续性。

2. 虚拟化技术应用

虚拟化经过多年的发展，已经出现很多成熟产品。在 VMware、Micro-soft 等主流虚拟化厂家的推动下，虚拟化产品以其在资源整合以及节能环保方面的优势被广泛应用在各领域。对于日趋庞大的企业数据中心，虚拟化能够整合数据中心的 IT 资源，最大化资源的利用率，简化数据中心的运维管理。对于 IDC 业务，引入虚拟化能够降低服务提供的粒度，提高资源的利用率和业务开展的灵活性。对云计算而言，虚拟化是必不可少的一项技术，可以说，是虚拟化的成熟，使得基于大规模服务器群的云计算变为可能。虚拟化是开展 IaaS 云服务的基础。下面从这几个方面对虚拟化的应用进行介绍。

（1）企业数据中心整合

企业 IT 规划部门在设计数据中心时，为简化运维，常常将每个业务部署在单独的服务器上，随着业务的增长，数据中心应用系统日趋复杂，服务器数量也越来越庞大。与此同时，服务器的利用率却参差不齐，有的服务器平均利用率不足百分之十，有的服务器则因访问过量而拥塞崩溃。这使得数据中心变得难以管理，IT 资源浪费严重，投资无法精细控制。虚拟化能够整合数据中心的 IT 基础资源，简化数据中心的运维管理。引入虚拟化后，企业数据中心将获得以下几方面的优势：①将多台服务器整合到一台或少数几台服务器上，减少服务器数量。②在单一服务器平台上运行多个应用，极大提升资源的利用率。③实现数据中心资源的集中和自动化管理，降低 IT 运维成本。④避免了旧系统的兼容问题，免除了系统维护和升级等一系列问题。虚拟化技术的引入，有助于构建环保、节能、高效、绿色的新一代数据中心。

（2）IDC 整合

IDC 是中国电信的传统业务，发展至今，遭遇了来自业务领域的瓶颈和来自技术领域的挑战。在业务方面，IDC 业务以空间、带宽、机位等资源出租为主，不同运营商间差异不大，缺乏特色；业务运营密度低，单服务器运行单一业务，导致盈利也低。主机业务面临虚拟主机业务密度高收益低，独立主机收益高密度低的矛盾。在技术方面，IDC 资源利用率低闲置率高，超过 90% 的服务器在

90% 的时间中 CPU 使用率不足 10%，出现一些应用资源过剩，另一些应用资源不足的矛盾。IDC 在管理维护方面也存在困难，维护响应支持时间长、操作慢，备份恢复困难，无集中灾备。在业务和技术双重需求下，IDC 急需引入虚拟化技术。

引入虚拟化技术，IDC 资源的分割粒度将由原来以服务器为单位转变为以虚拟机为单位，单一服务器平台可以运行多个互相独立的业务，供不同客户使用。虚拟化的引入，还将丰富 IDC 的业务模式。虚拟化能给 1DC 带来以下几方面的改进：①降低 IDC 的运营成本，包括管理、硬件、基础架构、电力、软件方面。②提升现有基础架构的价值。③提升 IT 基础设施的灵活性，以应用为单位实现资源的动态分配；④提高 IDC 的服务保障质量，提供快速的灾备 / 恢复、轻松的集群配置和高可靠性部署，降低系统升级和更新导致的服务器宕机时间；⑤提供更为轻松的自动化和管理功能。虚拟 1DC 被认为是传统 IDC 业务的发展趋势，它将在业务创新、安全运营、高效管理、绿色节能等方面带来良好的竞争优势。

（3）IaaS 云服务

虚拟化也是开展 IaaS 云服务的基础，IaaS 把计算、存储、网络等 IT 基础设施通过虚拟化整合和复用后，通过互联网提供给用户。对云计算中心而言，虚拟化是 IT 设施的基础架构。在提供 IaaS 服务之前，云提供商需采用虚拟化技术将计算、存储、网络、数据库等 IT 基础资源虚拟化成相应的逻辑资源池。这样可以带来几方面的好处：①把逻辑资源同时提供给多个租户，实现资源的统计复用，可以最大化数据中心 IT 资源的使用率。②基于虚拟资源的动态调配，可以方便地解决数据中心资源分配不均衡的问题。③以虚拟资源为单位提供给客户使用，提高了资源的灵活性。④虚拟化整合了数据中心的服务器、存储系统、网络平台，减少了数据中心的物理设备数量，降低数据中心的复杂度。⑤计算、存储、网络等资源独立管理，简化了运维难度。⑥虚拟化技术本身具有的负载均衡、虚拟机动态迁移、故障自动检测等特性，有助于实现数据中心的自动化智能管理。当虚拟化技术将闲散的物理资源集中和管理起来后 IaaS 云服务提供商就可以考虑如何将这些抽象的虚拟资源提供给用户，以创造经济效益。

3. 虚拟化现状和趋势

虚拟化并不是一项新技术，实际上它已经存在 40 多年，由最初大型机系统的时分共享，到现在成熟的数据中心整合和自动化技术。服务于数据中心的虚拟化技术经历了三个阶段的发展：①第一阶段以技术为中心，目的是整合数据中心的 IT 资源，包括服务器、应用、存储等，主要应用于测试和开发领域。②第二阶段以服务为中心，目的是构建共享式的基础架构，供多种业务同时使用，服务器整合和高可用性桌面整合是主要应用。③第三阶段是以业务为中心，目的是构建适应性的基础架构，实现数据中心统一的、自动化的管理。

随着虚拟化技术的不断进步，跨平台的虚拟化管理工具和嵌入式管理程序的出现，协议和标准的成熟以及虚拟化产品价格的下降，虚拟化技术在 IT 业界得到了前所未有的发展和认可。目前虚拟化已在服务器领域取得了一定的成功，逐渐占领服务器市场，未来虚拟化将逐渐走向桌面、用户 PC 和应用。

（二）分布式处理

分布式处理是信息处理的一种方式，是与集中式处理相对的一个概念，它通过通信网络将分散在各地的多台计算机连接起来，在控制系统的管理控制下，协调地完成信息处理任务。分布式处理常用于对海量数据进行分析计算，它把数据和计算任务分配到网络上不同的计算机，这些计算机在控制器的调度下共同完成计算任务，在设备性能大幅提升的今天，分布式处理的性能主要取决于数据和控制的通信效率。

分布式处理是云计算的一个关键环节，它可以部署在虚拟化之上，解决云计算数据中心大规模服务器群的协同工作问题，由分布式文件系统、分布式计算、分布式数据库和分布式同步机制四部分组成。在云计算出现以前，业界就不乏对分布式处理的理论研究和系统实现。21 世纪初，Google 接连在计算机系统研究领域的顶级会议和杂志上发表一系列论文，揭示其内部分布式数据处理方法，正式揭开了人们把分布式处理作为云计算基础架构进行研究的序幕。

Google 基于分布式并行集群方式的云计算基础架构在一定程度上代表了分布式理论在云计算领域的应用。虽然这一云架构本身是针对 Google 内部特定的网络应用程序而订制的，但它在处理超大规模数据方面的优势，还是引起了业界的强烈关注。虽然 Google 并未公开其内部实现细节，互联网开源爱好者还是根据它的设计理念，推出了开源的 Ha-doop 分布式软件架构。Ha-doop 以其开源、可靠、可扩展和在性能方面的优势，逐渐得到业界的认可。越来越多的云计算企业正在使用或者计划使用 Ha-doop 作为自己的分布式计算架构。

1.主要的分布式处理技术

一个完整的计算机系统由计算硬件、数据和程序逻辑组成，对于分布式处理而言，计算机硬件由云计算数据中心各服务器、存储和网络设施组成，这些设施可以是虚拟化后的逻辑资源，数据则存放在分布式文件系统或分布式数据库中，程序逻辑由分布式计算模型定义。当分布在网络的计算机访问相同的资源时，可能会引起与资源冲突，因此需要引入并发控制机制，解决分布式同步问题。下面从这几方面对分布式处理技术进行简要介绍。

（1）分布式文件系统

文件系统是共享数据的主要方式，是操作系统在计算机硬盘上存储和检索数据的逻辑方法，这些硬盘可以是本地驱动器，也可以是网络上使用的卷或存储区域网络（SAN）上的导出共享。通过对操作系统所管理的存储空间进行抽象，文件系统向用户提供统一的、对象化的访问接口，屏蔽了对物理设备的直接操作和资源管理。

分布式文件系统是分布式计算环境的基础架构之一，它把分散在网络中的文件资源以统一的视点呈现给用户，简化了用户访问的复杂性，加强了分布系统的可管理性，也为进一步开发分布式应用准备了条件。分布式文件系统建立在客户机/服务器技术基础之上，由服务器与客户机文件系统协同操作。控制功能分散在客户机和服务器之间，使得诸如共享、数据安全性、透明性等在集中式文件系统中很容易处理的事情变得相当复杂。文件共享可分为读共享、顺序写共享和并发写共享，在分布式文件系统中顺序写需要解决共享用户的同一视点问题，并发写则需要考虑中间插入更新导致的一致性问题。在数据安全性方面，需要考虑数据的私有性和冲突时的数据恢复。透明性要求文件系统给用户的界面

是统一完整的，至少需要保证位置透明并发访问透明和故障透明。此外，扩展性也是分布式文件系统需要重点考虑的问题，增加或减少服务器时，分布式文件系统应能自动感知，而且不对用户造成任何影响。

基于云数据中心的分布式文件系统构建在大规模廉价服务器群上，面临以下几个挑战：①服务器等组件的失效将是正常现象，需解决系统的容错问题。②提供海量数据的存储和快速读取。③多用户同时访问文件系统，需解决并发控制和访问效率问题。④服务器增减频繁，需解决动态扩展问题。⑤需提供类似传统文件系统的接口以兼容上层应用开发，支持创建、删除、打开、关闭、读写文件等

常用操作。

以 Google GFS 和 Hadoop HDFS 为代表的分布式文件系统，是符合云计算基础架构要求的典型分布式文件系统设计。系统由一个主服务器和多个块服务器构成，被多个客户端访问，文件以固定尺寸的数据块形式分散存储在块服务器中。主服务器是分布式文件系统中最主要的环节，它管理着文件系统所有的元数据，包括名字空间、访问控制信息、文件到块的映射信息、文件块的位置信息等，还管理系统范围的活动，如块租用管理、孤儿块的垃圾回收以及块在块服务器间的移动。块服务器负责具体的数据存储和读取。主服务器通过心跳信息周期性地跟每个块服务器通信，给他们指示并收集他们的状态，通过这种方式系统可以迅速感知服务器的增减和组件的失效，从而解决扩展性和容错能力问题。

为保证系统的健壮性和可靠性，设置了辅助主服务器作为主服务器的备份，以便在主服务器故障停机时迅速恢复过来。系统采取冗余存储的方式来保证数据的可靠性，每份数据在系统中保存 3 个以上的备份。为保证数据的一致性，对数据的所有修改需要在所有的备份上进行，并用版本号的方式来确保所有备份处于一致的状态。

客户端被嵌到每个程序里，实现了文件系统的 API，帮助应用程序与主服务器和块服务器通信，对数据进行读写。客户端不通过主服务器读取数据，它从主服务器获取目标数据块的位置信息后，直接和块服务器交互进行读操作，避免大量读写主服务器而形成系统性能瓶颈。在进行追加操作时，数据流和控制流被分开。客户端向主服务器申请租约，获取主块的标识符以及其他副本的位置后，直接将数据推送到所有的副本上，由主块控制和同步所有副本间的写操作。

与传统分布式文件系统相比，云基础架构的分布式文件系统在设计理念上更多地考虑了机器的失效问题、系统的可扩展性和可靠性问题，它弱化了对文件追加的一致性要求，强调客户机的协同操作。这种设计理念更符合云计算数据中心由大量廉价 PC 服务器构成的特点，为上层分布式应用提供了更高的可靠性保证。

（2）分布式数据库

分布式数据库（distributed database system，DD-BS）是一组结构化的数据集，逻辑上属于同一系统，而物理上分散在用计算机网络连接的多个场地上，并统一由一个分布式数据库管理系统管理。与集中式或分散数据库相比，分布式数据库具有可靠性高、模块扩展容易、响应延迟小、负载均衡、容错能力强等优点。在银行等大型企业，分布式数据库系统被广泛使用。分布式数据库仍处于研究和发展阶段，目前还没有统一的标准。对分布式数据库来说，数据冗余并行控制、分布式查询、可靠性等是设计时需主要考虑的问题。数据冗余是分布式数据库区别于其他数据库的主要特征之一，它保证了分布式数据库的可靠性，也是并行的基础。有两种类型的数据重复：①复制型数据库，局部数据库存储的数据是对总体数据库全部或部分复制。②分割型数据库，数据集被分割后存储在每个局部数据库里。冗余保证了数据的可靠性，但也增加了数据一致性问题。由于同一数据的多个副本被存储在不同的节点里，对数据进行修改时，须确保数据所有的副本都被修改。这时，需要引入分布式同步机制对并发操作进行控制，最常用的方式是分布式锁机制以及冲突检测。在分布式数据库中，由于节点间的通信使得查询处理的时延大，另一方面各节点具有独立的计算能力，又使并行处理查询请求具有可行性。因此，对分布式数据库而言，分布式查询或称并行查询是提升查询性能的最重要手段。可靠性是衡量分布式数据库优劣的重要指标，当系统中的个别部分发生故障时，可靠性要求对数据库应用的影响不大或者无影响。

基于云计算数据中心大规模廉价服务器群的分布式数据库同样面临以下几个挑战：①组件的失效问题，要求系统具备良好的容错能力。②海量数据的存储和快速检索能力。③多用户并发访问问题；④服务器频繁增减导致的可扩展性问题。

（3）分布式计算

分布式计算是让几个物理上独立的组件作为一个单独的系统协同工作，这些组件可能指多个 CPU，或者网络中的多台计算机。它做了如下假定：如果一台计算机能够在 5 秒钟内完成一项任务，那么 5 台计算机以并行方式协同工作时就能在 1 秒钟内完成。实际上，由于协同设计的复杂性，分布式计算并不都能满足这一假设。对于分布式编程而言，核心的问题是如何把一个大的应用程序分解成若干可以并行处理的子程序。有两种可能处理的方法，一种是分割计算，即把应用程序的功能分割成若干个模块，由网络上多台机器协同完成；另一种是分割数据，即把数据集分割成小块，由网络上的多台计算机分别计算。对于海量数据分析等计算密集型问题，通常采取分割数据的分布式计算方法，对于大规模分布式系统则可能同时采取这两种方法。

大型分布式系统通常会面临如何把应用程序分割成若干个可并行处理的功能模块，并解决各功能模块间协同工作的问题。这类系统可能采用以 C/S 结构为基础的三层或多层分布式对象体系结构，把表示逻辑、业务逻辑和数据逻辑分布在不同的机器上，也可能采用 web 体系结构。

基于 C/S 架构的分布式系统可借助中间件技术解决各模块间的协同工作问题。中间件是分布式系统中介于操作系统与分布式应用程序之间的基础软件，它屏蔽了底层环境的复杂性，有助于开发和集成复杂的应用软件。通过中间件，分布式系统可以把数据转移到计算所在的地方，把网络系统的所有组件集成为一个连贯的可操作的异构系统。

基于 web 体系架构的分布式系统，或称 web Service，是位于 Internet 上的业务逻辑，可以通过基于标准的 Internet 协议进行访问。web 服务建立在 XML 上，具有松散耦合、粗粒度、支持远程过程调用 RPC、同步或异步能力、支持文档交换等特点。web service 模型是一个良好的、高度分布的、面向服务的体系结构，它采用开放的标准，支持不同平台和不同应用程序的通信，是未来分布式体系架构的发展趋势。

（4）分布式同步机制

在分布式系统中，对共享资源的并行操作可能会引起丢失修改、读脏数据、不可重复读等数据不一致问题，这时需要引入同步机制，控制进程的并发操作。有几种常用的并发控制方法：①基于锁机制的并发控制方法。②基于时间戳的并发控制方法。③乐观并发控制方法。④基于版本的并发控制方法。⑤基于事务类的并发控制方法。对于由大规模廉价服务器群构成的云计算数据中心而言，分布式同步机制是开展一切上层应用的基础，是系统正确性和可靠性的基本保证。

2. 分布式处理技术应用

经过多年的发展，分布式处理已逐渐成为一项基本的计算机技术，被广泛应用在各行业大型系统的构建中，包括虚拟现实、金融业、制造业、地理信息、网络管理等。它基于网络，充分利用分散在各地的闲散计算机资源，具有大规模、高效率、高性能、高可靠性等优点。对于构建在大规模廉价服务器群上的云计算而言，分布式处理更是必不可少的一项技术，它是 PaaS 云服务的内容，也是提供 SaaS 服务的基础。

PaaS 云服务把分布式软件开发、测试、部署环境当作服务提供给应用程序开发人员，分布式环境成为服务提供的内容。因此要开展 PaaS 云服务，首先需要在云计算数据中心架设分布式处理平台，包括作为基础存储服务的分布式文件系统和分布式数据库、为大规模应用开发提供的分布式计算模式以及作为底层服务的分布式同步设施。其次，需要对分布式处理平台进行封装，使之能够方便地为用户所用，包括提供简易的软件开发环境 SDK、提供简单的 API 编程接口、提供软件编程模型和代码库等。Google 应用引擎（AppEngine）是 PaaS 的典型应用，它构建在 Google 内部云平台上，由 Pylhon 应用服务器群、BigTable 数据库及 GFS 数据存储服务组成。用户基于 Google 提供的软件开发环境，可以方便地开发出网络应用程序，并部署运行在 Google 云平台。通过这种方法，Google 成功将其内部云计算基础架构运营起来，供广大互联网应用程序开发人员使用。分布式处理技术，是 GAE 的核心，也是 GAE 得以运营的基础。

分布式处理技术也是提供 SaaS 云服务的基础，这体现在两个方面。首先，分布式网络应用开发技术（这里指中间件技术和 web service 技术）是主要的在线软件技术之一，许多作为 SaaS 服务运营的在线软件，都是基于分布式网络应用技术设计开发的。其次，部署在云计算数据中心的软件系统，需要借助分布式处理技术来协调整个系统的工作，以充分发挥服务器集群的作用。

3. 分布式处理现状和发展趋势

随着计算机网络技术的发展和电子元器件性价比的不断提升，分布式处理技术逐渐得到各行业的广泛关注和普遍应用。它通过有效调动网络上成千上万台计算机的闲置处理资源及存储资源，来组成一台虚拟的超级计算机，为超大规模计算事务提供强大的计算能力。最早，分布式处理技术主要用在科研领域和工程计算中，通过征用志愿者的闲散处理器及存储资源，来共同完成科学计算任务。随着 Internet 的迅速发展和普及，分布式计算成为网络发展的主流趋势，中间件技术、web service、网格、移动 Agent 等分布式技术的出现，更是推动了分布式技术的应用，越来越多的大型应用系统都基于分布式技术来构建，以期在性能、可靠性、可扩展性方面取得最佳。

（三）运营管理

运营管理是云计算服务提供的关键环节，任何一项业务的成功开展都离不开运营管理系统的支撑。对于 IaaS 而言，当虚拟化技术将闲散的物理资源集中和管理起来后，IaaS 云服务提供商需要考虑如何将这些抽象的虚拟资源提供给用户，并从中创造经济效益。对 PaaS 而言，在云平台上部署分布式存储、分布式数据库、分布式同步机制和分布式计算模式等技术后，平台就具备了分布式软件开发的基本能力，PaaS 云服务提供商需要考虑如何将这个开发平台提供给用户，并解决与此相关的一系列问题。对 SaaS 而言，由于服务本身构建在互联网上，用户具备联网能力即可在线使用。不管哪一种服务的运营管理系统，都需要解决产品在运营过程中涉及的计费、认证、安全、监控等系统管理问题和用户管理。此外，针对业务特点的不同，各业务运营管理系统还需解决各自不同的问题。

IaaS 运营管理系统针对 IaaS 业务，一方面需对 IT 基础设施进行管理，包括屏蔽硬件差异、监控物理资源使用状态、动态分配虚拟资源等；另一方面还需提供与用户交互的接口，包括提供标准的 API 接口、提供虚拟资源的配置接口、提供服务目录供用户查找可用服务、提供实时监视和统计功能等。

PaaS 运营管理系统针对 PaaS 业务，要将整个平台作为服务提供给互联网应用程序开发者，需解决用户接口和平台运营相关问题。

在用户接口方面，包括提供代码库、编程模型、编程接口、开发环境等。代码库封装平台的基本功能如存储、计算、数据库等，供用户开发应用程序时使用。编程模型决定了用户基于云平台开发的应用程序类型，它取决于平台选择的分布式计算模型。对于 PaaS 服务来说，编程模型对用户必须是清晰的，用户应当很明确基于这个云平台可以解决什么类型问题以及如何解决这类型的问题。PaaS提供的编程接口应该是简单的、易于掌握的，过于复杂的编程接口会降低用户将现有应用程序迁移至云平台，或基于云平台开发新型应用程序的积极性。提供开发环境 SDK 对运营 PaaS 来说不是必须的，但是，一个简单、完整的 SDK 有助于开发者在本机开发、测试应用程序，从而简化开发工作，缩短开发流程。GAE和 Azure 等著名的 PaaS 平台，都为开发者提供了基于各自云平台的开发环境。

在运营管理方面，PaaS 运行在云数据中心，用户基于 PaaS 云平台开发的应用程序最终也将在云数据中心部署运营。PaaS 运营管理系统需解决用户应用程序运营过程中所需的存储、计算、网络基础资源的供给和管理问题，需根据应用程序实际运行情况动态增加或减少运行实例。为保证应用程序的可靠运行，系统还需要考虑不同应用程序间的相互隔离问题，让它们在安全的沙盒环境中可靠运行。

云计算运营管理是一个复杂的问题，目前业界还未形成相关的标准，也没有可以拿来直接部署使用的系统，云服务提供商需各自实现。

第二节 物联网的应用

物联网，英文的全称为 Internet of things（IOT），其原始含义是物与物相联结的网络。过去没有一项技术在其完全成熟之前，得到如此广泛的关注。今天它已经成为一个家喻户晓、炙手可热的话题，其中的背景既有科学技术发展的自然推动，也包含社会应对经济转型和保持经济持续发展的必然要求，是社会信息化深入的必然过程。因此它被全世界每一个国家所关注。同样，它被列为我国新兴产业规划五大重要领域之一，已经引起了政府、生产厂家、商家、科研机构，甚至普通老百姓的共同关注。

一、物联网概述

（一）物联网基本定义

物联网是物物相连接的网络，物联网是通过条码与二维码、射频标签（RFID）、全球定位系统（GPS）、红外感应器、激光扫描器、传感器网络等自动标识与信息传感设备及系统，按照约定的通信协议，通过各种局域网、接入网、互联网将物与物、人与物、人与人连接起来，进行信息交换与通信，以实现智能化识别、定位、跟踪、监控和管理的一种信息网络。

（二）互联网、物联网与泛在网

互联网起源于 20 世纪 60 年代中期，在今天彻底改变了我们的生活，物联网后来居上，在未来会不会像互联网一样彻底改变我们未来的生活呢？下面简述与互联网、物联网相关的一些概念，并揭示互联网、物联网与一个更大的泛在网概念之间的关系。

1. 互联网的相关概念

（1）互联网

互联网又称因特网（Internet），是一种将计算机通过连接形成的庞大网络，这些网络以一组通用的协议相连，形成逻辑上单一巨大的国际网络。这种将计算机网络连接在一起的方法可称作"网络互联"，在这基础上发展出覆盖全世界的全球性互联网络称"互联网"，即"互相连接一起的网络"。

（2）IOT

原始含义是物与物相联结的网络。最早的 IOT 网络，实际上就是 RFID 网络。他们最早提出将 RFID 与互联网相结合，实现在任何地点、任何时间，对任何物品进行标识和管理。随之发展起来的如欧盟的产品电子代码 EPC 服务于物流领域，主要目的在于增加供应链的可视、可控性，偏重对物品的识别及流动控制和管理。

（3）传感网

传感器网络的简称，通俗地讲，就是将传感器组成网络，形成网络的方式可以通过有线连接，更多是通过无线的方式组成网络。而传感器则是一种能够探测、感受外界的信号、物理条件（如光、热、湿度）或化学组成（如烟雾），并将探知的信息传递给其他装置的器件。传感器网络综合利用传感器技术、嵌入式技术、通信技术和分布式信息处理技术等，将分布在空间上的许多智能传感器节点通过无线通信方式组成一种多跳、无线自组织网络。这种网络能够通过节点间的协作实时监测、感知和采集网络分布区域内的各类物理或化学信息（如温度、湿度、光照度、声音、振动、压力、移动），并对这些信息进行处理，将获取的经过处理后的信息传送到需要这些信息的用户手中，此外还可以对监控系统直接进行控制。

（4）CPS

CPS（cyber physical systems）研究计划，通过 3C 技术，即计算、通信和控制的有机融合与深度协作，实现各种应用系统的实时感知、动态控制和信息服务。

（5）泛在网

泛在网又简称为 U 网络，指基于个人和社会的需求，利用现有的网络技术和新的网络技术，实现人与人、人与物、物与物之间按需进行的信息获取、传递、存储、认知、决策、使用等服务，网络超强的环境感知、内容感知及其智能性，为个人和社会提供泛在的、无所不含的信息服务和应用。

泛在网络是在普适计算基础上衍生出来的。普适计算或泛在计算，又称 U 计算。这种新型的计算模式建立在分布式计算、通信网络、移动计算、嵌入式系统、传感器等技术的飞速发展和日益成熟的基础上，它体现了信息空间与物理空间的融合趋势，反映了人们对信息服务模式的更高需求——希望能随时、随地、自由地享用计算能力和信息服务，使人类生活的物理环境与计算机提供的信息环境之间的关系发生革命性改变。

泛在网络可以认为是普适计算或泛在计算的具体实现。建立一个泛在网络社会，首先要建立起能够实现人与人、人与计算机、计算机与计算机、人与物、物与物之间信息交流的泛在网络基础架构，然后在泛在网络基础之上加载让人们生活更加便利的各种应用。在泛在网络社会中，网络空间、信息空间和物理空间实现无缝连接，软件、硬件、系统、终端、内容、应用实现高度整合。现有的电信网、互联网和广电网之间；固定网、移动网和无线接入网之间；基础通信网、应用网和射频感应网之间都应该实现融合。即对于用户而言，能够感知到的是所需要的信息或服务，而不需要知道和关心正在使用的是什么类型的网络。

2. 几个概念之间的关系

从以上可以看出，不论是 FRID 网络、M2M、传感网，还是 CPS，随着它们的进一步发展，其共有的普适计算和泛在网络的特性，使这些技术具有融合的趋势。随之而来的物联网概念可以看作是从普适计算和泛在网络的应用角度将这些技术进行了融合和扩展。

物联网作为泛在网的一种具体应用，强调将物体（可以是对应的实际物体，也可以是抽象化了的虚拟物体）通过传感器，RFID 等进行感知，感知信息依靠网络（无线网络、有线网络等）相互联结，实现信息与人或物自动交互，最终使我们的环境变为不需要人类进行干预，并能为人类服务的智能化世界。

物联网还可以看作是互联网的拓展应用，是互联网的"最后一公里"，是信息化的深化和新的发展。如果说计算机和互联网带来的是信息化的"温饱"阶段，未来物联网的应用实现可看作是信息化"小康"阶段，将来信息化可能会向更加智慧化的泛在网的"发达"阶段迈进。

传感网可以看作是物联网的一部分，属于一种末端网络，具有低速率、短距离、低功耗，自组织组网的特性。而物联网与泛在网概念最为接近，可以看作是泛在网在目前的一种实现形式，或者是将来的泛在网的一部分。不过，传感网正在向着泛在传感网方向发展，从这个意义上讲，传感网的概念比较接近物联网的概念。

对于互联网与物联网的关系，由于物联网处于起步阶段，如果说区别，可以说互联网是为人而生，物联网是为物而生。互联网的产生是为了人通过网络交换信息，其服务的主体是人。而未来的物联网是为物而生，主要为了管理物，让物自主地交换信息，间接服务于人类。从信息的进化上讲，从人的互联，到物的互联，是一种自然的递进，本质上互联网和物联网都是人类智慧的物化而已，人的智慧对自然界的影响才是信息化进程的本质原因。

二、物联网的体系架构

物联网是物物相连的网络，各种物联网的应用依赖于物联网自动连接形成的信息交互网络而完成。物联网系统也可以比拟为一个虚拟的"人"，有类似眼睛和耳朵的感知系统，有信息传输的神经系统，有信息综合处理分析和管理的大脑系统，还有类似手脚去影响外界的执行应用系统。

物联网的体系架构一般分为三层：即感知层、网络层和应用层。也有的分为四层：感知层、传输层、服务管理层（也称智能层）和应用层。本质上讲这两种分法都是一样的。

（一）感知层

感知层主要用于实现对外界的感知，识别或定位物体，采集外界信息等。主要包括二维码标签、RFID 标签、读写器、摄像头、各种终端、GPS 等定位装置、各种传感器或局部传感器网络等。

（二）传输层

传输层主要负责感知信息或控制信息的传输，物联网通过信息在物体间的传输可以虚拟成为一个更大的"物体"，或者通过网络，将感知信息传输到更远的地方。传输层包括各种有线和无线组网技术、接入互联网的网关等。

（三）服务管理层

服务管理层主要用对感知层通过传输层传输的信息进行动态汇集、存储、分解、合并、数据分析、数据挖掘等智能处理，并为应用层提供物理世界所对应的动态呈现等。其中主要包括数据库技术、云计算技术、智能信息处理技术、智能软件技术、语义网技术等。

（四）应用层

应用层主要用于实现物联网的各种具体的应用并提供服务，物联网具有广泛的行业结合的特点，根据某一种具体的行业应用，应用层实际上依赖感知层、传输层和服务管理层共同完成应用层所需要的具体服务。

三、物联网的关键技术

物联网各种具体应用的实现要完成全面感知、可靠传输、智能处理、自动控制四个方面的要求,涉及较多的技术,主要有二维码技术、传感器技术、RFID 技术、红外感知技术、定位技术、无线通信与组网技术、互联网接入技术(如 IPV6 技术)、物联网中间件技术、云计算技术、语义网技术、数据挖掘、智能决策、信息安全与隐私保护、应用系统开发技术等(如嵌入式开发技术、系统开发集成技术等)。

上述物联网的关键技术与物联网的体系架构相对应,大致分为感知与识别技术、通信与组网技术和信息处理与服务技术三类技术。

(一)感知与识别技术

物联网的感知与识别技术主要实现对物体的感知与识别。感知与识别都属于自动识别技术,即应用一定的识别装置,通过被识别物品和识别装置之间的接近活动,自动地获取被识别物品的相关信息,并提供给后台的计算机处理系统来完成相关后续处理的一种技术。识别技术主要实现识别物体本身的存在,定位物体位置、移动情况等,常采用的技术包括射频识别技术如 RFID 技术、GPS 定位技术、红外感应技术、声音及视觉识别技术、生物特征识别技术等。感知技术主要通过在物体上或物体周围嵌入各类传感器,感知物体或环境的各种物理或化学变化等。主要介绍一下 RFID 射频识别技术和传感器技术。

1. 射频识别 RFID 技术

射频识别(radio frequency identification,RFID)是一种非接触的自动识别技术,利用射频信号及其空间耦合传输特性,实现对静态或移动物体的自动识别。REID 技术可实现无接触的自动识别,具有全天候、识别穿透能力强、无接触磨损,可同时实现对多个物品的自动识别等诸多特点,将这一技术应用到物联网领域,使其与互联网、通信技术相结合,可实现全球范围内物品的跟踪与信息的共享,在物联网"识别"信息和近距离通信的层面中,起着至关重要的作用。另一方面,产品电子代码(EPC)采用 RFID 电子标签技术作为载体,大大推动了物联网的发展和应用。RFID 技术市场应用成熟,标签成本低廉,但 RFID 一般不具备数据采集功能,多用来进行物品的甄别和属性的存储。目前在国内 RFID 已经在身份证、电子收费系统和物流管理等领域有了广泛应用。

2. 传感器技术

传感器技术是一门涉及物理学、化学、生物学、材料科学、电子学以及通信与网络技术等多学科交叉的高新技术，而其中的传感器是一种物理装置，能够探测、感受外界的各种物理量（如光、热、湿度）、化学量（如烟雾、气体等）、生物量以及未定义的自然参量等。传感器是物联网信息采集的基础，是摄取信息的关键器件，物联网就是利用这些传感器对周围的环境或物体进行监测，达到对外"感知"的目的，以此作为信息传输和信息处理并最终提供控制或服务的基础。传感器将物理世界中的物理量、化学量、生物量等转化成能够处理的数字信号，一般需要将自然感知的模拟的电信号通过放大器放大后，再经模拟转化器转换成数字信号，从而被物联网所识别和处理。此外，物联网中的传感器除了要在各种恶劣环境中准确地进行感知，其低能耗和微小体积也是必然的要求。最近发展很快的 MEMS（micro-electro mechanical systems）微电子机械系统技术是解决传感器微型化的一种关键手段，其发展趋势是将传感器、信号处理、控制电路、通信接口和电源等部件组成一体化的微型器件系统，从而大幅度地提高系统的自动化、智能化和可靠性水平。

另外，传感器技术正与无线网络技术相结合，综合传感器技术、纳米技术、分布式信息处理技术、无线通信技术等，使嵌入到任何物体的微型传感器相互协作，实现对监测区域的实时监测和信息采集，形成一种集感知、传输、处理于一体的终端末梢网络。

（二）通信与网络技术

物联网通信与组网技术实现物与物的连接。从信息化的视角看，物联网本质上就是实现信息化的一种新的流动形式，其主要内容包括：信息感知、信息收集、信息处理和信息应用。信息流动需要网络的存在（更进一步实现信息融合、信息处理和信息应用等），没有信息流动，物体和人就是孤立的，比如你看不到更大区域的整体信息或者更远处的具体信息等。

物体联网的实质是将物体的信息连接到网上，因此物联网中网络的作用在于使物体信息能够流通。信息的流通可以是单向的，比如我们可以监测一个区域的污染情况，污染信息流向信息终端。也可以是双向的，比如智能交通控制，既能够监测交通情况，又可以实现智能交通疏导。网络的一个作用可以把信息传输到很远的地方，另外一个作用可以把分散在不同区域的物体连接到一起，形成一个虚拟的智能物体。

对于物联网中的网络的形式，可以是有线网络、无线网络；可以是短距离网络和长距离网络；可以是企业专用网络、公用网络；还可以是局域网、互联网等。物联网的物体既可以通过有线网络将物体连接起来，比如飞机上的传感器可以使用有线网络将传感器连接起来；也可以使用无线联网，比如手机就是一种无线的联网方式。无线传感器网络也使用无线组网方式。物联网的网络可以是专用网络，比如企业内部网络，也可以是公用网络，比如将商店蔬菜的信息连接到互联网上，购买者就可以使用互联网完成蔬菜的溯源任务。对于实际的物联网应用也可以由上述网络组成一个混合网络。

对于物联网，无线网络具有特别的吸引力，比如不用部署线路并且特别适合于移动物体。无线网络技术丰富多样，根据距离不同，可以组成个域网、局域网和城域网。

其中利用近距离的无线技术组成个域网是物联网最为活跃的部分。这主要因为，物联网被称作是互联网的"最后一公里"，也称为末梢网络，其通信距离可能是几厘米到几百米之间，常用的主要有 Wi-Fi、蓝牙、ZigBee、RFID、NFC 和 UWB 等技术。这些技术各有所长，但低速率意味着低功耗、节点的低复杂度和更低的成本，结合实际应用需要可以有所取舍。在物流领域，RFID 以其低成本占据着核心地位。而在智能家居的应用中，ZigBee 逐步占据重要地位。但对于安防使用高清摄像的应用，Wi-Fi 或者直接连接到互联网可能是唯一的选择。

物联网的许多应用，比如比较分散的野外监测点、市政各种传输管道的分散监测点、农业大棚的监测信息汇聚点、无线网关、移动的监测物体（如汽车等）等，一般需要远距离的无线通信技术。常用的远距离通信技术主要有 GSM、GPRS、WiMAX、2G/3G/4G/5G 移动通信，甚至卫星通信等。从能耗上看，长距离无线通信比短距离无线通信往往具有更高的能耗，但其移动性和长距离通信使物联网具有更大的监测空间和更多有吸引力的应用。

从近距离通信网络到远距离通信网络往往会涉及连接到互联网的技术。使用新的网络技术，如 IPV6 可以给每一个物体分配一个 IP 地址，这意味着得到 IP 地址的节点要额外产生较大的能耗。但很多情况下可能不需要给每个物体分配一个 IP 地址，我们或许不关心每一个物体的情况，而仅仅关心多个物体所汇集的信息，一个区域的传感器节点可能仅仅需要一个网络接入点，比如使用一个网关。

（三）信息处理与服务技术

信息处理与服务技术负责对数据信息进行智能信息处理并为应用层提供服务。信息处理与服务层主要解决感知数据如何储存（如物联网数据库技术、海量数据存储技术）、如何检索（搜索引擎等）、如何使用（云计算、数据挖掘、机器学习等）、如何不被滥用的问题（数据安全与隐私保护等）。对于物联网而言，信息的智能处理是最为核心的部分。物联网不仅仅要收集物体的信息，更重要的在于利用这些信息对物体实现管理，因此信息处理技术是提供服务与应用的重要组成部分。

物联网的信息处理与服务技术主要包括数据的存储、数据融合与数据挖掘、智能决策、云计算、安全及隐私保护等。目前由于物联网处于发展的初级阶段，物联网的信息处理与服务还处于发展之中，对于大规模的物联网应用而言，海量数据的处理以及数据挖掘、数据分析正是物联网的威力所在，但这些目前还处于发展阶段的初期。

1. 云计算技术

云技术是处理大规模数据的一种技术，它通过网络将庞大的计算处理程序自动拆分成无数个较小的子程序，再交给多部服务器所组成的庞大系统，经计算分析之后将处理结果回传给用户。通过这项技术，网络服务提供者可以在数秒之内，达成处理数以千万计甚至亿计的信息，得到和超级计算机同样强大效能的网络服务。

云计算是分布式处理并行处理和网格计算的发展，或者说是这些计算机科学概念的商业实现。云计算通过大量的分布式计算机，而非本地计算机或远程服务器来实现，这使得用户能够将资源切换到需要的应用上，根据需求访问计算机和存储系统。

尽管物联网与云计算经常一同出现，但二者并不等同：云计算是一种分布式的数据处理技术，而物联网可以说是利用云技术实现其自身的应用。但物联网与云计算的确关系紧密。首先，物联网的感知层产生了大量的数据，因为物联网部署了数量惊人的传感器，如 RFID、视频监控等，其采集到的数据量很大。这些数据通过无线传感网、宽带互联网向某些存储和处理设施汇聚，使用云计算来承载这些任务具有非常显著的性价比优势。其次，物联网依赖云计算设施对物联网的数据进行处理、分析、挖掘，可以更加迅速、准确、智能地对物理世界进行管理和控制，使人类可以更加及时、精细地管理物质世界，大幅提高资源利用率和社会生产力水平，实现"智慧化"的状态。

因此，云计算凭借其强大的处理能力、存储能力和极高的性价比，成为物联网理想的后台支撑平台。反过来讲，物联网将成为云计算最大的用户，将为云计算取得更大商业成功奠定基石。

2. 智能化技术

物联网的智能化技术将智能技术的研究成果应用到物联网中，实现物联网的智能化。比如物联网可以结合智能化技术如人工智能等，应用到物联网中。物联网的目标是实现一个智慧化的世界，它不仅仅感知世界，关键在于影响世界，智能化地控制世界。物联网根据具体应用结合人工智能等技术，可以实现智能控制和决策。人工智能或称机器智能，是研究如何用计算机来表示和执行人类的智能活动，以模拟人所从事的推理、学习、思考和规划等思维活动，并解决需要人类的智力才能处理的复杂问题，如医疗诊断、管理决策等。

人工智能一般有两种不同的方式：一种是采用传统的编程技术，使系统呈现智能的效果，而不考虑所用方法是否与人或动物机体所用的方法相同，这种方法叫工程学方法；另一种是模拟法，它不仅要看效果，还要求实现方法也和人类或生物机体所用的方法相同或相似。

采用工程学方法，需要人工详细规定程序逻辑，在已有的实践中被多次采用。从不同的数据源（就包含物联网的感知信息）收集的数据中提取有用的数据，对数据进行滤除以保证数据的质量，将数据经转换、重构后存入数据仓库或数据集市，然后寻找合适的查询、报告和分析的工具与数据挖掘工具对信息进行处理，最后转变为决策。

模拟法应用于物联网的一个方向是专家系统，这是一种模拟人类专家解决领域问题的计算机程序系统，不但采用基于规则的推理方法，而且采用诸如人工神经网络的方法与技术。根据专家系统处理的问题的类型，把专家系统分为解释型、诊断型、调试型、维修型、教育型、预测型、规划型、设计型和控制型等类型。

另外一个方向为模式识别，通过计算机用数学技术方法来研究模式的自动处理和判读，如用计算机实现模式（文字、声音、人物、物体等）的自动识别。计算机识别的显著特点是速度快、准确性好、效率高，识别过程与人类的学习过程相似，可使物联网在"识别端"——信息处理过程的起点就具有智能性，保证物联网上的每个非人类的智能物体有类似人类的"自觉行为"。

3. 安全及隐私保护

物联网是一种虚拟网络与现实世界实时交互的系统，其特点是无处不在的数据感知、以无线为主的信息传输、智能化的信息处理。正如互联网上的安全问题一样，随着物联网的发展，安全问题摆在了重要位置。与互联网不同，从物联网的信息处理过程来看，感知信息经过采集、汇聚、融合、传输、决策与控制等过程，整个信息处理的过程体现了物联网的安全特征与传统的网络安全存在着巨大的差异。

物联网一般涉及无线通信。由于无线信道的开放性，信号容易截取并破解干扰，并且物联网包含感知、传输信息、信息处理、控制应用等多个复杂的环节，因此物联网的安全保护更加复杂。一旦物联网的安全得不到保障，将是物联网发展的灾难。物联网也是双刃剑，在利用它好处的同时，我们的隐私也会由于物联网的安全性不够而暴露无遗，从而严重影响我们的正常生活。物联网实现对物体的监控，比如位置信息、状态信息等，而这些信息与我们人本身密切相关。如当射频标签被嵌入人们的日常生活用品中时，那么这个物品可能被不受控制地扫描、定位和追踪，这就涉及隐私问题，需要利用技术保障安全与隐私。

由物联网的应用带来的隐私问题，也会对现有的一些法律法规政策形成挑战，如信息采集的合法性问题、公民隐私权问题等。如果你的信息在任何一个读卡器上都能随意读出，或者你的生活起居信息、生活习性都可以被全天候监视而暴露无遗，这不仅仅需要技术来保障安全，也需要制定法律法规来保护物联网时代的安全与隐私。因此，在发展物联网的同时，必须对物联网的安全问题更加重视，保证物联网的健康发展。

对于物联网的安全，可以参照互联网所设计的安全防范体系，在传感层、网络传输层和应用层分别设计相应的安全防范体系。下面针对感知层、网络传输层、服务及应用层的安全问题阐述如下。

（1）感知层的安全问题

在物联网的感知端，智能节点通过传感器提供感知信息，并且许多应用层的控制也在节点端实现。一旦节点被替换，感知的数据和控制的有效性都成了问题。

如物联网的许多应用可以代替人来完成一些复杂、危险和机械的工作，所以物联网的感知节点多数部署在无人监控的场景中。而一旦攻击者轻易地接触到这些设备，并对它们造成破坏，甚至通过本地操作更换机器的软硬件等，从而破坏物联网的正常应用。因此，需要在感知层加以防范。此外，对于物联网而言，感知节点的另外一个问题是功能单一、能量有限，数据传输没有特定的标准，这也为提供统一的安全保护体系带来了障碍。

（2）网络传输的安全问题

处于网络末端的节点的传输和感知层的问题一样，节点功能简单，能量有限，使得它们无法拥有复杂的安全保护能力，这给网络传输层的安全保障带来困难。对于核心承载网络而言，虽然它具有相对完整的安全保护能力，但由于物联网中节点数量庞大，且常以集群方式存在。因此，对于事件驱动的应用，大量数据的同时发送可以致使网络拥塞，产生拒绝服务攻击。此外，现有通信网络的安全架构都是以人通信的角度设计的，对以物为主体的物联网需要建立新的传输与应用安全架构。

（3）服务及应用层的安全问题

物联网的服务及应用层是信息技术与行业应用紧密结合的产物，充分体现了物联网智能处理的特点，涉及业务管理、中间件、云计算、分布式系统、海量信息处理等部分。上述这些支撑平台要为上层服务管理和大规模行业应用建立起一个高效、可靠和可信的系统，而大规模、多平台、多业务类型使物联网业务层次的安全面临新的挑战。另外考虑到物联网涉及多领域多行业，海量数据信息处理和业务控制策略将在安全性和可靠性方面面临巨大挑战，特别是业务控制、管理和认证机制、中间件以及隐私保护等安全问题显得尤为突出。

从以上介绍可以看出，物联网的安全特征体现了感知信息的多样性、网络环境的多样性和应用需求的多样性，呈现出网络规模大和数据处理量大、决策控制复杂等特点，给物联网安全提出了新的挑战。并且物联网的信息安全建设是一个复杂的系统工程，需要从政策引导、标准制定、技术研发等多方面向前推进，提出坚实的信息安全保障手段，保障物联网健康、快速的发展。

4. 中间件技术

中间件是一种位于数据感知设施和后台应用软件之间的应用系统软件。中间件具有两个关键特征：一是为系统应用提供平台服务；二是需要连接到网络操作系统，并且保持运行工作状态。中间件为物联网应用提供一系列计算和数据处理功能，主要任务是对感知系统采集的数据进行捕获、过滤、汇聚、计算、数据校对、解调、数据传送、数据存储和任务管理，减少从感知系统向应用系统中心传送的数据量。同时，中间件还可提供与其他支撑软件系统进行互操作等功能。

从本质上看，物联网中间件是物联网应用的共性需求（如感知、互联互通和智能等层面），与信息处理技术，包括信息感知技术、下一代网络技术、人工智能与自动化技术等的聚合与技术提升。由于受限于底层不同的网络技术和硬件平台，物联网中间件目前主要集中在底层的感知和互联互通。一方面，现实的目标包括屏蔽底层硬件及网络平台差异，支持物联网应用开发、运行时共享和开放互联互通，保障物联网相关系统的可靠部署与可靠管理等内容；另一方面，由于物联网应用复杂度和应用的规模还处于初级阶段，物联网中间件支持大规模物联网应用还存在环境复杂多变、异构物理设备、远距离多样式无线通信、大规模部署、海量数据融合、复杂事件处理、综合运营管理等诸多仍未克服的困难。

四、物联网的应用与发展

（一）物联网的应用分析

物联网具有行业应用的特征，具有很强的应用渗透性，可以运用到各行各业，大致可以分为三类：行业应用、大众服务、公共管理。具体细分，主要有城市居住环境、智能交通、消防、智能建筑、家居、生态环境保护、智能环保、灾害监测避免、智慧医疗、智慧老人护理、智能物流、食品安全追溯、智能工业控制、智能电力、智能水利、精准农业、公共管理、智慧校园、公共安全、智能安防、军事安全等应用。

1. 智能工业

工业是物联网应用的重要领域，把具有环境感知能力的各类终端、基于泛在技术的计算模式、移动通信等融入工业生产的各个环节，将劳动力从繁琐和机械的操作中解放出来，可大幅提高工业制造效率，改善产品质量，降低产品成本和资源消耗，将传统工业提升到智能工业。物联网在工业领域的应用主要集中在以下几个方面。

（1）制造业供应链管理

物联网可以应用于企业原材料采购、库存、销售等领域，通过完善和优化供应链管理体系，提高供应链效率，降低成本。

（2）生产过程工艺优化

物联网通过对生产线过程检测、实时参数采集、生产设备监控、监测材料消耗，从而使生产过程的智能监控、智能控制、智能诊断、智能决策、智能维护水平不断提高。

（3）产品设备监控管理

通过各种传感技术与制造技术的融合，可以实现对产品设备的远程操作、设备故障诊断的远程监控。

（4）环保监测及能源管理

物联网与环保设备进行融合可以实现对工业生产过程中产生的各种污染源及污染治理各环节关键指标实现实时监控管理。

（5）工业安全生产管理

把感应器嵌入和装备到矿山设备、油气管道、矿工设备中，可以感知危险环境中工作人员、设备机器、周边环境等方面的安全状态信息，将现有分散、独立、单一的网络监管平台提升为系统、开放、多元的综合网络监管平台，实现实时感知、准确辨识、快捷响应、有效控制。

2. 智能农业

智能农业运用遥感遥测、全球定位系统、地理信息系统、计算机网络和农业专家信息系统等技术，与土壤快速分析、自动灌溉、自动施肥给药、自动耕作、自动收获、自动采后处理和自动储藏等智能化农机技术相结合，在微观尺度上直接与农业生产活动、生产管理相结合，创造新型的农业生产方式。物联网使农业生产的精细化、远程化、虚拟化、自动化成为可能，可以实现农业相关信息资源的收集、检测和分析，为农业生产者、农业生产流通部门、政府管理部门提供及时、有效、准确的资源管理和决策支持服务。①物联网在农业领域的应用主要集中在以下几个方面。

（1）实现农产品的智能化培育控制

通过使用无线传感器网络和其他智能控制系统可以实现对农田、温室及饲养场等生态环境的监测，及时、精确地获取农产品信息，帮助农业人员及时发现问题，准确地锁定发生问题的位置，并根据参数变化适时调控诸如灌溉系统、保温系统等基础设施，确保农产品健康生长。

（2）实现农产品生产过程的智能化监控

物联网使农产品的流通过程及产品信息的可视化、透明化成为现实，如利用传感器对农产品生长过程进行全程监控和数据化管理；结合 RFID 电子标签对农产品进行有效、可识别的实时数据存储和管理。

（3）增强农业的生态功能

物联网可实现农产品生产规模化与精细化的协调，使规模化农产品可以精细化培育，规模化发展，在提高产量的同时保持多样性，实现农业的生态功能。

（4）食品安全追溯

农产品安全智能监控系统用于对农产品生产的全程监控，实现从原材料到产成品，从产地到餐桌的全程供应链可追溯系统。

（5）农业设施智能管理系统

主要包括农业设施工况监测、远程诊断和服务调度以及智能远程操控实现无人作业等。

3. 智能物流

智能物流是指货物从供应者向需求者的智能移动过程，包括智能运输、智能仓储、智能配送、智能包装、智能装卸以及智能信息的获取、加工和处理等多项基本活动，一方面提供最佳的服务；另一方面消耗最少的资源，形成完备的智能社会物流管理体系。

物联网在物流业的发展由来已久，许多现代物流系统已经具备了信息化、数字化、网络化、集成化、智能化、柔性化、敏捷化、可视化、自动化等先进技术特征。很多物流系统和网络采用了最新的红外、激光、无线、编码、自动识别、定位、无接触供电、光纤、数据库、传感器、RFID、卫星定位等高新技术。

另外，利用传感技术、RFID 技术、声、光、机、电、移动计算等各项先进技术，建立全自动化的物流配送中心，建立物流作业智能控制和自动化操作的网络，可实现物流与生产联动，实现商流、物流、信息流、资金流的全面协同，实现整个物流作业与生产制造的自动化、智能化。

物联网在物流业的应用实质是与物流信息化进行整合，将信息技术的单点应用逐步整合成一个体系，整体推进物流系统的自动化、可视化、可控化、智能化、系统化、网络化地发展，最终形成智慧物流系统。

4. 智能交通

智能交通系统（intelligent transport systems，ITS）是一种将先进的信息技术、数据通信传输技术、电子传感技术及计算机软件处理技术等进行有效地集成，运用于整个地面交通管理系统而建立在大范围内、全方位发挥作用的，高效、便捷、安全、环保、舒适、实时、准确的综合交通运输管理系统，同时也是一种提高交通系统的运行效率、减少交通事故、降低环境污染，信息化、智能化、社会化、人性化的新型交通运输系统。

智能交通已经研究多年，物联网技术的到来为智能交通的发展带来了新的动力。而最近迅速发展的"车联网"就是物联网结合智能交通发展的新范例，突出表现智能交通的发展将向以热点区域为主、以车为管理对象的管理模式转变。

作为智能交通的重要组成部分，车联网一般由车载终端、控制平台、服务平台和计算分析等四个部分组成。在车联网中，车载终端是非常重要的组成部分，它和汽车电子相结合，具有双向通信和定位功能。车联网将以智能技术和"云计算"技术作为支撑建立智能交通监控中心的数据管理、服务平台，以智能车路协同技术和区域交通协同联动控制技术实现智能控制。以车载移动计算平台和全路网动态信息服务为双向通信的移动传感车载终端，加上强大的数据存储、数据处理、决策支持的软件和数据库技术以及传感网、互联网、泛在网的网络环境下，对路况环境和车辆实施实时智能监控和智能管理。

另外，车联网可以根据网上交通流量、车辆速度、事故、天气、市政施工等情况进行精细统计分析，通过移动计算和中央计算实时制定管制预案和疏解方案，通过汽车电子信息网络，将指令或通告发送给汽车终端或现场指挥人员，对驶入热点区域的汽车进行差别计价收费，从而对交通流量进行控制调节和调度，达到畅通安全的目的。

5. 智能电网

智能电网就是电网的智能化（智电电力），也被称为"电网2.0"，它是建立在集成的、高速双向通信网络的基础上，通过先进的传感和测量技术、先进的设备技术、先进的控制方法以及先进的决策支持系统技术的应用，实现电网的可靠、安全、经济、高效、环境友好和使用安全的目标，其主要特征包括自愈、激励和保护用户、抵御攻击、提供满足 21 世纪用户需求的电能质量、容许各种不同发电形式的接入、启动电力市场以及资产的优化高效运行。物联网技术的到来支撑了智能电网的发展，在电力设施监测、智能变电站、配网自动化、智能用电、智能调度、远程抄表等方面发挥重要作用，促进安全、稳定、可靠的智能电力网络的建设。

6. 智能环保

智能环保是"数字环保"概念的延伸和拓展，它是借助物联网技术，把感应器和装备嵌入到各种环境监控对象（物体）中，通过超级计算机和云计算将环保领域物联网整合起来，可以实现人类社会与环境业务系统的整合，以更加精细和动态的方式实现环境管理和决策的智慧。物联网技术主要作用于污染源监控、水质监测、空气监测、生态监测等方面。同时，物联网技术也运用于建立智能环保信息采集网络和信息平台。

7. 智能安防

智能安防技术，指的是服务的信息化、图像的传输和存储技术，其随着科学技术的发展与进步和 21 世纪信息技术的腾飞已迈入了一个全新的领域，智能化安防技术与计算机之间的界限正在逐步消失。物联网技术主要作用于社会治安监控、危化品运输监控、食品安全监控，重要桥梁、建筑、轨道交通、水利设施、市政管网等基础设施安全监测、预警和应急联动等。

8. 智能家居

智能家居是以住宅为平台，利用综合布线技术、网络通信技术、安全防范技术、自动控制技术、音视频技术将家居生活有关的设施集成，构建高效的住宅设施与家庭日程事务的管理系统，提升家居安全性、便利性、舒适性、艺术性，并实现环保节能的居住环境。物联网技术主要作用于家庭网络、家庭安防、家电智能控制、能源智能计量、节能低碳、远程教育等。

（二）物联网的发展

中国物联网之所以发展迅速就是因为可应用范围广泛、需求量大。目前已经从公共管理、社会服务渗透到企业市场、个人家庭，这个过程是呈现递进的趋势的，也表明物联网的技术越来越成熟。

不过，就目前物联网在我们国家的发展状况来看，产业链的形成依旧处于初级阶段，概念也不够成熟。最主要的是缺少一个完善的技术标准体系，整体的产业发展还在酝酿。在这之前 RFID 技术希望能够突破物流零售领域，但受到多种因素的影响而一直没能实现突破目标。主要是由于物流零售的产业链条过长、具体过程复杂、交易规模大、成本高，难以降低成本、难以获取大量的利润，这也是整个市场发展较慢的原因。而物联网能够满足公共管理服务的需求，政府应该大力推动物联网的发展。首先要把物联网带进市场，提出示范项目，之后物联网的涉及范围会越来越广，能够解决公共管理服务市场出现的问题、提出具体的解决方案，最终形成一个完整的产业链条，把整个市场集合起来带动大型企业的发展。物联网在各个行业的发展应用成熟后就能启动服务项目，完善具体的业务流程，最终形成一个完整的市场。

总结出更加成熟的应用方案，再把这些成熟的应用方案转化成标准体系，只有提出大的行业标准之后才能提出具体的技术标准，在不断地推进中形成完整的标准体系。物联网在发展的过程中会涉及多个行业、多个领域，应用不同的技术，总的来说涉及的范围非常广，如果只制定一套标准，是不可能适用在所有的行业中的。所以说互联网产业提出的标准必须覆盖面广，并且能够随着市场的发展逐渐改善。在这过程中，单一的技术不能为标准注入新鲜的活力，标准应该是有开放性的，要根据市场的大小不断地调整，这样才能够可持续发展。物联网在应用的过程中范围不断地扩大，哪一个行业的市场份额越多，与它相关的标准就越容易被人们认同。

随着应用的范围不断扩大，应用技术不断地成熟，物联网在发展的过程中将会创造更多新的技术平台。我们可以说互联网的创新就是集合性的创新，因为一个单独的行业、单独的企业无法研发出成熟的技术，提出完整的方案，要想研发出技术成熟、方案完整的应用，应该和其他的行业企业联合起来，合作研发。也就是设备商提出具体的方案、运营商合作协同实现方案。随着技术产品的成熟完善，应用的范围也在不断地扩大，支持的设备也更多，能提供更多的服务，这也是物联网发展成熟的结果。相信在未来将会有更多的公共平台产生，而移动终端网络运营商等一些服务商都要在竞争的过程中重新寻找自己的优势，为自己定位。

第三节 3D 打印的应用

一、3D 打印的概念及材料

（一）3D 打印的概念

3D 打印，即增材制造，是一种基于三维 CAD 模型数据，通过增加材料逐层制造的方式进行产品制造的新工艺，其广泛应用于航空航天、生物医疗、汽车工业、商品制作等生产生活的各个领域。近年来，国内各界掀起了关注 3D 打印的热潮。《中国制造 2025 战略》中也多次强调指出要培育 3D 打印产业发展，并将 3D 打印技术列为我国未来智能制造的重点技术。

（二）3D 打印材料与设备

经过近 30 年的发展，3D 打印的技术类型也越来越丰富，在最初的基础上已经衍生出几十种打印技术。目前的 3D 打印技术不仅可以使用光敏树脂、ABS 塑料等原料进行打印，还可以使用铝粉、钛粉等金属粉末以及氧化铝、碳纤维等陶瓷粉末为原料进行打印；甚至还出现了以活细胞为原料的生物 3D 打印技术，这种技术目前已经在组织工程领域小范围使用，不同原材料所采用的 3D 打印成型工艺不同。

1. 高分子材料 3D 打印

适用于高分子材料 3D 打印的工艺有立体平版印刷技术（SLA）、选择性热烧结（SHS）、熔融沉积式成型（FDM）等。SLA 工艺被公认为世界上研究最深入、应用最早的一种 3D 打印方法。它的基本原理是将液态光敏树脂倒进一个容器，液面上置有一台激光器，当电脑发出指令，激光器发射紫外光，紫外光照射液面特定位置，这一片形状的光敏树脂即发生固化。液态光敏树脂的液面在打印的过程中随固化的速度上升，使得紫外光照射的地方始终是液态树脂，最终经过层层累积，形成一定形状。

目前可用于该工艺的材料主要为感光性的液态树脂，即光敏树脂。

SHS 打印技术类似于激光烧结，但在打印过程中不使用激光，而是一种热敏打印头。3D 打印机在粉末床上铺上一薄层塑料粉末，热敏打印头开始来回移动，并以打印头的热量融化对象区域。然后 3D 打印机再铺上一层新的粉末，热敏打印头继续对其加热，就这样逐层烧结，形成最终的 3D 打印对象。打印产品被未融化的粉末包围着，未使用的粉末 100% 可回收，而且不需要额外的辅助支撑材料。

FDM 工艺的基本原理是加热喷头在计算机的控制下，根据产品零件的截面轮廓信息，作 X–Y 平面运动，热塑性丝状材料由供丝机送至热熔喷头，并在喷头中加热和熔化成半液态，然后被挤压出来，有选择性地涂覆在工作台上，快速冷却后形成一层大薄片轮廓。一层截面成型完成后工作台下降一定高度，再进行下一层的熔覆，如此循环，最终形成三维产品零件。这种技术可以用于大体积物品的制造，成本也较低，设备技术难度较低；缺点是所生产的物品常常纵向的力学性能远小于横向的力学强度，且打印速度缓慢，产品表面质量也有待进一步提高。目前可用于该工艺的材料主要为便于熔融的低熔点材料，其中应用最为广泛的是 ABS、PC、PPSF、PLA 等。

2. 金属 3D 打印

适用于金属 3D 打印的工艺主要包括选择性激光烧结成型技术（SLS）、选择性激光熔化成型技术（SLM）、电子束熔化技术（EBM）、激光直接烧结技术（DMLS）等。

SLS 技术的原理是预先在工作台上铺一层粉末材料（金属粉末或非金属粉末），激光在计算机控制下，按照界面轮廓信息，对实心部分粉末进行烧结，然后不断循环，层层堆积成型。与 SLM 技术不同，在打印金属粉末时 SLS 技术在实施过程中不会将温度加热到使金属熔化。SLM 技术的基本原理是激光束快速熔化金属粉末，形成特定形状的熔道后自然凝固。SLM 技术所使用的材料多为单一组分金属粉末，包括奥氏体不锈钢、镍基合金、钛基合金、钴铬合金和贵重金属等。理论上只要激光束的功率足够大，可以使用任何材料进行打印。其优点是表面质量好，具有完全冶金结合，精度高，所使用的材料广泛。主要缺点是打印速度慢，零件尺寸受到限制，后处理过程比较繁琐。目前该技术已较广泛地应用在航空航天、微电子、医疗、珠宝首饰等行业。

EBM 技术是一种较新的可以打印金属材料的 3D 打印技术。它与 SLS 或 SLM 技术最大的区别在于使用的热源不同，SLS 或 SLM 技术以激光作为热源，而 EBM 技术则以电子束为热源。EBM 技术在打印速度方面具有显著优势，所得工件残余应力也较小，但设备比较昂贵，耗能较多。

DMLS 技术是通过在基材表面添加熔覆材料，并利用高能密度的激光束使之与基材表面薄层一起熔凝的方法，一层一层将金属面堆积起来，达到金属部件直接成型。特点是激光熔覆层与基体为冶金结合，结合强度不低于原基体材料的95%，并且对基材的热影响较小，引起的变形也小。适用于镍基、钴基、铁基合金、碳化物复合材料等。

3. 陶瓷 3D 打印

适用于陶瓷 3D 打印的工艺主要是三维打印技术（3DP）。3DP 技术与设备是由美国麻省理工学院（MIT）开发与研制的，使用的打印材料多为粉末材料，如陶瓷粉末等，这些粉末通过喷头喷涂黏结剂将零件的截面"印刷"在材料粉末上面。

4. 生物 3D 打印

适用于生物 3D 打印的工艺主要是细胞打印技术（CBP）。CBP 突破了传统组织工程技术空间分辨率低的局限性，可精确控制细胞的分布。在"细胞打印"过程中，细胞（或细胞聚集体）与溶胶（水凝胶的前驱体）同时置于打印机的喷头中，由计算机控制含细胞液滴的沉积位置，在指定的位置逐点打印，在打印完一层的基础上继续打印另一层。

二、3D 打印市场规模

中国 3D 打印产业已经发展 20 年左右，如今已然成为国内各大企业争相投资的热点，并被多家媒体和业界人士标榜为"第三次工业革命"的领头羊。然而"盛名之下，其实难副"，在 3D 产业发展如火如荼的今天，中国 3D 打印产业仍处于产业发展的初始阶段。

三、3D 打印应用领域

3D 打印应用的领域广泛，3D 打印在下游应用行业和具体用途领域的分布反映了这一技术具有的优势和特点，同时也反映了这一技术的局限和在发展过程中尚需完善的地方。目前，应用领域排名前三的是汽车、消费产品和商用机器设备，分别占市场份额的 31.7%、18.4% 和 11.2%，可以预见，3D 打印在航空航天、医疗、汽车、文创教育等领域的发展空间巨大。

（一）航空航天领域

航空工业应用的 3D 打印主要集中在钛合金、铝锂合金、超高强度钢、高温合金等材料。在现阶段，3D 打印技术对航空业的贡献，相对于每年约 5000 亿美元的行业产值而言显得微乎其微。主要应用包括：①无人飞行器的结构件加工。②生产一些特殊的加工、组装工具。③涡轮叶片、挡风窗体框架、旋流器等零部件的加工等。今后，3D 打印技术在未来航空领域的应用主要是在 3D 打印零部件的设计和私人飞行器的定制化发展。

（二）医疗领域

3D 打印相比传统制造业，一个区别在于其"个性化"特征。3D 打印最适合临床医学，因为每个病人要用的"零部件"，都必须个性化定制。3D 打印技术的引入，降低了定制化生产的医疗成本。近些年来，这一技术在医疗领域的使用比例持续上升。3D 打印技术在医疗领域的主要应用有以下方面：①修复性医学中的人体移植器官制造，假牙、骨骼、肢体等。②辅助治疗中使用的医疗装置，如齿形矫正器、助听器。③手术和其他治疗过程中使用的辅助装置，如在脊椎手术中，用于固定静脉的器械装置。

（三）汽车领域

随着我国经济的发展，我国已经是全球最大的汽车生产国和消费国，未来还有进一步的增长空间，这为 3D 打印在汽车行业的应用发展提供了广阔前景。3D 打印技术生产的零部件在材料成形阶段具有很大的自由度，其生产的零部件生产耗时短并且品质有保证。3D 打印技术主要应用于需求频繁的小批量定制零部件或复杂零部件，如前期开发、整车验证和测试、概念车以及工具制造和操作设备领域。3D 打印技术应用于汽车领域的潜力巨大，未来将应用于量产车型、个性化定制车型以及零配件供应等多个方面。

（四）文创教育领域

3D 打印技术也可应用于传统文物保护与修复、生活用品的个性化定制、电影道具的快速生产等多个领域，例如 3D 打印技术以其"个性化定制"和"采集数据信息无须实际接触文物"等特点，已经可以被运用于文物修复和复制中，成为文物保护意识下最大降低修复与复制中文物二次损坏的良好措施和手段之一。

3D 打印与传统雕塑相结合，节省了大量的人力物力，短短几个月就可以打印出一套大型雕塑。

3D 打印技术作为全球第三次工业革命的代表技术之一，已经越来越广泛地应用在生产生活的各个方面中。中国 3D 打印技术发展面临诸多挑战，总体处于新兴技术的产业化初级阶段，主要表现在产业规模化程度不高、技术创新体系不健全、产业政策体系尚未完善、行业管理亟待加强、教育和培训制度急需加强等几个方面。尽管如此，无论是工业应用，还是个人消费领域，3D 打印都存在广阔的发展前景。

第七章 区块链技术的发展

第一节 区块链产业发展与服务

一、区块链产业发展的背景

人们发现比特币的底层支撑技术区块链具有巨大的潜在应用价值，正式引发了分布式记账技术（Distributed Ledger Technology，DLT）的革新浪潮。区块链以其去中心化、透明性、开放性、自治性、信息不可篡改及匿名性等特性成为继大数据、人工智能、物联网之后全球关注的新兴科技之一。区块链的核心优势是去中心化，能通过集成应用分布式存储、分布式共识机制、加解密算法等技术，有效解决传统中心化交易机构普遍存在的高成本、低效率和数据存储不安全等问题，有助于在无须互相信任的分布式系统中实现去中心化信用的点对点交易、协调与协作，从而减少商业摩擦、降低信任成本、构建可信交易环境、打造可信社会。

自比特币白皮书发布以来，区块链技术经历了 10 年的发展期，从 1.0 的数字货币到 2.0 的智能合约，再到现阶段 3.0 的大规模商业应用时代，区块链行业正经历着高速发展。区块链 1.0 阶段以比特币为代表，提供了非图灵完备的比特币脚本语言。在比特币资源消耗严重、无法处理复杂逻辑等缺点暴露后，产业界将关注点转移到了比特币的底层支撑技术——区块链上，提出了智能合约的概念，即可运行在区块链上的模块化、可重用、自动执行的脚本，区块链由此进入 2.0 阶段。在此阶段，区块链技术开始脱离数字货币领域的创新，其应用范围延伸到了金融、贸易、物流、征信、物联网、共享经济等诸多领域。以太坊是这一阶段的代表性基础开发平台，提供了图灵完备的可编程语言 Solidity，用户可通过此语言编写智能合约，进而构建去中心化应用（Decentralized Application，DAPP）。当前区块链已经进入 3.0 阶段，即"区块链 +"时代，包括区块链 + 仲裁、区块链 + 公证、区块链 + 审计、区块链 + 域名、区块链 + 医疗、区块链 + 通信、区块链＋司法、区块链＋版权等。伴随着区块链在金融领域应用的不断验证，其去中心化和数据可靠等功能已经应用到了医疗、保险、游娱、教育等其他有需求的社会领域中。区块链技术的优点使得其在解决中心平台垄断、信息不对称等应用方面有着巨大前景。

我国近几年来，各行各业对区块链的关注程度较高，各部委、地方政府开始加强对区块链行业的引导，政策监管体系逐步完善。区块链技术的集成应用在新的技术革新和产业变革中起着重要作用，要加快推动区块链技术和产业创新发展，探索和推动区块链技术和金融、物联网、人工智能等技术的融合。

区块链应用加快落地，正在成为各地区实现产业升级，推动数字经济发展的重要支撑。我国区块链产业发展总体上呈现6个特点：①我国区块链的产业链条基本形成，产业规模快速增长；②地域分布相对集中，区域优势逐渐显现，产业园区不断壮大；③区块链应用呈现多元化，从金融延伸到实体领域，区块链应用效果逐步显现，解决方案加速推进；④实现协作环节信息化，助力实体经济降成本、提效率，助推传统产业规范发展；⑤产业政策体系逐步构建，产业发展环境持续优化，政策驱动效果渐显；⑥技术滥用导致产业发展存在一定的风险，不可忽视。

区块链作为一种革命性技术，在赋能其他各类产业的同时，也催生出了一个完整的区块链产业生态链。从产业链的生态分布情况，可将区块链产业链大致分成五大类：①硬件设施：为区块链应用提供硬件支持和底层算力；②区块链底层平台及技术解决方案：为区块链应用提供底层架构和开发平台，并使区块链应用部署更方便；③安全服务：为开发者和用户提供区块链安全方面的咨询服务；④垂直行业应用：将区块链技术应用于各个行业及场景，服务最终用户；⑤行业服务：帮助资金、信息等流动，为产业链参与者提供专业服务。

二、区块链安全及服务

当前，我国区块链产业处于高速发展阶段，整个产业链条基本形成。随着区块链技术的广泛应用，区块链的安全性威胁成为其迄今为止所面临的最重要的问题之一。随着区块链技术所产生的经济价值不断提升，其所面临的攻击将呈现出指数上升的趋势。

（一）区块链需注意的安全方面

1. 底层代码安全性

由于大部分区块链项目都是开放源代码的，黑客可以通过分析源代码的缺陷来找到攻击的突破口。在近年来发生的虚拟货币被盗等事件中，有大量是由代码层面安全问题所致的，开源区块链软件存在着不容忽视的严重安全风险。主要的应对措施有接受专业的代码审计和了解安全编码规范，区块链产品在正式发布前应采用自动化或人工的方式对系统源代码进行静态代码分析、交互式代码审计等安全性检查工作，以有效规避潜在的风险。长亭科技提供的区块链源码安全审计服务能提供源码和设计层面的深度安全审计，提前发现解决安全问题与风险，帮助区块链生态规避这一类核心风险。

2. 密码学算法安全性

区块链中大量使用了现代密码学的技术成果，包括加解密算法、哈希算法、数字签名、随机数等。密码学是保证区块链安全性和不可篡改性的关键，为区块链的信息完整性、认证性和不可篡改性提供了关键保障。现有数字签名、加密通信的认证、加解密大部分都是基于大素数对的 RSA 和 ECC 椭圆曲线非对称加密算法。加解密算法、哈希算法等密码学机制在区块链中的应用解决了消息防篡改、隐私信息保护等问题，但密码学的安全性来源于数学难度，安全是相对的，密码学固有的安全风险仍未在区块链中得以解决。

针对密码算法进行攻击的方式主要有穷举攻击、碰撞攻击、长度扩展攻击、后门攻击、量子攻击等。穷举攻击、碰撞攻击和长度扩展攻击主要作用于散列函数中，大部分散列函数都受此攻击方式影响。后门攻击主要作用于所有开源的加密算法，如 ECC、RSA 等复杂加密算法。随着大量子比特数的量子计算机系统的发展和商业化，非对称密码算法中的大数因子分解问题可在秒级时间内破解，用于密码破译的量子计算算法主要有 Grover 算法和 Shor 算法。

大部分密码学算法存在被量子攻击的可能性，这也是区块链技术面临的典型攻击手段之一。其主要的应对措施是使用现阶段被证实是安全的密码算法，同时关注抗量子攻击密码算法的研究进展，如基于格困难问题的密码算法、基于多变元多项式的密码算法和基于编码问题的密码算法。

3. 共识机制安全性

共识机制是维持区块链系统有序运行的基础，分布式系统的共识达成需要依赖可靠的共识算法来共同验证写入新区块中的信息的正确性。目前，采用的共识机制主要包括PoW、PoS、授权权益证明（Delegated Proof of Stake，DPoS）、PBFT等，PoW、PoS和DPoS机制已经过大规模、长时间的实际应用，发展较为成熟。然而，共识机制都存在一个不可能解决的三角问题，去中心化、安全性和算法效率这三者只能同时实现两者。目前，针对共识机制进行攻击的方式主要有短距离攻击、长距离攻击、币龄累计攻击、预计算攻击和女巫攻击。

短距离攻击和预计算攻击主要影响PoS共识机制。长距离攻击中比较典型的是51%算力攻击，主要影响PoW共识机制，当某一个节点控制了51%及以上算力之后就有能力篡改账本数据。理论上，基于底层共识协议创建的所有数字货币都存在51%算力攻击风险。女巫攻击者主要是通过建立大量的假名标识来破坏整个对等网络的信誉系统，使其获得不成比例的大的影响。主要的应对措施是在设计系统之前充分了解各共识机制的优劣，从中选择出最优的共识机制。

4. 智能合约安全性

智能合约是一套以数字形式定义的各种商业交易规则的集合，包括参与方可在其上执行的承诺协议。它部署在区块链上，由一组利益相关参与方共享并共同验证，其目的是提供优于传统合同方法的安全性和降低与合同相关的其他交易成本。由于智能合约的本质是一段运行在区块链网络中的代码，因此也存在安全漏洞。如果智能合约的设计存在问题，将直接影响与之相关的区块链业务的安全性，可能造成巨大的经济损失。

智能合约的开发和使用过程中可能存在Solidity漏洞、逃逸漏洞、短地址漏洞等众多安全风险和隐患。针对智能合约进行攻击的方式主要有可重入攻击、调用深度攻击、交易顺序依赖攻击、时间戳依赖攻击、误操作异常攻击、整数溢出攻击和随机数攻击。其主要的应对措施是进行智能合约安全审计，通过静态分析、形式化验证等手段进行安全漏洞的检测；长亭科技智能合约源码安全审计服务可为智能合约项目、智能合约钱包和基于合约的去中心化交易所提供专业的人工安全审计；Quantstamp（quantstamp.com）是第一个可扩展的安全审计协议，可以发现以太坊智能合约中的漏洞。另外，需严格遵循智能合约的安全开发原则，并进行大量的模糊测试与白盒审计，实现 100% 测试覆盖率。

（二）区块链的安全服务

由于我国区块链发展主要集中在具体的行业应用中，大多数开发者、平台运行维护者以及用户的安全意识薄弱。随着近年来区块链在底层代码、密码算法、共识机制、智能合约的安全事件频发，区块链安全服务市场逐渐繁荣。安全服务商主要为区块链开发者提供代码审计、安全监测、安全管理等安全性增强服务，提升区块链产品应用安全水平和抗攻击能力。在首届中国区块链安全高峰论坛上，中国技术市场协会、腾讯安全、知道创宇、中国区块链应用研究中心等联合网络安全企业、区块链相关机构及媒体共同发起成立中国区块链安全联盟，致力于建立区块链生态良性发展长效机制，以保护区块链行业的健康发展。

目前，国内代表性的区块链安全服务公司主要有慢雾科技、链安科技，且有各自的安全服务切入点。

慢雾科技专注于区块链生态相关的安全服务解决方案，其核心业务包括安全审计、安全顾问、防御部署、威胁情报、漏洞赏金。慢雾科技是国内首家进入Etherscan 智能合约安全审计推荐名单的公司，并获得了 OKEx 最佳安全审计合作伙伴奖，累计审计近 600 份智能合约，涵盖以太坊、EOS、星云链等平台，累计发现数十个高危、中危安全漏洞。慢雾科技的安全业务包括云防护、智能合约审计、智能钱包安全、算力安全监控、安全服务、业务反欺诈等方面，并根据区块链技术特性以及用户的实际业务需求，推出了多维度的区块链整体安全服务解决方案。

链安科技是国内唯一将形式化验证应用到区块链安全领域的公司，主要以安全审计服务为主。链安科技自主研发出的"一键式"智能合约形式化验证平台VaaS 是全球首个同时支持 EOS、以太坊区块链智能合约的自动形式化验证平台，具有验证效率高、自动化程度高、人工参与度低、支持多种合约开发语言和支持大容量区块链底层平台等特点。

三、区块链行业服务机构

（一）区块链产业园与产业基金

区块链产业园是区块链产业集群发展和实现区块链技术应用落地的重要载

体。我国区块链产业园的迅速发展离不开相应产业基金的助推，各地方政府纷纷建立区块链产业基金以扶持当地区块链产业的发展。

（二）区块链媒体与社区

在区块链发展中，技术、媒体与社区缺一不可，媒体是区块链行业的发声平台和展示窗口，社区是汇聚大众关注区块链的基层力量，对于区块链产业的发展都起着非常重要的作用。

区块链社区汇聚众多关注区块链的基层力量，互相学习和分享关于区块链的技术。区块链社区可分为区块链应用社区、区块链学习社区和区块链自媒体博客社区。区块链技术网中文社区以区块链社区和区块链论坛为核心，是区块链技术者的聚集地，提供比特币价格、资讯、行情分析、挖矿资讯和区块链百科知识。巴比特区块链论坛是区块链交流社区，让区块链开发者分享对区块链的理论、去中心化思想、编程开发及未来发展趋势的见解。

（三）行业组织与研究机构

我国相继成立了中国区块链研究联盟、中国企业区块链产业联盟、中关村区块链产业联盟、中国高科技产业化研究会区块链产业联盟和版权区块链联盟等组织。这些行业联盟主要致力于加强区块链技术合作和交流，输送区块链行业报告，培养区块链专业人才。

中国区块链研究联盟由全球共享金融百人论坛（GSF100）联合论坛理事单位共同发起设立，致力于打造区块链技术的联合研究、信息共享、政策沟通等多维一体的区块链平台。

中关村区块链产业联盟是全球首家专注网络空间基础设施创新的区块链产业联盟，致力于构筑区块链产业高地，促进区块链产业化，推动社会经济和相关产业的发展。版权区块链联盟由版权业务相关、拥有独特行业资源的企业或组织等共同组成，以建设共赢版权生态系统的联盟，致力于服务版权事业，以创作即确权、使用即授权、监测即维权的目标为指引，在知识经济时代让版权实现更大价值。

为了加快推进区块链核心技术自主创新，近几年来国内相继涌现了达摩院区块链实验室和万向区块链实验室等一大批企业区块链研究机构。达摩院区块链实验室致力于区块链技术中共识协议、密码学安全、跨链协议等方面的研究和应用。万向区块链实验室是我国首个专注于区块链技术的非营利性前沿研究机构，实验室聚集的区块链领域专家就技术研发、商业应用、产业战略等方面进行研究探讨，为创业者提供区块链技术指导。除了企业，国内外高校也纷纷成立区块链研究实验中心以培养区块链人才，推动区块链发展。

随着区块链技术的快速发展，相关行业和企业对区块链人才的迫切需求与专业人才严重紧缺是当前区块链技术领域的主要矛盾之一。美国和英国最先开设区块链课程，此后世界各地的高校也相继开设区块链相关课程，建立区块链人才培养体系。区块链行业对研发人员的需求、人才空缺和高薪资的待遇也导致了大量区块链培训机构的出现。

第二节　区块链技术生态体系的构建

一、区块链生态体系的技术架构层次

从技术架构上来看，完整的区块链生态系统包括有底层链、行业应用平台和去中心化应用，每一层分别具有不同的要求与特征。在一个完整的良性的区块链生态体系中，就技术架构而言至少应包括这么独立的两层：

（一）底层链

底层链是具有多主体参与的、广泛分布式算力支持与规范治理的。底层链的"可信性"是区块链生态的根基，底层链的价值就在于为区块链生态体系中的区块链应用提供"可信计算"服务，就像云计算为互联网应用提供存储、计算与网络服务一样，区块链的底层链为区块链应用提供公开透明、不可篡改的"可信计算"服务。

（二）区块链应用

区块链应用是具有真正可信计算需求的丰富的、规模化的，是区块链底层链"可信计算"服务的需求方与"消费者"。

区块链应用具有行业性、专业性、多样性，需要结合具体的应用领域，进行有针对性的开发，而为了让这些应用具有更为广泛的用户参与，区块链应用就需要标准化、平台化、模式化。就技术架构而言，区块链的生态体系建设至少包括这么两层建设任务：①底层链的建设；②应用平台的建设。

二、区块链技术下的农业生态体系建设

（一）生产方面

为了解决农业发展的现有问题，可以通过区块链的智能合约理念建立起多方担保的农业信贷支农模式，以区块链为载体，在互联网上发挥高效率、低成本、信息完整透明、数据准确安全的作用。信贷用户的每一笔交易都将被追加到区块链账本上，担保方与信贷用户都被允许了解其信息，区块链技术下的信贷模式以信息抵押代替传统的物资抵押，申请贷款时不再依赖银行、征信公司或者中介机构提供的信用证明，调取区块链的相应信用信息并签署智能合约即可申请。

征信数据获取后引入区块数据层区块中进行非对称加密，对每个信贷用户的身份进行标识认证，依其去中心化特性将用户信息公开透明化，其精密的加密技术提高了造假的成本，使得数据难以篡改，打破传统信贷模式的时间、空间与资金的约束，保证农产品生产者与担保方信息传递。同理，应用于保险方面，因为智能合约具有自治、去中心化的特征，一旦检测到农业灾害，合约便会自动启动，赔付流程变为智能评估——验证——赔款，使得流程简化而效率提高。

（二）流通方面

农产品物流的地域性与时效性更加明显，面临的问题更为严峻。在现有的供应模式中，区块链技术将有助于其优化与改造。借助物联网运行机制，将区块链技术应用到农产品物流体系建设上将有助于解决流通过程中频发的难题。

在农产品流通的各个环节中由物联网相关监控设备进行数据的实时监控，并将数据实时传入区块里进行加密存储，保证了数据的真实性和可用性，若出现异样情况，整个区块链因其共识机制收到相关预警，有助于及时止损。对于确保农产品质量安全、稳定运维成本有重要意义。

（三）销售方面

将区块链技术引进农业销售则可以有效实现农产品从田间到零售终端的全过程信息查询，达到质量安全追溯的目的。

在农产品溯源链中，相关用户进行注册后信息存入区块中获取相关授权和认证，消费者在购买农产品的同时也会授权获得密钥进入区块链实现追溯数据查询，保证溯源架构体系的参与者可以进区块链了解节点内信息。在每一节点上录入产

品种植、流通、销售等全部信息，依靠不对称加密和数学算法从根本上消除了人为因素，保证了信息的安全可靠性。此过程也将保证相关监管部门在更高授权中对数据的随时查询，如若出现不实信息，则可顺着区块链链条进行纠责。而采购商通过种植过程以及大数据分析、选择信任的农户，可以实现利益最大化。

三、"区块链 + 供应链"协同生态体系的建构

（一）区块链技术助力传统供应链转型

"区块链 + 供应链"协同生态体系是物流行业面对日益强大的消费市场的新探索，它扎根于传统物流，在承继传统供应链惠民配送理念基础上又突破其传递效率低下的发展瓶颈。当下，以大数据、云计算等数字技术为内核的"区块链 + 供应链"协同生态体系，以降成本、提效率为突破口，将供应链系统的运行范围从商品流通领域拓展至商品生产领域。

"区块链 + 供应链"协同生态体系的核心理念在于通过大数据信息共享，保障物流的精准、快速送达，以建构基于客户合作的供应链平台。"区块链 + 供应链"协同生态体系通过整合供应链上下游信息，实现全域数据共享，用户能够实时准确地获取物流信息，消费者的用户体验攀升。区块链技术的数字化处理能力成为供应链转型的最佳帮手，助力传统供应链向"区块链 + 供应链"协同生态体系转型。

1. 消除市场现存问题，完善供应链交易体系

以物流供应链为例，区块链技术打造的高效供应链管理平台将众多分散的中小物流企业有效整合，并据此形成的信息化、集约化、规范化的物流供应链市场格局，将成为我国未来物流供应链的发展方向。

在区块链技术下，物流供应链中交易主体的全部交易信息将被公开透明、准确无误地载入专门"账本"，供应商、物流企业、金融机构等各交易主体均可对物流数据进行实时优化、实时共享与全程追溯。

区块链供应链交易平台有效提升了物流信息的精准度，提高了供应链系统的纠纷追责效率，最大限度地消除了供应链市场现有的问题，这是对传统供应链行业交易体系的一种升级。

2. 降低市场交易成本，完善供应链行业结算系统

供应链市场的交易成本主要由三部分构成：①运输费用与保管费用。运输费用与保管费用属于要素成本，是供应链企业在日常经营活动中产生的费用，是一种可控成本。②管理费用。管理费用属于制度性交易成本，是企业运行过程中为执行行业规章制度所必须支付的成本，是一种不可控成本。

从市场交易费用理论出发，要有效控制供应链交易成本，需掌握行业最原始的交易数据信息，并将其作为制定成本控制方案的依据。可见，供应链数据的可靠性与安全性直接影响成本控制方案制定的精准及实施方案的有效。以时间戳、密码保护、节点保护等技术为支撑的区块链技术，可确保供应链数据的安全性与可获取性，这使得区块链天然地匹配了供应链的成本控制需求。

3. 为供应链企业成本追踪提供路径遵循

区块链的去中心化交互形态和网络终端对等形态，可实现物流数据交互信息初期定额指标的确定化与后期成本控制的可反馈性；而且，上述以区块并联为基础的物流网络账簿可供供应链主体随时查阅，根据实时查阅的信息结合事先设定好的物流期限、经济条件、人力成本等预设指标，供应链主体便可实施物流成本指标的调档存储分类与物流方案调整，这为企业成本追踪与控制提供了可靠路径。

去中心化的"清结算"交易模式，实现了供应链主体的集约与整合，促成了市场各方的直接交易，显著降低了供应链中介交易成本。区块链信息系统是一个集各交易节点终端于一体的数据网络平台，不断延伸的供应链中包括运单、承运人、中间人、里程、费用等全程物流在内的各项数据。在此平台下，零散的市场交易各方得以联通，他们可"点对点"地直接交易，即供应链用户可以根据平台数据源，直接将交易费用转入承运人账户，实现"清结算"服务。这种去中心化的"清结算"交易模式，有效解决了供应链系统中的数据规范性流通问题，为分散的经营主体进行集约和整合找到新的着力点，逐步剔除了当前依托层层中介的供应链组织方式，取而代之的是大型轻资产物流中介组织，显著降低了供应链的中介交易成本。

4. 提高市场监管能力，优化物流行业信用环境

区块链技术与互联网大数据的有机结合，可以保持整个物流网络节点数据一致性的重要内核。作为典型的分布式协同系统，区块链在多方共同维护下形成了

一个不断增长的分布式数据记录体系，该体系可以差异化地实时掌握各节点的动态行为，迅速完成对各交易节点的信用跟踪与监控。

基于区块链物流市场监管体制的核心就是借助密码学技术，保护物流数据的时序性和准确性，进而实现物流生态全覆盖的信用穿透。

基于区块链智能合约及"点对点"交易模式，形成实时互联网高速信息流，监管机构可据此建构一套基于智能合约机制的物流主体信用评级算法并形成一整套物流行业征信评级标准，借以助推物流监管与信用考评走向标准化与专业化。

通过区块链背书的物流信任机制，将充分扩展商业信用与银行信用之间的关系，构建政府信息与社会信息交互融合的大数据资源共享应用机制，并据此拓展社会信用应用网络。这种双向多维度的信用管控体系与区块链的供应链智能体系双组合，相当于对每一个参与主体都进行了完整的"信用评级"与全面信用赋能，由此实现物流行业生态信用的构建。

（二）"区块链＋供应链"协同生态体系的耦合机制

1. 耦合机制的技术经济特点

（1）耦合机制促成传统供应链信息传递模式向"区块链＋供应链"协同生态体系转型

在协同主体耦合机制下，物流数据平台集成为一种谱系化的分布式公共账本，通过区块链共识算法，各相关节点以"点对点"的网络协议实现对信任机制的重构。协同节点间的数据交换通过数字签名技术实施验证，从而确保各个节点具有对等的权利和义务，实现物流交易数据的自我验区块链技术与产业融合发展应用证、自我传递与自我管理。

由于交易信息数据会在各协同主体的各节点进行冗余备份，这样即使交易的某一单节点数据出现损毁，也不会影响信息系统的完整性。所以，这种基于协同主体耦合机制的、由各节点共同维护的物流链式组织系统，使得物流信息平台具有更强的抗变性。

（2）耦合机制促成传统供应链交易信任模式向"区块链＋供应链"协同生态体系交易信任模式转型

区块链技术建构的信任系统建立在技术背书基础之上，革除了传统供应链的中心化交易组织模式，形成了区块链特有的交易创新耦合机制。相对于传统供应链的交易机制，这种链式交易创新耦合机制保证了分布式节点间的数据交互，可以在不需要相互信任及中心机构信任担保的情况下进行线上匿名交易。针对供应链主体间的多元化复杂交易，这种链式交易创新耦合机制，实现了各交易主体的协同验证，减少甚至消除了因缺乏信任而产生的机会成本。

区块链交易创新耦合机制将促成传统供应链交易信任模式向"区块链＋供应链"协同生态体系交易信任模式转型：区块链特有的交易创新耦合机制，将供应链信息完整而有序地连接在一起，使得各节点交易信息具有安全透明、防篡改及可溯源等特性，最大限度地克服了传统物流作业中参与主体存在的责任推诿等机会主义行为，有效地提高了主体间的信任程度与交易效率，为供应链交易主体责任划分提供了可靠追溯。

从信息技术角度看，区块链的核心技术是一种旨在以数字方式传播、验证或执行合同的编码协议，这种协议即为智能合约。该合约的重要技术特点是市场参与各方执行可信交易不需要委托第三方组织即可达成，且这些交易具有较强的技术可追踪性与不可逆性。

与供应链耦合后，智能合约执行着物流交易信息接受、存储、发送、控制与管理等多项功能。在此过程中，供应链交易双方拟定合同即启动了智能合约的初始化，此时加密代码自动执行；交易达成后，合约系统自动生成包括交易费用、交易参与主体等物流信息在内的合约交易账户。

区块链智能合约创新耦合机制，促成传统供应链监管模式向"区块链＋供应链"协同生态体系监管模式转型；区块链智能合约克服了传统供应链外包，导致的物流主体无法对运输与配送进行有效监管的弊病，实现了无第三方委托的物流交付安全，极大地提升了供应链合约的执行效率。

2. 耦合机制的运用机理与运行效能

"区块链＋供应链"协同生态体系，从网络结构维度、网络功能维度两方面揭示了区块链在流通经济学中的运行机制与运行效能。

（1）从网络结构维度看

"区块链＋供应链"协同生态体系由五个层级架构而成。

第一层级将采集到的物流、资金流、信息流等数据联结在一起，并与区块链技术深度融合，依时序链接成具有网状结构的冗余数据通路，经由时间戳服务中心生成相应的哈希值，再辅以加密技术保障数据的安全性、防篡改性和可追溯性，最终实现供应链交易数据的存储、运行与安全。

第二层级为虚拟网络层，其主要功能是通过接入 P2P 组网方式、数据验证机制及交互协议等技术，实现供应链交易各节点的信息交互。其间，同类型信息组成具有拓扑结构的信息区块，区块与区块之间建立无障碍交流机制。但区块节点受公钥制约，未被授予公钥的节点（如网络攻击者）不能实现信息共享，这就确保了单一物流交易节点信息破坏将不会波及其他交易节点，避免了信息恶意篡改行为，保证了物流的安全配送。

第三层级为核心共识层，它是供应链生态体系区块链社群治理机制，该机制通过各节点共识算法，以确保"去中心化"决策权在高度分散的物流信息系统中高效地达成记账权共识，增加恶意篡改数据欺骗网络中其他节点的行为难度，进而确保物流交易信息的可信任流转。

第四层级为智能合约层，内置供应链的行业内部合约、国家行业政策合约、相应法律合约与社会道德合约等，该层级基于密码学技术使相关合约数字化，并据此植入到供应链信息扩展程序当中，为应用层的供应链生态体系展示服务。

第五层级为应用层，该层级为供应链生态模型的展示层，内置诸如供应链生态体系应用场景、案例、未来蓝图等，其间明确了物流信息生产者、传递者及消费者等供应链主体的行动权限，并确保其身份信息的绝对隐私权。

（2）从网络功能维度看

"区块链＋供应链"协同生态体系从实体物流、资金流与信息流三个方面决定了"区块链＋供应链"协同生态体系的运行安全与运行效能。

"区块链＋供应链"协同生态体系中，"去中心化"、智能合约、分布式账本等区块技术有效确保了供应链的转型与升级。实体物流与资金流是"区块链＋供应链"协同生态体系系统的基础，信息流是"区块链＋供应链"协同生态体系的"神经网络"，三者在"区块链＋供应链"协同生态体系中维持着动态的链式依存关系。

①从实体物流配送角度看，基于区块链的智能仓储以仓储作业与配送作业流程为纽带，依托区块链技术解决传统物流配送安全问题。区块链智能仓储网络大多采用内部直接连接的局域网技术，由此形成对物流仓储平台的实时监控与追溯，确保智能仓储系统的运行安全。

"区块链＋供应链"协同生态体系平台对物流安全配送的实现是基于区块链

非对称加密技术和数字签名技术的应用创新。非对称加密技术是区块链系统内所有权验证机制的基础，非对称加密技术使用一对密钥，其中一个密钥加密信息后，另一个对应的密钥才能解开，且无法通过公钥推导出相应的私钥。交易双方主体通过实名制私钥签名完成交付，并将物流状态载入区块链系统，进而有效避免伪造签名的虚假签收现象，有效保证了物流的安全配送。

②从资金流角度看，区块链技术建构的"去中心化"机制重塑了资金流的基本架构。区块链的分布式账本功能参与到每笔交易中，各节点协同资金信息记录、直接进行资金信息交互，而且任一节点损坏均不会影响供应链网络的运行，有效降低了财务部门间的对账成本。另外，"点对点"交易和防篡改技术使数据交互可匿名且不需要相互信任，降低了财务部门间的结算费用与资金对账成本，有效防止资金风险集聚。

③从信息流角度看，信息传递方式的变革是传统供应链向"区块链＋供应链"协同生态体系转型的关键。不管是实体物流配送还是物流资金结算，都离不开相应信息的安全传递。在"区块链＋供应链"协同生态体系中，信息主体既可充当信息供应者与传递者，又可扮演信息消费者和分解者，他们之间既有明确的角色界限又相互依存转化，进而形成多元复合关系。

信息供应者是信息流的起点，他们收集、发布信息。信息传递者是供应链的信息传递通道，他们传输、分享各类信息。信息消费者处于信息流末端，他们通过主动搜寻以获取供应信息和需求信息。各信息主体均为信息分解者，对供应链信息进行过滤与分解，对内协调各类要素发展，对外抵御一系列安全隐患，以维持供应链信息生态的健康与和谐。可见，在"区块链＋供应链"协同生态体系中，信息主体是核心，信息环境是媒介，信息技术是支撑，各方协同引发供应链产业的新一轮变革。

（三）"区块链＋供应链"协同生态体系的制度设计

1. 数据共享网络的建构

"区块链＋供应链"协同生态体系的数据传递、交换、更新与维护均由包括供应商、物流企业与客户等各节点在内的多主体协同完成，这种链式结构数据网络平台为供应链数据的安全快捷与可溯源性提供了可靠保证。构建互信共赢的供应链数据共享网络：

第一，应改变传统的以物流公司为中心、按层级传递信息的数据分享模式，并据此向"去中心化"、无层级化的数据共享模式转型。数据传递模式的转型将对实现供应链信息安全透明、实时共享、自由高效起到变革性作用，旨在促成交易各参与主体间的互信共赢。

供应链交易主体由商家、物流企业、消费者等多方组成，在物流供应链中各主体间存在多重复杂交易，其间赋予各主体平等的权利与义务，并引入"去中心化"信任机制，在各分布式节点间形成一个永久存储物流数据信息并不断延续的"链"，实现物流真实记录及验证交易，以避免数据信息受到某一中心系统的强制操控，确保数据的真实可靠，降低各方因缺乏信任而导致的信息搜索成本，进而实现供应链多方互信共赢。

第二，搭建供应链数据"集体共管共存"机制。供应链数据"集体共管共存"机制旨在促成供应链企业与银行等金融机构间的互信共赢。受限于资金规模小、信用评级低等问题，中小型供应链企业难以从金融机构获得融资，阻碍其健康有序发展。

运用区块链"全局性安全"的基础安全架构，将社会物流供应链中的所有企业数据由行业组织建构统一的托管平台进行集中管理，并接入银行等金融机构数据监管系统，实现物流供应链数据的"集体共管共存"。事实上，由于区块链的防伪特性，被载入托管平台的数据基本可确保真实有效。

建构互信共赢的物流供应链数据共享网络，不仅有利于包括产品商家、物流消费者和银行等供应链金融支持主体的参与，更有助于促成传统供应链企业向"区块链＋供应链"协同生态体系的转型。

2. 行业区块链技术标准体系的建构

第一，打造"区块链＋供应链"协同生态体系，规范区块链的行业应用，应强化政府引导。

第二，强化相关机构组织的支撑作用，制定合法合规的区块链技术标准体系。我国工信部正协同并对接国际组织，加快制定我国的区块链标准体系，提高国际话语权。

第三，制定物流行业区块链技术规范在政府引导、机构支撑的基础上，还应加强市场的主导作用。

第四，实施"以链治链"的技术驱动型"区块链＋供应链"协同生态体系行业监管模式。随着区块链技术向供应链的融合拓展，这种以中心化信用背书为逻辑的传统经济业态监管方法将发生根本性变革。因为作为一项新兴技术，在助力数字经济创新发展的同时，区块链本身的技术创新潜力巨大，助其发展需要以健全其自身的试错、容错包容机制。因而，传统的以第三方机构对其实施强力监管将无益于区块链技术的创新发展。

基于此，"以链治链"的技术驱动型监管将成为"区块链＋供应链"协同生态体系的重要监管模式。对于新型物流监管而言，"以链治链"就是引入区块链监管科技，并以之作为监管工具，同时结合供应链行业规制，在区块链与供应链企业融合发展中充分发挥行业参与者的专业优势，缓解监管盲区与监管资源稀缺等问题，同时将区块链监管成本内部化，减少区块链监管中套利行为的发生。

借助区块链技术智能合约具有的高度自治性，搭建起覆盖全链条、全过程、全主体的信用评价机制，并以此为核心，建立公众广泛参与、政府资源开放、市场主体建设的信用考核体系，逐步打通商业信用与行业信用体系间的联系，通过供应链行业信用与诚信机制，推动"区块链＋供应链"协同生态体系从自发监管向自治监管转型。当然，实施"以链治链"的技术驱动型"区块链＋供应链"协同生态体系行业监管，主要基于区块链本身的全网记录、跨时空链接以及自信任机制等技术特点。事实上，技术本身具有中立性与发展性的特点，"以链治链"也必须紧跟技术步伐，根据发展的区块链技术而作出实时调整。

四、区块链技术下的创新共享平台信用生态体系

为了保障创新共享平台的高质量可持续发展，以"货币区块链、交易区块链、信任区块链、监管区块链"的联盟区块链技术为支撑，构建创新共享平台的高质量信用生态体系。

（一）生态体系的事前防范

高标准引领高质量，信用信息共享平台信用标准的制定和完善，使创新共享平台参与方的信用行为和保障制度有法可依、有章可循，占据信用保障的制高点，提升平台信用的核心竞争力。

信用信息共享平台的信用数据共识共通可协助创新共享平台参与方查询信息，参与国家、行业、团体、地方等信用标准制定，科学、系统地引导平台用户明晰信用界定的标准、信用评级的体系标准、信用的法律法规及规章制度等，有

效防控平台失信行为。

（二）生态体系的事中监管

联盟区块链对创新共享平台信用生态体系的过程管理包括以下几方面：①可利用区块链的哈希算法为平台交易过程中的每个用户输出唯一"标识"，保证交易数据的不可逆转和交易信息的可追溯性。②可利用区块链的非对称加密算法保障平台交易双方的权益，以公钥验证交易合法性，以私钥保护用户隐私。③可利用区块链的默克尔树数据储存结构验证平台用户交易数据的真实性，结合哈希算法防止交易数据被篡改。

联盟区块链对创新共享平台信用生态体系多元协同包括以下几方面：①可利用区块链共识机制联通平台所有区块链数据，实现数据信息共享、互通共识、公开透明，成功阻断恶意攻击。②可通过智能合约，实现不同区块链数据自动存储、识别、判断、共享和协同监管。③当创新共享平台的参与方发生交易信用行为时，可启动联盟区块链，将交易信用数据发布到其他节点，以便信用生态体系各主体方对这些信用数据进行真实性检测和核实，确认后形成本地新数据，实现信用数据的一次记录，循环往复完成全部数据的上链。

（三）生态体系的事后奖惩

创新共享平台的信用风险预警和信用联合奖惩需要整个系统的全方位的监管和保障，利用联盟区块链实时记录和存储平台参与方的信用数据，将其记入企业和用户的信用档案，用以检测信用行为，通过信用信息共享平台进行信息披露，协同多部门对用户的信用行为进行界定和联合奖惩。一旦发生失信行为，便会触发联盟区块链的信用智能合约，自动识别和预警信用风险信号，对平台参与方的失信数据进行广播和更新，将更新的数据传达到联盟区块链的各个节点，进行信息披露，实现创新共享平台各主体方的联合奖惩。

总之，创新共享平台信用生态体系高质量建设的基础是"标准引领＋法律护航"的事前防范，核心是"过程控制＋多元协同"的事中监管，保障是"信息披露＋联动机制"的事后奖惩，环环相扣、相互制约，激励诚信，惩治失信，助力推进我国诚信保障体系的建设。

五、区块链中公有链设计与运营

（一）区块链中公有链设计的要求

作为"信任"基础设施的区块链底层链，其建设首先要明确的关键性目标如下：

1. 公信力

区块链底层链的核心工作就是解决"信任"的问题，区块链是以"算法"和"机器"等技术设施为基础的信任构建模式，但区块链应用的推进过程本质上是一个"信任"迁移的过程，因而"传统信任"越聚集的领域就意味着是"信任"需求最丰富的领域，因而就越具备条件和资源向区块链信任迁移。

在国内，要充分发挥国家信任、政府信任所累积的信任需求与资源，来发展具有广泛公信力的"信任链"。在我国，若政府遵循区块链的思想、规则与规律，牵头组织建设区块链底层链，一定更具有公信力。但在这一过程中，政府一定要自觉遵循区块链的基本精神、规则与规律，否则将难以激发社会参与的热情。

2. 安全性

发布于区块链上的数据既要能在其公开的范围方便获取，同时也要确保未被授权的用户被禁止访问；"既公开又保密"的要求必须借助于区块链的安全技术机制与设施来确保。同时，在国内我们还必须考虑政策的要求，对非法的数据必须要有施加控制的能力，但这些能力的存在又不能太多地影响区块链的公信力、去中心或多中心的性能特征。

3. 分布性

区块链从技术上来提供的"信任"保障，是通过"去中心"或"多中心"的分布式算力来确保的，因此参与区块链算力提供的节点越异质化、主体越多样化，算力的分布性就越好。以某一区块链平台为例，底层的硬件设施就是一家公司提供的，其算力分布性与一条私有链并无本质差别，很难说在此基础上构建的区块链平台具有广泛公信力。因此，若仍然按照传统互联网平台构建的思维，力图一家独大或单一主体控制和主宰算力资源，这种思想不是区块链的思想，所构建的区块链网络难以具备广泛的公信力。

4. 高性能

区块链的底层链要具有高可靠、高性能的接入能力，因此，区块链底层链的共识机制就不能采取低效的共识机制，并且网络算力提供方必须在去中心与专业性之间进行平衡，普通的企业、个人用户就没有必要参与算力的提供。

（二）区块链中公有链的建设与运营

1. 算力节点与技术架构的选型

（1）算力节点的建设

算力节点的建设主要考虑的因素包括分布性、高性能、共识机制等。分布性需要参与区块链网络算力的提供方在主体属性、地理区域上尽可能广泛分布；高性能需要算力的提供方具有技术设施的专业性，可以大幅缩小区块封装时延、传输时延，从而最大可能地提升区块链网络的交易性能。

（2）技术架构的选型

目前，可供进行区块链网络部署与运营的主流技术架构，主要是联盟链技术架构的超级账本与公有链技术架构的以太坊。在解决信息化建设中的绝大部分信息共享工程与项目中，超级账本是一种选择，这也是目前国内绝大部分区块链项目的技术选型。

2. 公共设施与区块链生态布局

（1）公共设施的建设

区块链网络需要提供可供普通用户接入网络、了解网络状态、查询网络数据的基础设施，以最大可能地呈现区块链网络的"信任"基础设施的特性，实现网络数据对各个参与方的数据对称，算法逻辑、数据运行的透明性、规范性与可追溯性。区块链网络的基本公共设施应包括有源码开放平台、网络节点监视平台、区块链浏览器、用户账户管理工具与接入客户端等。

（2）区块链生态布局

区块链网络的持续发展需要有一个良性循环的生态链，这个生态链除了前面链下治理包括的三方面组织以外，还需要有广泛的区块链应用运营商、企业与普通用户的参与。其中，区块链应用运营商可以是前面的算力节点商，也可以是普通的应用企业。区块链网络的生态布局需要对标国计民生中对信任需求特别旺盛的领域，通过多方合作协同开发应用平台与发展生态用户，以推进区块链生态体系的持续繁荣。

3. 链下治理的构建

区块链本质上仍然是一个技术工具，准确地说是人们群体共识的执行工具。如何来形成群体共识、确保群体共识的执行与持续升级完善，是区块链链下治理的核心内容。譬如比特币的社群，以太坊三权分立的链下治理架构都是值得我们借鉴的。

第三节 区块链技术与实体产业的发展

一、数字经济视域下区块链技术

（一）数字经济视域下数字技术的影响

数字经济是一个经济系统，通过数字技术的广泛使用，并由此带来了整个经济环境和经济活动的根本变化。它不仅可以降低用户的行动成本，赋予用户更多的权益，还能提升人们的生产效率与生活体验。

事实上，当我们纵观目前市场上可以接触到的各种数字技术和新型商业模式时便不难发现，它们给整个经济环境和经济活动带来的根本变化，绝大部分都可以归纳为两点：

1. 降低用户的行动成本

降低用户的行动成本是指通过将可能妨碍用户行动的事物进行中心化管理，从而减轻用户的负担，让其行动更便捷。

成本中心化是指去中心化的个体将可能增加自己行动成本的事物托管给相对可靠的中心化机构，只在需要时进行调取，从而在享受同水平权益的同时大大减少行动成本以及其带来的生产与生活体验损失。其典型案例如下：

（1）共享经济

对于享受这些服务的用户来说，他们自己不需要再购置交通工具或携带充电宝，而是可以选择租赁由中心化供应者提供的服务与产品，这样便可以节省出行工具和储能设施的携带、停放、保管等成本（包括时间和精力成本）。

（2）云平台

相对于共享经济中的交通工具和储能设施等产品，信息存储设施的去中心化运输和保管所需要的成本更高。在运输方面，用户一般只能携带移动数据存储设备，如 U 盘和笔记本电脑等，在保管方面，用户需要保持高度的警觉以及对存储设备进行一定程度的加密，而且为预防存储设备丢失后造成重大损失，还需要对文件进行备份。通过将数据存储至云端，用户一方面可以从任何电子设备上调用信息，减少其运输成本；另一方面可以借助云平台的专业安保能力，减少信息的保管成本。

2. 赋予用户更多的权益

赋予用户更多的权益，即通过数字技术将过去聚集在中心化机构或团体的技能分配给去中心化的个体，从而让用户可以进行更多样化的行动。在这方面，典型的案例包括移动互联网，以及由大数据引领的新零售等。

（1）移动互联网

纵观通用类电子设备的发展史，移动互联网的本质就是各类权益逐渐去中心化地分配且权益使用范围不断扩大的过程。例如，文字、图像、音频、视频的输入权和发布权，心率、血压、步数等健康指标的检测权，甚至所处位置、行动轨迹等其他信息的知情权，都是从传统的中心化传媒、医疗、交管等机构逐渐下沉到了去中心化的用户手中。

（2）新零售

与电子设备的发展类似，零售业的发展也是处在一个不断去中心化的过程。根据专业化程度的差异，迄今为止零售业的发展可以大致分为三个阶段：①零售1.0 阶段。零售 1.0 阶段是"所有消费者一个店"，相对较粗放，不利于消费者进行筛选；②零售 2.0 阶段。零售 2.0 阶段是通过对商品进行分门别类，形成了"每类消费者一个店"的模式，但其所针对的仍然是相对中心化的长尾群体；③零售 3.0阶段。零售 3.0 阶段是通过大数据收集和筛选以及人工智能的推理形成了"千人千店"的格局，使每位去中心化的网购消费者都能得到拥有专有购物界面的权益。

（二）数字经济视域下区块链的作用

改善现有的机器系统，使数字经济能够发挥自身效能，赋予用户更多的权利，需要从以下两方面进行改善：

1. 提高信道的可靠程度

提高信道的可靠程度，使用户的行为信息可以更全面、准确、迅速地被收集、传导、解析，最终转化为可靠的解决方案。而解决的方法主要是完善相关标准，提升信道的性能指标。例如，在信息生产环节，铺设更多度量精准的智能终端硬件设备；在信息收集环节，统一各种数据的标准，打破"信息孤岛"，从理论上实现信息兼容。

在信息传输环节，提高通信网络的能效、覆盖半径、传输速度等；在信息存储环节，加强云平台的计算能力和可靠程度，提高其信息存储与处理能力；在信息分析环节，提升人工智能算法的可靠性。

在搭建通畅的信息传输通道的问题上，目前限制这些数字技术发展的主要原因在于这些技术本身。例如，智能硬件的敏锐性、大数据行业的标准化、各种通信网络的容量以及计算机的算力等。因此，要想让信息顺畅流动，从而创造价值，实现权力下放，一个重要的前提就是要完善这些基础设施。

2. 解决利益主体间的信任问题

对于 C 端的信息提供者来说，这些信息是他们的隐私；而对于 B 端的信息收集者来说，信息则是他们的核心资产。如果在信息流通的过程中，信息因为各种主观或客观的原因出现了流失，那么无疑将会给当事者带来经济损失、生活困扰，甚至人身威胁。在这种情况下，我们就有必要通过区块链技术，在数字经济网络中不同的利益主体之间构建信任的桥梁。根据潜在隐患的不同，主要有以下两种具体的构建方式：

（1）客观因素导致信息泄露

如果担心信息在流动的过程中，因为外界攻击和入侵等客观因素而遭到泄漏甚至篡改，导致用户蒙受损失，那么解决方案主要有以下几种：①不使用区块链技术，通过网络安全技术加强信道，尤其是中心化云平台的安防水平，以抵御外界的攻击。②使用区块链技术，把中心化云平台打造成去中心化平台，让攻击者无从下手，即将文件以分片加密的方式拆分后存储在隶属于多个不同利益主体的计算机中，而文件保存的位置与流转的过程则保存在区块链上，等到需要时按照链上的索引提取并组合即可。

（2）人为因素导致信息泄露

如果担心信息在流动过程中会因为相关机构的作恶等人为因素而出现泄露的情况，那么解决方案也有以下几种：①在针对 C 端数据提供者的保护上，可以用区块链技术对数据进行确权，并在未来边缘计算技术成熟之后将用户的数据保留在边缘平台而非中心化云平台上，让用户拥有对自己数据的所有权；相关密钥由自己保管，如果产品开发与运营机构想使用这些数据，需向产品用户提出申请，且每一次流转都需要获得用户的授权，只有对方用密钥进行签名之后才可获得数据的使用权。②在针对 B 端数据收集者的保护上，则可以通过让数据分析者仅获得用户的使用权而非所有权来对数据资产情况进行保护。由于数据分析者对大数据的需求主要是为了打磨自身的 AI 算法，因此在进行数据使用权的交易时，其实际上不需要获得完整的数据，而只要提供自己原始的算法模型即可。在交易过程中，买卖双方将算法模型和大数据上传到基于联盟链的智能合约中，除了数据提供者之外，任何人都无法看到数据内容；在训练完毕后，数据文件包可以退回给数据收集者或就地销毁；而数据分析者得到打磨完毕的模型，大数据就这样在没有泄露风险的情况下、在区块链智能合约的保护下完成有效流转。

总之，区块链与现有数字技术的结合是一个发展总方向，未来必然会有可提升的空间存在。

二、数字经济视域下实体产业的发展

去中心化过程实质上是各种各样的权力从顶层的专业中心化机构向基层个体下沉。"去中心化"是经济与科技发展的客观必然，其不以人的主观意志为转移。事实上，早在"去中心化"一词传播开来之前，社会中就已经出现了很多"去中心化"的经济现象。

（一）信息中介的存在重要性

去中心化经济给人们带来了前所未有的便利，但同时也给社会治理带来了前所未有的挑战，其中最明显的当属利益主体之间的信任问题。具体地说，是在很多行业去中心化、行业中的个体失去中心化机构品牌站台的情况下，要如何在服务的提供者与消费者之间搭建信任的桥梁，让双方顺利地进行对接与交易。由于消费者本身的精力有限，无法逐个对众多服务提供者进行高成本的详细调查，因此对其而言，最好的方法就是选择一个可信的利益主体作为信息中介，让信息中介对这些去中心化的服务提供者进行审查，最终通过信任链条将自己对信息中介的信任传递到分散的服务提供者之上。

在去中心化的经济体系中，进行信息审查与筛选的信息中介堪称最重要的角色之一。纵观互联网发展的历史可以发现，近年来很多声名鹊起的科技巨头所从事的正是这种"站台兼撮合"的工作。

为了打造一个更理想的去中心化经济体系，便提出了"去中介化"的方案，试图在交易网络中剔除信息中介环节，让产品和服务的提供者与消费者进行直接对接。类似于"没有中间商"的口号就是这种设想的直接体现。然而从现实情况来看，要想在不影响正常的产品和服务流通的情况下做到这一点并不容易。虽然中介机构不直接从事生产工作，但它们却通过信息的筛选与撮合，使相关的产品和服务尽早地实现了对接，并产生了商品流与现金流。如果消费者想要享受这样的附加服务，就必须通过中介。

（二）信息中介中区块链的提升作用

在了解了去中心化经济的定义以及信息中介与区块链技术在其中所起到的作用之后，我们来具体看一下区块链对去中心化经济中信息中介的影响。

区块链技术对于去中心化经济系统的作用主要是降低利益主体之间的信任成本，进而促成双方的顺利对接与交易。而实现的方式是将相关的服务信息记录在极难篡改的区块链上，以解答人们关于交涉或交易对象是否值得信任的疑问。

区块链要想在去中心化经济体系中创造利益主体之间的信任，其过程与原理没有想象的那样简单。尤其值得注意的是，在去中心化经济中，难以用行业标准简单地衡量非标准化产品和服务的为数并不少，而且其规模还在持续扩张。出现这种情况最主要的原因是随着经济的发展和生活水平的提高，人们对产品和服务的需求已经从马斯洛需求理论底层的生理和安全需求上升到了更高阶的尊严和自我实现需求。满足底层需求的产品和服务的特点是由于它们所处的发展阶段比较成熟，很容易用清晰的行业标准来评判；而满足高阶需求的产品和服务很多尚处于初期发展阶段，往往缺乏相关的标准，因此描述起来存在一定的困难。

"满足基础需求"与"满足高级需求"的产品和服务，并不一定与"标准化"和"非标准化"绝对对应。很多用于满足安全与生理需求的产品和服务到现在也没有完全实现标准化，但如果相关部门有意愿的话，完全可以对相关的产品和服务进行标准化。

社会需求的逐渐升级与相关产品和服务标准的缺位，使非标准化的产品和服务在相当长的一段时间内还会持续地活跃在人们的生活当中。尽管民间时常会衍生出一些被称为"标配"的非官方标准，但需求的逐渐升级决定了消费者注定不会只满足于那些已形成"标配"的产品和服务，而是会将需求持续地向那些更加个性化、官方与非官方的标准尚未覆盖到的领域延伸。在了解了产品和服务的发展趋势之后，我们来具体关注一下区块链在这些领域的结合方式。区块链并不能直接告诉相关的利益主体，与其进行交易的对象是否值得信任。从目前来看，可参考的选项包括中介平台上的评论，甚至进行排名的中介平台本身等。而这样的平台往往是那些通过较长时间积累，沉淀了一定数量用户的中心化大企业，具有品牌效应与行业权威。

在进行非标准产品的评估方面，中心化平台其实不是一个特别完美的可信任中介。毕竟非标准产品本身有较多的评价维度，而评论者往往也会有自己的主观局限。在这种情况下，尽管区块链技术不能直接对非标准产品和服务是否值得信任给出答案，但人们仍然有必要利用它来提高相关答案的精准率。例如，在评论方面，用户可以通过消费后产生的区块链发票实现"一票一评"，平台则可以确保对产品和服务作出评论的都是真正花过钱的消费者，而不是机器人组成的刷票者；在平台排名方面，通过将点击率和热度实时记录在链上，让那些真正优质的产品能够排在前面，避免平台方面对服务商排名进行故意操纵。这就是区块链技术在"非标准服务"连接不同利益主体方面所能起到的作用。

（三）行业中区块链的结合方式

对于标准型产品，区块链只要简单地告诉人们，对方是否符合相关条件即可；而对于非标准型产品，区块链则需要通过提升评价的真实性来尽可能呈现相关利益主体的本来面目。其中，对于非标准型产品来说，区块链技术发挥效果是要建立在原中介平台拥有流量、汇聚了较多评论与点击率的基础之上。只有这样，谈论评论的真假才有意义，而这样的中介平台往往都隶属于大企业。

1.标准服务型行业中区块链的结合方式

在标准服务型行业，信息中介所提供的服务相对来说比较同质化，原有信息中介所提供服务的可替代性强。如此一来，中心化中介如果出现纰漏，其服务质量就很容易被其他竞争者赶超。但与中心化中介相比，竞争者很多时候不是差在服务质量，而是差在可信性之上。

当用户担心企业是否能完成时，就有必要利用区块链技术难以篡改的特性，将原本集中于中心化中介的可信性下沉到那些使用了区块链技术的中小型信用中介处，如此才能让这些利益主体获得用户的信任。也就是说，在这个细分领域，区块链技术所起到的作用实际上是弥补了中小型信用中介最短的那块木板，也就是由时间所积累的行业声望；而大型信用中介的短板不在"声望"这一块，因此区块链不能对其产生直接的提升作用。

总之，在标准服务行业，区块链技术更适合被小企业采用，作为弥补其可信性短板的最好工具；大企业由于此前已积累了较多的行业声望，因此区块链技术对其提升效果不明显。

2. 非标准服务型行业中区块链的结合方式

在非标准服务型行业，信息中介提供的服务相对来说不是那么同质化，流量越大的平台由于看待问题的视角更多，因此其所呈现的回答更立体细致。也就是说，这些信息中介提供的服务是由流量所支撑的核心竞争力存在的，其可替代性较弱。所以，这些细分的区块链技术更有可能是以大企业作为自我提升、提高可信度的工具而存在的。

总之，在非标准服务行业，区块链技术更适合被大企业采用，用来提升自身流量与评论的可信程度，小企业由于缺乏作为"信任原材料"的流量，因此采用区块链技术的意义不大。

需要指出一点，上述区块链技术解决方案的落地，前提是现有中心化机构在用户群体中的信任基础出现松动的情况下。如果普通用户对现有的信息中介表示高度的信任，那么，无论小企业借区块链概念创业，还是大企业通过区块链进行自我提升，其推动力都是比较有限的。

对于用户而言，信任中心化机构有时可能只需要良好的产品体验，甚至创始团队的励志故事就可以，而信任去中心化的区块链却需要搞懂背后复杂的技术原理。因此，我们在寻找区块链技术落地的场景时，应尽可能地避开那些产业集中度较高的领域，转而向一些产业集中度较低的领域寻找机遇。因为所谓的"区块链创造信任"，归根结底就是在向用户传达这样一个信息：当某个领域没有任何一个可信任中介值得相信时，你可以选择信赖由多个利益主体进行共管的区块链技术。

区块链技术上连农业大数据，下连农业智能系统，是推动农业产业革命、加快农业农村现代化的重要工具，在全面提升食品安全层次、提高食品产业链供应链现代化水平和强化农村金融保险服务能力等方面具有广阔发展空间。

第八章　人工智能技术的发展

第一节　人工智能技术

一、人工智能

（一）智能

智能是人们在认识与改造客观世界的活动中，由思维过程和脑力劳动所体现的能力，即系统能灵活、有效、创造性地进行信息获取，信息处理，信息利用的能力。智能的核心在于知识，其包括感性知识与理性知识、经验知识与理论知识，因此智能也可表达为知识获取能力、知识处理能力和知识适用能力。智能所具有的特征如下。

1. 具有感知能力

感知能力是指人们通过感觉器官感知外部世界的能力。感知是人类最基本的生理和心理现象，是人获取外部信息的基本途径。据有关研究，人类大约80%的外部信息是通过视觉得到的，有10%是通过听觉得到的，这表明视觉和听觉在人类感知中占有主导地位。

2. 具有记忆和思维的能力

记忆和思维是人们有智能的根本原因。记忆用于存储由感觉器官感知到的外部信息及由思维所产生的知识；思维用于对记忆的信息进行处理，即利用已有的知识对信息进行分析、计算、比较、判断、推理、联想和决策等。人的记忆与思维密不可分，其物质基础都是由神经元组成的大脑皮层，通过相关神经元此起彼伏地兴奋与抑制来实现记忆和思维活动。

3. 具有学习能力和自适应能力

学习是人的本能，它既有可能是自觉的、有意识的，也有可能是不自觉的、无意识的；既可以是教师指导的，也可以是通过实践获得的。每个人都在通过与环境的相互作用，不断进行学习，并通过学习积累知识、增长才干，并且适应环境的变化，充实完善自己。只是由于个人所处的环境不同，条件不同，学习效果亦不相同，因此体现出不同的智力差异。

4. 具有行为能力

人们通常用语言或某个表情、眼神及形体动作来对外界的刺激给出反应，并传达某个信息，这称为行为能力或表达能力。若把人们的感知能力看作是信息的输入，则行为能力就是信息的输出，它们都受到神经系统的控制。

（二）人工智能的定义

从工程角度来说，人工智能就是要用人工的方法使机器具有与人类智慧有关的功能，如判断、推理、证明、感知、理解、思考、识别、规划、设计、学习和问题求解等思维活动。它是人类智慧在机器上的体现。

计算机本身就是人类智慧的结晶，它的运算能力和存储记忆能力早就超过了人类。"深蓝"可以每秒分析两三亿步棋，可以存储几千场棋赛的资料，而下棋的本质是一种推理性计算，这更是计算机的"强项"，因此人类输棋不过是早晚的事。尽管如此，"深蓝"仍然不是一台智能计算机，就连开发该计算机系统的IBM专家也承认它离智能计算机还相差甚远，但毕竟它以自己高速并行的计算能力实现了人类智能在机器上的部分模拟，从而在人工智能的研究道路上迈出了坚实的一步。

（三）人工智能的目标与表现形式

人工智能研究的目标是构造可实现人类智能的智能计算机或智能系统。它们都是为了"使得计算机有智能"，为了实现这一目标，就必须开展"使智能成为可能的原理"地研究。

人工智能的研究目标可分为近期目标和远期目标。人工智能的近期目标是实现机器智能即先部分或某种程度实现机器的智能，从而使现有的计算机更灵活、更好用和更有用，成为人类的智能化信息处理工具。而人工智能的远期目标是要制造智能机器。具体讲，就是要使计算机具有看、听、说、写等感知和交互功能，具有联想、推理、理解、学习等高级思维能力，还要有分析问题、解决问题和发明创造的能力。简言之，也就是使计算机像人一样具有自动发现规律和利用规律的能力，或者说具有自动获取知识和利用知识的能力，从而扩展和延伸人的智能。

人工智能研究的远期目标与近期目标是相辅相成的。近期目标的研究成果为远期目标的实现奠定了基础，也有了理论及技术上的准备，远期目标为近期目标指明了方向。随着人工智能研究的不断深入、发展，近期目标将不断变化，逐步向远期目标靠近，近年来科研人员在人工智能各个领域中所取得的成就充分说明了这一点。

至于人工智能的表现形式实际上也就是它的应用形式，主要包括以下几种。

1. 智能软件

它的范围比较广泛，例如它可以是一个完整的智能软件系统，如专家系统、知识库系统等；也可以是具有一定智能的程序模块，如推理模块、学习程序等，这种程序可以作为其他程序系统的子程序，智能软件还可以是有一定知识或智能的应用软件。

2. 智能设备

它包括具有一定智能的仪器仪表、机器和设施等。例如，采用智能控制的机床、汽车、武器装备和家用电器等。这种设备实际上是嵌入了某种智能软件的设备。

3. 智能网络

其就是智能化的信息网络，具体来讲，其从网络构建、管理、控制和信息传输，到网上信息发布、检索以及人机接口等，都是智能化的。

4. 智能机器人

它是一种拟人化的智能机器。

5. 智能计算机

在体系结构方面，智能计算机是要试图打破冯·诺依曼式计算机的存储程序式的框架，实现类似于人脑结构的计算机体系结构，以期获得自学习、自组织、自适应和分布式并行计算的功能。目前世界上竞相研制的神经网络计算机、纳米计算机、网格计算机分别从不同角度给出了新一代智能计算机的发展方向。在人机接口方面，智能接口技术要求计算机能够看懂文字，听懂语言，能够朗读文章，甚至能够进行不同语言之间的翻译。这些也恰恰是智能理论所要研究的基本问题。因此，智能接口技术既有巨大的应用价值，又有重要的基础理论意义。

6. 智能体或主体

它是一种具有智能的实体,具有自主性、反应性、适应性和社会性等基本特征。智能体可以是软件形式的（如运行在互联网上,进行信息收集）,也可以是软硬件结合的（如智能机器人就是一种软硬件结合的智能体）。智能体是 20 世纪 80 年代提出的一个新概念,人们试图用它来描述具有智能的实体,以至有人把人工智能的目标定为"构造能表现出一定智能行为的智能体"。智能体技术及应用是当前人工智能领域的一个热门方向。

（四）人工智能的研究领域

1. 问题求解

人工智能的第一大成就是发展了能够求解难题的下棋程序。通过研究下棋程序,人们发展了人工智能中的搜索策略及问题归纳技术。搜索,尤其是状态空间搜索和问题归纳,已成为问题求解的一种十分重要而又非常有效的手段,也是人工智能研究中的一个重要方面。目前有代表性的问题求解程序就是下棋程序,计算机下棋程序涉及中国象棋、国际象棋、跳棋等,水平已达到国际锦标赛水平。除此之外,另一个问题求解程序是把各种数学公式符号汇编在一起,使其性能达到很高的水平,并正在为许多科学家和工程师所应用。有些程序甚至还能够用经验来改善其性格。

问题求解中未解决的问题包括人类棋手具有的但尚不能明确表达的能力,如国际象棋大师们洞察棋局的能力。另一个未解决的问题涉及问题的原概念,在人工智能中叫作问题表示的选择,即人们常常能够找到某种思考问

题的方法从而使求解变易而解决该问题。到目前为止,人工智能程序已经知道如何考虑它们要解决的问题,即搜索解答空间,寻求较优的解答。

2. 机器学习

学习能力无疑是人工智能研究上最突出和最重要的一个方面,学习是人工智能的主要标志和获取知识的基本手段。要使机器像人一样拥有知识,具有智慧,就必须使机器拥有获得知识的能力。使机器获得知识的方法一般有两种。

第一,把有关知识归纳、整理在一起,并用计算机可接受、处理的方式输入到计算机中去。

第二,使计算机自身具有学习能力,它可以直接向书本、教师学习,也可以

在实践中不断总结经验、吸取教训，实现自我不断完善。

机器学习是研究如何使用计算机来模拟人类学习活动的一个研究领域。更严格地说，就是研究计算机获取计算机新知识和新技能、识别现有知识、不断改善性能、实现自我完善的方法。机器学习研究的目标有三个，分别是人类学习机理研究；学习方法研究；建立面向具体任务的学习系统。

机器学习是一个难度较大的研究领域，它与脑科学、神经心理学、计算机视觉、计算机听觉等有密切联系，依赖于这些学科的共同发展。

3. 机器人学

人工智能研究日益受到重视的另一个分支是机器人学，其中包括对操作机器人装置程序地研究。这个领域研究的问题，从机器人手臂的最佳移动到实现机器人目标的动作序列的规划方法，无所不包。尽管科研人员已经建立了一些比较复杂的机器人系统，不过现正在工业运行的成千上万台机器人，都是一些按预定编好的程序执行某些重复作业的简单装置。程序的生成及装入有两种方式，一种是由人根据工作流程编制程序并将它输入到机器人的存储中；另一种是"示教—再现"方式，所谓示教是指在机器人第一次执行任务之前，由人引导机器人去执行操作，即教机器人去做应做的工作，机器人将其所有动作一步步记录下来，并将每一步表示为一条指令，示教结束后机器人再执行这些指令（即再现），以同样的方法和步骤完成同样的工作。若任务和环境发生了变化，则要重新进行程序设计。这种机器人属于可再编程序控制机器人，也可以称为第一代机器人，它能有效地从事安装、搬运、包装、机器加工等工作，但是它只能刻板地完成程序规定的动作，不能适应变化了的情况。第二代机器人的主要标志是自身配备有相应的感觉传感器，如视觉、触觉和听觉传感器等，并用计算机进行控制。这种机器人通过传感器获取作业环境、操作对象的简单信息，然后由计算机对获得的信息进行分析、处理，从而控制机器人的动作。由于它能随着环境的变化而改变自己的行为，故称为自适应机器人，它虽然具有一些初级的智能，但还没达到完全"自治"的程度，有时人们也称这类机器人为人一眼协调型机器人。第三代机器人是指具有类似于人类智能的所谓智能机器人，该种机器人具有感知环境的能力，配备有视觉、听觉、触觉、嗅觉等感觉器官，能从外部环境中获取有关信息，具有思维能力，能对感知的信息进行处理，以控制自己的行为，它还具有作用于环境的行为能力，能通过传动机构使自己的"手""脚"等肢体行动起来，正确灵巧地执行思维机构下达的命令。

二、智能工程与人工智能

智能工程与人工智能既有区别又有联系。从研究目的看，智能工程这门应用性导向的工程学科，是利用人工智能的成果去解决实质问题；而人工智能这门理论研究性导向的科学，是使机器智能化，即用计算机模拟人的智能。从研究过程看，智能工程专家们更注重人类活动的宏观和外在表现，力图用带有智能的计算机自动去解决人类面临的复杂问题，强调宏观的过程和效果，着重问题解决的结果，并不着重于人类活动的机理性研究；而人工智能科学家不仅要创造出智能机器，而且还要分析、理解人工智能的本质和机理，对各种不同的计算和计算描述均要进行深入的研究，着重研究智能活动过程的机理，更具有严格的逻辑性和推理，并注重人工智能的普遍适用性。从研究内容看，智能工程着重研究的是知识处理及其应用的技术，包括知识的表示与获取，还有知识的管理、协调、集成、利用等问题；人工智能广泛研究人类的智能活动，包括图像识别、自然语言理解、问题求解、机器学习等方面，涉及众多的基础学科和应用科学。因此，智能工程是以"知识"为基础的工程学科，它比知识工程研究的内容要复杂、全面得多。

智能工程与人工智能存在必然的联系，它们一样都是计算机科学及一些其他科学发展的产物。智能工程把人工智能作为主要的依靠基础，人工智能的许多理论及研究成果，如符号模型、符号推理和信息处理等都是智能工程进一步研究的内容。智能工程一方面力图把人工智能的理论和方法应用到实际中去；另一方面在工程应用时，又把许多人工智能中还不太成熟的理论和方法进一步深化、提高。因此，智能工程又能促进人工智能的发展。

智能工程与人工智能的关系，类似于工程科学与自然科学的关系。自然科学是工程科学的基础，自然科学研究的目的是揭示自然界的本质与规律，是人类从根本上认识世界的科学，工程科学的目的是应用自然科学提供的理论作为工具，结合自身对工程问题的研究与理解，有针对性去解决问题。因此，工程科学比自然科学发展得更快，更容易为人们所接受。工程科学在其发展过程中，随着经验与成果的扩大与深入，也会发展成普遍适用的理论和工具，对自然科学的发展也是一种促进和补充。

三、智能制造系统

智能制造系统（IMS）可以说是智能工程的最高代表，它是在直接数字控制技术、柔性制造系统、计算机集成制造系统的基础上发展形成的。智能制造系统能在非确定和不可预测的环境下，可以在没有经验和不完全、不精确的信息情况下完成拟人的制造任务，该系统就是要把人的智能活动变成制造机器的智能活动，要通过集成知识工程、制造软件系统、机器人视觉、智能控制等技术形成大规模高度自动化生产。

许多国家对智能制造系统都进行了研究，他们认为智能制造系统在整个制造过程中都贯穿着智能活动，并将这种知识活动与智能机器相结合，使整个制造过程以柔性方式集成起来，与计算机集成制造系统相比，该系统更强调制造系统的自组织、自学习和自适应能力。

要实现智能制造系统，首先要有智能设备，包括智能加工中心、材料传送、检测和试验装置，还有各种智能装置。随着人们对制造过程行为认识的加深，新技术、新方法的不断涌现，如何将层出不穷的新知识变成机器的知识与智能，就成为智能制造系统必须要解决的重要问题。不管前面有多少困难，脑力劳动自动化将是必然的趋势，智能工程在它的发展道路上将越走越宽阔。

第二节　人工神经网络系统设计与实现

一、人工神经网络概述

深度学习应大数据而生，是机器学习、神经网络研究中的一个新的领域，其核心思想在于模拟人脑的层级抽象结构，通过无监督的方式分析大规模数据，发掘大数据中蕴藏的有价值信息。

神经网络（Neural Networks，NN），也称作人工神经网络（Artificial Neural Networks，ANN），或神经计算（Neural Computing，NC），是对人脑或生物神经网络的抽象和建模，具有从环境学习的能力，以类似生物的交互方式适应环境。神经网络是智能科学和计算智能的重要部分，以脑科学和认知神经科学的研究成果为基础，拓展智能信息处理的方法，为解决复杂问题和自动控制提供有效的途径。

二、神经网络系统总体设计

一个设计良好的神经网络系统能代表问题求解的系统方法。开发神经网络系统的总体设计过程中应考虑这样几个问题：①首先分析哪类问题需要使用神经网络；②神经网络系统的整体处理过程的设计，即系统总图；③系统需求分析；④设计系统的各项性能指标；⑤预处理问题。下面就这几个问题进行讨论。

（一）神经网络的适用范围

神经网络能用来解决多种问题，但并不是擅长解决所有问题。可以把要解决的问题分为四种情况：第一种情况是除了神经网络方法还没有已知的其他解决方法；第二种情况是或许存在别的处理方法，但使用神经网络显然最容易给出最佳的结果；第三种情况是用神经网络与用别的方法性能不相上下，且实现的工作量也相当；第四种情况是显然有比使用神经网络更好的处理方法。为了在不同情况下使用最适合的方法，首先要判断待解决的问题属于以上哪一种情况。这种判断需始终着眼于系统进行，力求最佳的系统整体性能。

一般最适合于使用神经网络分析的问题类应具有如下特征：关于这些问题的知识（数据）具有模糊、残缺、不确定等特点，或者这些问题的数学算法缺少清晰的解析分析。然而最重要的还是要有足够的数据来产生充足的训练和测试模式集，以有效地训练和评价神经网络的工作性能。训练一个网络所需的数据量依赖于网络的结构、训练方法和待解决的问题。例如，对 BP 网来说，对每个输出分类大约需要十几个至几十个输入模式向量；而对自组织网络来说，在选择输出节点数时，需要把估计的分类数作为一个因素考虑在内，因此每种可能的分类取十几至几十个模式只是指导性的出发点。设计测试模式集所需的数据量与用户的需求和特定应用密切相关。因为神经网络的性能必须用足够的检测实例和分布来表示，而用于分析结果的统计方法和特性指标必须有意义和有说服力。对于哪些问题用神经网络解决效果最好，开发者需要逐渐积累经验，总结出自己的原则。

当确定一个问题要用神经网络解决后，接着就要确定用什么样的网络模型和算法。如果有一组确知分类的输入模式数据，就可通过训练 BP 网开始试探解决问题。若不知道答案（分类）应该是什么，可从某种自组织学习网络结构入手。试验时可尝试使用不同的网络结构和网络参数（如学习率或动量系数等），并对其效果进行比较。

神经网络在应用中常常作为一个子系统在系统中的一个或多个位置出现，系统中的一个或多个神经网络往往起着各种各样的作用，在系统的详细设计过程中，要尽可能开放思路，考虑不同的作用与组合。事实上，在许多应用中都使用二十个网络或多次使用网络，还有可能采用子网络构造大结构，甚至不同的网络也可拓扑组合成一个单一的结构。例如，用白组织网络对数据进行预处理，然后用其输出节点作为执行最终分类的反向传播网络的输入节点。

又如，神经网络可作为专家系统中的数据预处理子系统，或作为从原始数据中提取参数的特征提取子系统。有时需要将多个网络模型结合使用，其中每个网络均作为综合网中的子网出现。总之，神经网络在实际应用中存在许多可能的形式，因此应用神经网络解决问题时要放开思路。

（二）神经网络的设计过程与需求分析

神经网络的设计过程要完成的工作任务有三项：首先要做的是系统需求分析，其次是数据准备，包括训练与测试数据的选择、数据特征化和预处理以及产生模式文件，在此过程中强调要求系统的最终用户参加，目的是保证训练数据和测试结果的有效性；再次是与计算机有关的任务，包括软件编程与系统调试等内容。

系统需求分析一般应包括以下内容：

1. 系统需求说明

系统分析是系统开发过程中最重要的工作之一，因为此阶段的错误和疏忽会对项目产生巨大的代价。系统分析阶段的产物是系统详细需求分析文档，以便准确描述系统的行为和评估完成状况。

2. 结构化分析

结构化分析使用一套工具来产生结构化需求说明，由数据流图、数据词典和结构化文字几部分组成。数据流显示的是在系统和环境间以及处理过程间的信息和控制信号流，并将需求模型图形化和生动化。使用结构化文字强调的是可读性而不是自动分析的能力，其目的是在某种程度上能与不懂计算机的用户沟通。

三、神经网络的性能评价

为评价一个系统的运行质量，需要把对系统进行测试运行时得到的数据和已建立的标准相比较。为研究有关神经网络的运行质量，必须首先建立一些能反映其质量的性能指标，这些指标应对不同的网络具有通用性和可比性。目前在这方面尚缺乏系统而深入的研究，但仍可借鉴相关领域的运行检测技术。

（一）百分比正确率

神经网络运行的百分比正确率就是根据某种分类标准作出正确判断的百分比。神经网络用于模式识别和分类等问题时，常用到该指标。但在某些神经网络应用中，百分比正确率的概念不太适用，应采用其他指标。为计算正确率，应选择合适的分类标准和有代表的训练集和测试集。有两个因素会影响以上选择的合理性：一个是分类标准本身的不确定问题，另一个是样本集的代表性。

此外，所选的训练集应该使每种样本的分类结果具有相同的数目。即如果神经网络有三个输出节点，对于每一次分类有一个相应的节点激活，训练样本集中每种分类结果的样本数目应该定为总样本数目的 1/3。

（二）方均误差

在应用方均误差时，应注意两种情况：第一，方均误差的定义公式中包括乘积因子 1/2，但是在许多应用场合都省略了该因子，因此在比较各种不同的神经网络时，应注意方均误差的计算中是否包含乘积因子 1/2。第二，误差项对所有输出节点求和时会产生一个潜在的问题，方均误差无法精确地反映具有不同节点数的神经网络结构之间的差别。如果训练一个单输出节点的神经网络能达到一固定误差，而训练一个结构基本相同的多输出节点的神经网络时，误差可能会增大，这是因为方均误差定义为除以训练集或测试集中的样本数而不是除以节点数。在某些应用场合，用户要求计算每个节点的误差，可以定义节点平均方均误差为（样本平均）方均误差除以输出节点数。由于平均节点方均误差主要用于反向传播算法，所以它主要用于 BP 网络的性能评价。

（三）接收操作特性曲线

评价神经网络系统的另一个途径是接收操作特性（ROC）曲线。ROC 曲线用来反映系统某一个输出节点在作出一个判断时的正确性，因此下面的讨论集中于单输出节点网络。若用判断的阳性和阴性表示将某一输入样本判断为某类的肯定与否定，一个给定输出神经元所表示的判断存在四种可能性，见表 7–1。

表 7-1 ROC 曲线定义中的可能性

阳性		标准判断	
		阴性	
系统判断	阳性	TP	FP
	阴性	FN	TN

第一种可能性称为真阳性判断（TP），即系统的阳性判断与根据标准得到的阳性判断相一致，如系统鉴别出神经科医生确认的癫痫棘波；第二种可能性称为假阳性判断（FP），即系统作出阳性判断而标准作出阴性判断；第三种可能性是假阴性判断（FN），即标准作出阳性判断而系统作出阴性判断，如神经科医生鉴别出的癫痫棘波系统却未找出；第四种可能性是真阴性判断（TN），即系统和标准都作出阴性判断，如系统和神经科医生都判断不存在癫痫棘波。

（四）灵敏度、精度和特异度

灵敏度是指实际存在的事物能被检测到的可能性，也称为回忆度，其定义与 ROC 曲线定义中的真阳性率相同。在某些要求防止出现漏检事件的场合，如在预后严重的 AIND 病检测中，该指标变得非常重要。精度是系统所作出的正确的阳性判断数目除以系统作出的所有阳性判断的总数，在表 7-1 中，就是 TP/（TP+FP），它包含着假阳性判断的强度。特异度是指一件实际不存在的事物被检测为不存在的可能性，定义为 TN/（FP+TN），或称为真阴性率。

第三节　虚拟现实与人工智能技术综合发展

一、虚拟现实技术发展

（一）拟现实技术的概念内涵

在现代科技的蓬勃发展过程中，虚拟现实技术具有独特的性质力，能够依托各种先进的电子信息技术，以计算机设备为运行平台，创建先进的立体虚拟空间。虚拟现实技术的综合应用，能够为用户提供更加广阔的使用空间，能够使其获得更加直观的体验感，方便对虚拟空间的各项操作，实现模拟体验的最佳化。环境模拟、感知、自然技能以及传感器设备等内容构成了虚拟现实技术的有效应用。其中，环境模拟技术能够呈现出三维立体图像，并且质量非常高。感知是指虚拟现实对人处于理想状态的感知能力。

（二）虚拟现实技术特征及其系统的关键技术

现阶段，虚拟现实技术可以为用户提供各种直观、自然的实时功能，达到交互效果，是减少用户工作量并提高整体系统效率的一种先进的接口应用。因此，虚拟现实技术具有以下几个重要特性。

1. 多感知性

除视觉的感知外，所谓的多种感官诱发引导物质还包括对听觉、力量、触觉和体育运动的感知，甚至是味觉和嗅觉。

2. 存在感

存在感也可以称为现场感，它能够直观呈现出一个用户在这种模拟情景中作为一个主角所能够体验到的现实性和虚幻化程度。其中，模拟技术应用于理想的仿真环境中，可以达到用户难以区别真假的程度。

3. 自主性

自主性技术是指一个物体在虚拟环境中按照一定的物理规律正常运行的能力水平，在虚拟现实系统中核心技术主要有动态环境仿真技术、实时三维立体图形技术等。其中，动态环境建模技术的研究目标之一就是根据实际应用场景需求来获取现实环境中的三维立体数据，并通过所获得的三维立体数据来制作合适的现实环境模型。三维立体技术的核心就是实时创造，其中立体化的显示及触控技术是虚拟现实中交互的核心。

（三）虚拟现实技术的发展趋势

1. 实现动态环境建模技术

VR技术通过建立虚拟环境来提升真实感，动态环境建模技术能够为建立虚拟环境提供环境三维数据，这些数据完全来自于真实的环境和硬件。

2. 实时三维图形生成和显示技术

目前，从技术层面上来看三维图形的生成十分顺利，而"实时生成"存在一定维度，三维图形的生成必须保证图形达到与实物基本相同的复杂状况和质量水平，未来三维图像生成技术的研究方向以刷新率为主。此外，显示技术、传感器技术对于VR技术的发展提供了必要条件，目前的虚拟设备三维以达到系统需求标准，三维图形生成技术以及三维图形显示技术需要不断创新突破。

3. 新型人机交互设备的研发方向

虚拟现实技术的优势在于为人们建立交互通道，人们在和虚拟世界对象交流过程中整体体验更加真实，身临其境的感觉更加明显，头盔显示器、数据衣服、三维声音产生器等输入输出设备为人们增加了体验感。但是虚拟现实技术在实用中未能达到预期效果，归根结底在于输入输出设备的性能有待加强，并且这些设备的价格需要逐步降低到人们可以接受的水平。

4. 应用 VR 技术、智能技术和语音识别技术完成虚拟现实建模

虚拟现实建模过程充满复杂性，这并非一蹴而就能够完成的过程，其中花费的时间、精力等成本较大。VR 技术应结合语音识别技术、智能技术共同参与到虚拟现实建模中。语音识别技术用于描述模型的特点，诸如方法、属性等，并将其转化成数据，计算机图形处理技术用于设计模型，人工智能技术可以对模型进行评价，将棋型静态或动态进行连接，系统模型由此产生。

5. 网络分布式虚拟现实技术

虚拟现实技术将细化、深入探索分布式虚拟现实技术。伴随着各种分布式虚拟现实开发工具以及各种开发系统的应用，DVR 的应用范围进一步扩大，医疗行业、训练领域、工程领域等都能够看到该技术的应用。近年来，Internet 应用渗透到各行各业，Internet 分布式虚拟现实应用为实现多个用户协同工作提供便利条件。利用网络联结分散于各处的虚拟现实系统或者仿真器，在结构、协议、标准、数据库方面达成一致性特点，无论时间还是空间层面都达到耦合效果，这样产生的虚拟合成环境为参与者破除了谷种交互阻碍，实现了无障碍交互。航空航天领域应用分布式虚拟现实技术获得较好的应用效果，国际空间站中聚集了多个来自不同国家的航天员，分布式 VF 训练环境打破地域限制，仅需建立一个仿真系统就能实现同样的训练效果，各国在研制 VR 训练技术、设备方面节约了大量成本，人员无须舟车劳顿适应出差的劳累和异地生活带来的不便利，仅需在所在地就可以完成相同的训练。

二、人工智能技术应用及其发展

人工智能技术本质上是计算机科学的一个分支，其涉及信息论、控制论、自

动化、哲学等学科的技术和理论，是一门综合性科学技术。人工智能技术具有高度智能化特征，因此其被广泛应用于各个产业，在推动各产业转型升级的同时，也促进了各个行业不断发展，并取得了不错的经济效益。此外人工智能技术是基于计算机技术的发展而创新升级的，其应用范围更广，能大幅提高人们的工作效率，实现时间管理优化。

（一）人工智能基本概念

人工智能，顾名思义就是赋予机器或计算机具有人智能的特点。因此首先不得不对智能的定义及本质进行剖析。从古至今，众多思想家和科学家都在追寻智能的产生，探究智能的本质，但到目前为止的研究探讨依旧还是处在初步阶段。智能的产生是当今自然界四大奥秘之一，现在还是难以赋予智能明确的定义。

随着脑科学的发展，根据现有对人脑的研究结果，依据智能的行为表现，提出了以下几个影响较深的观点：思维理论观觉得智能的产生来源于思维，正是人进行行为活动时脑产生的思维活动，智能才应运而生；知识阈值理论观认为智能应是在脑内庞大知识领域快速寻出最优解的能力，也就是智能的高度取决于知识储量的大小；进化理论观坚持智能与生物进化论是相似的，智能也随着对外界环境的感知和不断适应而产生且进化提高。

虽然智能无法确切定义，但智能具有以下显著特征：①有感知能力。指依靠多种感觉器官去感受外界环境的能力。②有记忆思考的能力。人脑的结构特点及庞大神经系统使人可以对事物进行记忆且独立思考，这是智能的根本原因。③有学习的能力。不断学习使人更智能，对外部世界的影响也能作出相对应的行为活动，这些都是人的本能。

（二）人工智能主要研究内容及应用

1. 自然语言处理

自然语言理解就是使计算机理解人类的自然语言，如汉语、英语等，并包括口头语言和文字语言两种形式。试想，计算机若能理解人类的自然语言，则计算机的使用将会变得十分方便和简单。自然语言理解就是研究如何让计算机理解人类自然语言的一个研究领域。具体说，要达到如下几个目标：①计算机能正确理解人们用自然语言输入的信息，并能正确回答输入信息中的有关问题。②对输入信息，计算机能产生相应的摘要，能用不同词语复述输入信息的内容。③计算机能把用某一种自然语言表示的信息自动翻译为另一种自然语言。

自然语言处理是人工智能技术研究中的热点方向之一，主要是使计算机能够理解人的表达语言并且实现以自然语言为媒介的人与计算机的交流。自然语言处理是统筹多种信息学科的综合技术，其处理过程包括词法分析、句法分析、语义分析三个阶段。自然语言处理功能强大且应用广泛，不仅局限于语音识别，而且还可以进行机器翻译等。

自然语言的分析过程看似简单，实际上分析起来十分复杂。分析词法时需要将语句切分为单个词语，并对这些单词赋予词义；要分析语句的结构以及确定单词之间的逻辑关系，理清单词在句中的作用并对这些逻辑层次加以表达；把分析的语句代入实际应用当中进行语义分析。其中最难处理的是词义分析，中文中有许多一词多义词语，这大大增加了语言处理的难度。语义识别技术是语言处理过程中用到的关键技术，运用该技术可处理一词多义的难题，尽量消除语句歧义的问题。

从微观上讲，理解是指从自然语言到机器内部表示的一种映射；从宏观上讲，理解是指机器能够完成人所希望的一些功能。因此理解实际是感知的延伸，或者说是深层次的感知；理解不是对现象或形式的感知，而是对本质和意义的感知。

一个能理解自然语言信息的计算机系统看起来就像一个人一样需要有上下文知识及根据这些上下文知识和信息用信息发生器推理的过程。理解口头和书写的片段语言的计算机系统所取得某些进展的基础就是有关表示上下文知识结构的某些人工智能思想及根据这些知识进行推理的某些技术。

自然语言处理的热门应用领域之一是语音识别。语音识别技术功能强大，可以实现"人机对话"，在生活中随处可见，比如可用手机语音搜索免去打字烦恼，智能音箱、机器人等都具有语音识别技术。

2. 计算机视觉

计算机视觉又称机器视觉，是让计算机像人一样具有"观察"的能力，其目的是对现已采集的图片或视频进行操作处理，以便获取周边环境信息。计算机视觉是当今机器学习热点方向之一，其统筹了计算机科学、信号处理、统计学和神经生理学等学科，是一种综合的科学技术。

计算机视觉的视觉器官是成像系统，通过将成像系统捕获的信息作为控制的输入，再让计算机系统来处理信息。计算机视觉研究的终极目标是使计算机可以像人类一样依靠视觉来观察世界以及理解世界，并具有独立适应环境的能力。毫无疑问，实现这个目标还需要走很长的路，但是研究人员可以创立某个先进的视觉系统，此系统可凭借一定的视觉灵敏度和反馈智能去完成所给任务，这也是相关研究机构追求的中期目标。需要强调的是，虽然在计算机视觉系统中可以将计算机模拟为人脑，但是计算机并不等同于人脑，也就是计算机不一定需要采取人类视觉通用方法处理视觉所获得的信息。

在当今高度信息化时代，计算机视觉被应用于各种行业，不仅应用于民用领域，而且还可应用于军事领域。在民用领域，工业机器人中的计算机视觉系统可以使控制过程顺利进行；自动驾驶或移动机器人中的计算机视觉系统能够像"长了眼睛"一样实现自主导航行动；交通信息网中的计算机视觉系统可以进行视频监控而且能够对车流量进行统计。在军事领域，计算机视觉系统可以检测敌方人数以及实现导弹精确制导等。

3. 专家系统

专家系统是人工智能中的研究重点内容。专家系统指类似于人类专家解决问题的智能计算机程序系统，它一般通过学习某领域若干专家多年来积累的知识和经验，然后模拟人类专家对问题作出判断与决策，这样专家系统可以替代人类专家处理某些实际问题。

专家系统由人机交互界面、知识库、推理机、解释器、综合数据库和知识获取6大结构组成。专家系统分为2种类型，即以知识体系可以分为逻辑类专家系统、规则类专家系统、语义网络类专家系统等和按照任务体系可分为预测型专家系统、诊断类专家系统、设计型专家系统等。

专家系统的工作原理是用户在人机交互界面中答复所给的问题，然后推理机通过知识库中的若干规则条件来匹配用户输入的信息以及将这些匹配结果存储在综合数据库中，最后专家系统利用解释器回答出较准确的结论给用户。专家系统一般具有启发性、透明性和灵活性的特征，其也具备面向用户的多种功能，是一种"人性化"的计算机程序系统。

4. 模式识别

模式识别产生于20世纪20年代，随着人工智能的发展而兴起，是人工智能的基础研究领域。模式识别是利用计算机程序，根据输入的图片文字或声音等原始数据进行描述分析和判断处理的技术。

机器感知就是计算机直接"感觉"周围世界，它是机器智能的一个重要方面，也是机器获取外部信息的基本途径。模式识别就是研究如何使机器具有感知能力的一个研究领域。所谓模式是机器对一个物体或某些其他感兴趣的事物所进行的定量或结构的描述，而模式类是指具有某些共同属性的模式集合。用机器进行模式识别的主要内容是研究一种自动技术，依靠这种技术，机器就可自动地或人尽可能少干预地把模式分配到它们各自的模式类中去。

模式识别的主要目标就是用计算机来模拟人的各种识别能力，当前主要是对视觉、听觉能力的模拟，并且主要集中于图形、语音识别。图形识别主要是研究各种图形（如文字、符号、图形、图像和照片等）分类。例如，识别各种印刷体和某些手写体文字，识别指纹、白细胞和癌细胞等，这方面的技术已进入实际阶段。语音识别主要是研究各种语音信号的分类。语音识别技术近年来发展很快，现已有商品化产品（如汉字语音录入系统）上市。

模式识别的过程大体是先将摄像机、送话器及其他传感器接收的外界信息转变为电信号序列进行各种预处理，从中抽出有意义的特征，得到输入信号的模式，然后与机器中原有的各个标准模式进行比较，完成对输入信息的分类识别工作。

模式识别系统一般有5大组成部分：数据获取、预处理、特征提取、分类决策、分类器设计。通常该系统结构分为由前4大部分构成的未知类别模式分类模块和分类器设计模块这2大模块。

数据获取是为了得到计算机能够识别的信息，通常由传感器测得物理量转化为电信号，然后经 AD 转化器获相对应的数据值。再对获取数据进行预处理，即对输入信息进行滤波降噪操作，获得具有分类意义的特征数量。特征提取部分是从众多特征数量筛选出有效且有限的特征，从而减少分类器的计算量，降低分类器设计难度。分类器设计是依据输入的训练样本来自主运作，其过程一般为分类器的自我学习过程，该学习方式通常分为有监督学习和无监督学习。分类决策是由上述流程产生的分类样本根据分类规侧进行评估与决策，其是该系统最重要的一部分，关系到输出结果的准确性。

模式识别有着丰富的应用领域，包括文字识别、指纹识别、遥感以及医学诊断等领域。文字识别可以快速高效地将汉字输入到计算机中，极大地普及了国人的计算机应用；指纹识别是应用最为广泛的模式识别技术之一，指纹的唯一性意味着其身份的唯一性，常见于刑事侦查等确认人身份的场合；遥感其实是一种图像识别技术，被广泛应用于气象预报及军事侦察等。

（三）人工智能发展趋势

在当今信息日益增多、信息碎片化的时代，人类越来越依赖于人工智能，人工智能的发展关系着人类生活的快捷性。人工智能正在给各行各业带来变革和重建。在未来新一代工业革命中，人工智能将发挥着举足轻重的作用。当今全球主要国家陆续出台政策将人工智能作为国家创新战略，并以此抢占并吸收相关人才，这也为将来工业革命和产业变革积蓄巨大的动力来源。无论是在工业安防领域还是在医疗金融领域，人工智能的影响都是不可磨灭的。

未来中国新一代人工智能的研究应用将助力于国家的工业化、城镇化、绿色化和智能化的发展，进而形成一大批以智能竞争为特征的新兴产业领域，推动国内经济大循环以及经济转型升级，而且有利于实现"两个一百年"的奋斗目标。人工智能将呈现多元化发展趋势，主要包括以下几点：①计算机计算能力的高度将决定人工智能发展水平。先进的计算机技术为人工智能研究提供强大计算保障，使得自然语言处理、计算机视觉等人工智能研究领域迈向更高台阶，使人工智能理解水平得到巨大提升。②物联网工程建设的大力推进，促进人工智能技术与万物互联，更好服务于民。其主要体现在人工智能产品物种丰富，且都有产品自身的独立个性。③人工智能技术将更加深度融合国内各产业的发展。在当今大数据、万物互联的信息化时代，各个产业都不会独善其身，而是顺着智能的时代潮流不断发展，未来包括医疗、金融、家居以及交通等传统行业都将应用人工智能技术，而且也将逐步优化涉及这些领域的智能体系。

三、虚拟现实与人工智能的融合

（一）虚拟驾驶环境中车辆智能体的驾驶行为模型

汽车驾驶模拟器通过操纵仿真、动力学仿真、视景仿真等系统，构造出一个驾驶者虚拟场景的交互驾驶环境。在虚拟场景模拟中，为真实模拟道路交通环境，需在场景中加入车辆等运动物体，这些运动物体模拟真实世界中对应的行为，可以实时感知环境，自行规划、决策和操作。这种具有自治性、反应性、能在复杂的动态环境中实现目标的物体，可视为智能体。在驾驶模拟器的交互场景中，尤以车辆为关键，其仿真度直接影响驾驶模拟器的真实感。虚拟场景中的车辆 agent 环境中的智能个体，具有人类驾驶者的意图和行为，可以自行根据目标以及虚拟环境中周围的车辆、交通标志、障碍物等的环境约束，自主决定路径选择、跟车、超车、加减速、碰撞避让、换道等行为，而无人工干预。

为模拟真实的驾驶行为，虚拟环境中的车辆 agent 应能反映出驾驶行为的多样性、复杂性、不确定性、模糊性和随机性等特点以及驾驶员的个性。然而以往驾驶模拟器虚拟场景中的动态车辆模拟往往较为简化，存在驾驶行为的不真实性、可预知性和单一性。没有充分考虑到驾驶员的认知、处理和决策的复杂思维过程，以及驾驶员的不同行为特性，难以模仿出真实的驾驶行为，影响了模拟器的临场感和沉浸感，从而影响了模拟器的实效。

结合人工智能、心理学等学科的研究成果，建立虚拟交通环境的多智能体结构。并从微观角度研究驾驶行为模型，将驾驶行为分为感知、决策和操作等 3 个部分，并结合驾驶员特性因子，使驾驶行为模型更贴近真实，以增强驾驶模拟器的生动性、真实感和实效性。

（二）虚拟现实在无人驾驶地铁中的应用

随着地铁列车技术的飞速发展，无人驾驶地铁列车已经成为未来的主流发展趋势。随着香港、北京、上海等地相继启动无人地铁列车建设项目，我国地铁列车也将进入无人驾驶的新阶段。运用三维虚拟与仿真技术模拟出从设计制造到运行维护等各阶段、各环节的三维虚拟环境，研发人员和使用者可以在虚拟环境中全身心地投入到无人驾驶地铁的整个工程之中进行操作。从而能够在物理资源环境受限的条件下，拓展研发人员和技术人员的设计和研发能力，有助于提高整个工程项目的效率和质量，同时也降低了整个工程项目的时间成本和人力成本。

1.列车虚拟设计

在无人驾驶列车设计过程中可以采用虚拟现实技术对地铁车站、运行线路、通信线路等基础设施及无人驾驶列车内部车载设备，以三维立体的方式呈现给设计人员，使项目设计人员坐在电脑前就能感受到地铁列车的整个运行过程。另外，设计人员通过三维立体模型，可以在虚拟环境下以不同的视角对车辆的组成结构和各部分的构造进行观察，也可以随时对车辆在不同的工作条件下的动力学性能、运行状态、车厢内状况等方面进行研究。通过列车虚拟设计，设计人员可以在物理样机制造之前尽可能地发现设计缺陷，从而将制造风险降至最低。

2. 列车虚拟装配

无人驾驶列车装配过程较为复杂，为保证无人驾驶列车的设计符合工程力学、流体力学等的要求，可以利用计算机对列车各部件进行虚拟仿真，使装配人员可以在计算机上进行虚拟装配，从而能够方便地检查出各部件之间是否兼容。对于装配工人的培训尤为重要，现场装配训练不仅需要占用大量的软硬件资源，而且培训的效果难以评估。列车虚拟装配让受训人员在虚拟环境中熟悉列车各个部件及其装配过程，提高培训人员的设备装配能力。学员只需要佩戴虚拟现实头盔或者眼镜，即可获得身临其境的场景，提高了装配训练的效果。

3. 列车虚拟运行

无人驾驶列车的测试运行是在正式上线运行前对无人驾驶列车可靠性、安全性的最终检验，在真实条件下运行需要耗费大量的人、财、物投入。为了尽量减少测试的时间，同时又能检测出所有的风险，可以采用虚拟运行的方式。利用计算机三维虚拟仿真技术对无人驾驶列车的运行状态、各部件实时状况及列车运行环境的变化情况进行模拟，从而在物理运行前最大限度地检测列车运行的可行性。同时，可以利用计算机对部分参数进行更改测试，观测数据变化对列车运行带来的影响，从而发现不同参数对于列车运行的影响规律，为列车正式运行使用提供了参考，降低了真实运行的风险，并使相关的工作人员在遇到突发状况后能够快速进行处理。

4. 列车运行监控

传统的显控技术仅将列车行驶的各种状态信息和列车设备的参数信息在中控平台上以数字化的形式显示出来，引入虚拟现实技术可以更为直观地进行实时监控。基于虚拟现实的实时监控系统可划分成车载部分和控制中心两部分。车载部分完成地铁列车参数的采集、发送，同时对控制中信号的接收、执行以及自主行驶等功能。控制中心部分完成控制中心操纵指令的采集、发送和对车载发射机发送的信号的接收、存储、显示、天线跟踪等功能。远程监控人员可佩戴虚拟现实头盔设备实时感知列车的运行状态。

5. 列车虚拟维修

维修和保养是保证无人驾驶列车安全、可靠运行的重要环节。维修人员不可能在列车实际上线运行过程中进行维修训练，而在列车发生故障时难以及时相应和处理。因此，引入虚拟现实技术在日常生活中培训和实时维修中就可以有效提高维修人员的能力和故障的解决效率。一方面，维修人员在日常中可以利用虚拟现实技术进行维修预演和仿真，加强对自身的维修技能掌握；另一方面，在列车出现突发故障时，维修人员可以通过虚拟现实设备，参照虚拟维修训练教程现场学习，尽快解决现场故障。

（三）结合虚拟现实技术的智能衣橱系统的设计与实现

近年来，用户对于移动应用服务的需求越来越多样化，涉及日常生活的方方面面，网购试衣、穿衣搭配就是其中一个方面。但由于研发投入以及技术上的限制，目前已经出现的一些衣橱类手机应用程序有很多不足，普及率有限。论文针对国内移动应用市场上"传统衣橱APP+VR+AI"类应用的空白，尝试将人工智能和虚拟现实技术引入手机衣橱，以提高用户体验。

智能衣橱APP近年来在国内外均有一定的研究和发展，不管是在日常生活方面还是购物方面，用户对智能衣橱APP都有很大的需求，其面向的对象也不仅局限于女性群体，只要对穿衣有需求的群体都是智能衣橱APP的受益者。近年来，移动互联网的快速发展带动了计算机软硬件的不断改进，对应虚拟现实技术和人工智能的研究也渐成体系，将传统智能衣橱APP与VR技术、AI技术相结合将是智能衣橱APP未来的发展趋势，不过短期内要跨过相关的技术门槛还是一件任重道远的事情。由于当下VR技术的发展还不成熟，人工智能在衣橱类APP中的应用也不够充分，现有的智能衣橱APP尚处于起步阶段，未来还有很大的发展空间。

1. 智能虚拟衣橱总体架构

针对以上功能模块的需求和具体实现过程，论文设计的智能虚拟衣橱应用在硬件平台不仅涉及移动智能终端，还包括服务器。客户端基于android平台，后台服务器的选择考虑到技术成熟度、性能和开源等特点，采用的是当下普遍使用的Web应用服务器Tomcat，数据库平台为MySQL，其体积小、速度快、成本低，而且源码开放，对于大部分研发者和小规模企业来说，MySQL足以满足开发和使用需求。

考虑到客户端和服务器的功能需求和设置，客户端的主要操作在于将衣橱分类、上传分类衣物图片、图片的输出和更新等，所以将其主要的逻辑功能实现，如衣物推荐功能都放在服务器端处理。论文设计的智能虚拟衣橱应用的整个软件系统是基于 B/S（Browser/Server，浏览器 / 服务器）的三层架构设计的，B/S 架构随着互联网的普及而出现，从本质上说，B/S 架构可看作是一种由传统的二层模式 C/S 架构改进而来的三层模式，是 C/S 架构在 Web 上应用的特例。B/S 架构的特点如下：①三层架构，由浏览器客户端，Web 服务器和数据库服务器组成。② B/S 架构的浏览器就是客户端，只能实现简单的输入输出信息和共享功能，主要的逻辑事务要在服务端处理。③ B/S 是浏览器客户端通过 Web 服务器向数据库服务器发送数据请求，实现多对多的通信。④ B/S 采用 JDBC 方式连接数据库服务器，客户端有请求就连接，结束后就断开，对用户连接的数量没有多大限制。

三层的 B/S 架构中的第一层是浏览器客户端，仅可以进行简单的输入输出功能，基本不处理事务逻辑；第二层是 Web 服务器，负责传递数据；第三层是数据库服务器，负责处理主要的逻辑事务，主要对数据库进行操作，将处理后的信息反馈给第二层。

2. 智能虚拟衣橱功能框架

智能虚拟衣橱应用主要由客户端和后台 Web 服务器构成，论文针对智能虚拟衣橱应用的实际需求，在客户端和服务端分别进行了功能框架设计。

3. 智能虚拟衣橱功能设计

针对客户端和服务端的功能框架设计，此处根据不同的功能模块，对该模块涉及的具体功能进行设计。

（1）用户注册功能

用户第一次使用本应用时需要进行账号注册和密码设置，所有注册的用户信息将会传到服务器以用户信息表的形式储存,使注册过的用户下次可以直接登录。

（2）用户登录功能

用户注册后就可以输入账号以及密码登录系统，服务器接收到登录请求后，判断与数据库里的该用户的信息表是否吻合,并将请求的响应数据返回给客户端，信息若一致，客户端将登录成功，否则无法登录。

（3）衣橱分类功能

衣橱分类功能是整个应用的基础功能，在对衣橱进行衣物分类的基础上，通过拍照或相册导入的方式加入用户的衣物,添加时会附加一些属性信息。比如,适用季节、穿衣指数、风格、场合、品牌价值等,所有的图片信息从客户端上传并储存在服务端的数据库。用户通过此功能可以把现实中的衣橱搬到移动终端,打造个人的专属衣柜。

(4)天气预报功能

用户打开应用后,主界面会根据 GPS 定位显示当地的实时天气信息,这些信息是通过调用百度天气的第三方接口实现的。用户还可以自定义查询其他位置的天气,并且随时随地进行更新。

(5)智能推荐穿衣功能

推荐穿衣功能主要是通过今日天气的温度范围、场合、频率等特征来推荐最优的穿衣搭配方案,通过百度天气接口获取今日天气温度范围。根据穿衣领域的"26 度穿衣法则"生成"穿衣指数评分公式"对衣服图片进行打分和评估,过滤出符合当下季节、温度等内容的穿衣方案。再根据用户对场合和衣服的穿搭频率加权打分,生成"最佳穿衣指数公式"智能化推荐今日最优穿衣方案。用户可以根据今日天气、选择场合查看当天推荐的穿衣搭配方案,属于本应用的核心功能之一。

(6)立体显示功能

立体展示是"VR 试衣"的功能模块之一,与 2D 的单一化图片显示相比,立体显示的素材取自实际拍摄效果图片,能呈现出真实的搭配效果。用户通过拍照或相册导入两张左右平行拍摄的照片,戴上 VRBOX 头盔式虚拟现实眼镜即可观看搭配图片的 3D 立体展示效果。

(7)360 度全景展示功能

"VR 试衣"的另一个功能模块,利用对象全景技术,以搭配的场景对象为中心,环物拍摄多张照片根据矩阵排列导入,使用此模块时用户不需要借助VRBOX 设备就可以 360 度全景观看搭配场景。本功能模块使用 Object2VR 软件实现 PC 端的全景展示,以同样的原理在手机上实现观看全景功能,可 360 度交互地观看搭配场景。

第九章　信息技术在教育中的发展创新

第一节　信息技术与课程教学的融合

一、信息技术与课程教学融合的目标与策略

（一）信息技术与课程整合的内涵与目标

信息技术与课程整合是指在先进的教育思想、理论的指导下，把以计算机及网络为核心的信息技术作为促进学生自主学习的认知工具与情感激励工具、创设丰富教学环境的工具，并将这些工具全面运用到各学科的教学过程中，使各种教学资源、各个教学要素和教学环节，经过组合、重构、相互融合，在整体优化的基础上产生聚集效应，促进传统的、以教师为中心的教学结构与教学模式的根本性变革，从而达到培养学生创新精神与实践能力的目标。概括来说，信息技术与课程整合是在学科教育过程中把信息技术、信息资源和课程进行有机结合，建构有效的教与学方式，促进教学的最优化。

信息技术与课程整合不是简单地将信息技术应用于教学，而是高层次的融合与主动适应。信息技术与课程整合将带来课程内容、课程资源、课程实施和课程评价的变革。我们必须改变传统的单一辅助教学的观点，主动创设学习情景，创造条件让学生最大限度地利用信息技术，让信息技术成为学生最有效的认知工具，最终达到改善学习方式、提高学习效率的目的。

信息技术与课程整合的宏观目标为：建设数字化教育环境，推进教育的信息化进程，促进学校教学方式的根本性变革，培养学生的创新精神和实践能力，实现在信息技术环境下的素质教育与创新教育。具体来说，可以从以下四个方面来理解。

第一，培养学生获取、分析、加工和利用信息的知识与能力，为学生打好全面、扎实的信息文化基础，提高学生的信息素养和文化水平。

第二，培养学生终身学习的态度和能力。

第三，培养学生掌握信息时代的学习方式。

第四，培养学生的适应能力、应变能力与解决实际问题的能力。

（二）信息技术与课程整合应遵循的原则

信息技术与课程整合并不等同于混合，它强调的是对传统的教学方式进行变革，从而改变以教师为中心的教学结构与教学模式，最终达到培养学生创新精神与实践能力的目标。而为了实现这一目标，信息技术与课程整合应该遵循以下几条原则。

1. 课程结构整体性原则

新的课程结构要改变以往课程结构过于强调学科本位、科目过多和缺乏整合的现状，整体设置课程门类和课时比例，精简课程内容，剔除业已陈旧和烦琐艰深的内容，增加能够培养学生的终身学习能力，以及科学技术发展新成果和与现代社会生活相关的内容。要以学生的全面发展为依据来设置课程体系，使各类课程类型、具体科目和课程内容保持一种恰当的比例。

2. "主体——主导"教学理论原则

"双主"教学理论目前被认为是进行信息技术与课程整合的主要理论依据。这一教学理论认为在教学的过程中要充分发挥学生的学习主体地位，教师则在教的过程中起到学习内容的选择，学习过程的组织、帮助、指导等主导作用，使学生的学与教师的教有机地统一起来，体现以人为本、全面发展的教育思想。

3. 能力培养和知识学习相结合的原则

课程整合要求学生学习的重心不仅仅放在学会知识上，而是转到学会学习、掌握方法和培养能力上，包括培养学生的信息素养。学生利用信息技术解决问题的过程，是一个充满想象、不断创新的过程，同时又是一个科学严谨、有计划的动手实践过程，它有助于培养学生的创新精神和实践能力，并且通过这种不断训练，学生可以把这种解题的技能逐渐迁移到其他领域。

4. 自主学习和协作学习相结合的原则

信息技术与课程整合强调要充分尊重学生的兴趣、爱好，为充分发挥学生的个性开辟了广阔的空间。学生可以自主选择目标、内容、方式及指导教师，自己决定活动结果呈现的形式，指导教师只对学生进行必要的引导和辅助，并不是学习的主宰。自主性学习有助于培养学生学习的主动性、积极性和独立探索问题的能力，但只强调个别化是不够的，在学习高级认知能力的场合，采用协作学习往往能取得事半功倍的效果，而且协作学习对合作精神的培养和良好人际关系的形成有明显的促进作用，也是最有利于培养21世纪新型人才的教学策略之一。所以，在课程整合的过程中，应该把自主学习和协作学习结合起来，使学习产生更好的效果。

5. 创新性原则

信息技术教育的过程，是学生动手实践的过程，也是学生创造的过程。在完成一件作品、利用计算机进行学习的过程中，学生需要开动脑筋，大胆想象，自己动手。开展信息技术教育，是培养学生创新精神和实践能力的一个极好的途径。

（三）信息技术与课程教学融合的策略

信息技术与课程教学融合的主要表现可以概括为以下几个维度：一是从横向上来看，在教学中使用了较新出现、在技术上比较先进、功能较强的信息技术；二是从纵向上来看，在教学中具有切实有效的方法和策略来使用信息技术；三是从学生的成长和发展角度来看，信息技术在教学中的使用能够促进学生较高层次能力的提升。认识了信息技术在课程教学中应用的不同维度和层次后，教师在开展教学设计时就要有意识地思考信息技术在课程教学中的功能和作用，认真地回答为什么要用信息技术、要用什么样的技术、要怎样有策略地使用技术，从而让信息技术真正与课程教学融为一体。

1. 在课程教学中使用较新出现、技术较先进、功能较强的信息技术

从教育媒体发展的历史来看，已有的技术手段在教学中尚未得到充分应用，新的技术和方法又以令人应接不暇的速度不断产生。新的技术往往具有新颖的功能并意味着会带来更大的信息量，但这些新颖的功能是否是教学需要的还有待商榷。另外，在教学中增加信息量，对学生习得知识和技能而言，未必总是起到积极作用。信息技术最大的优势在于扩大了教学中信息资源的来源及形式，从提升学生信息素养的角度出发，获得信息仅仅是开始，对信息的分析、加工、存储、发布等才更为关键，这些环节才是提升学生能力和素质的重要内容。学生具有较强的能力和素质的一个衡量指标，可以是学生对获得的信息或者对发生的事件或

者对要解决的问题，不只可以作出知识性判断，甚至可以作出方法性判断和价值性判断来进行评价。

2. 在课程教学中通过切实有效的方法和策略来使用信息技术

信息技术在课程教学中真正发挥作用的，可能更主要的是应用信息技术的方法和策略。将信息技术真正融合到课程教学过程中的各个环节，针对课程教学中的重点和难点问题，充分发挥信息技术所具有的信息量大、交互性强、可扩展性高等特点，使信息技术的使用有计划、有策略、有章法，才不会割裂信息技术与课程教学之间的关系。确实做到信息技术的功能是符合课程教学实际需求的，使用技术的时机是恰当的，应用的技术是课堂上容易获得并能使教师和学生轻易操控的。

从教学设计的角度出发，教师需要更加注重信息技术的应用策略，在充分分析所能获得的各种技术的性能的基础上作出明智的选择，使信息技术在课程教学中的出现成为自然而然的事情，而不是刻意地只是为了体现信息时代的特征而使用信息技术。

3. 信息技术在课程教学中的使用能够有效促进学生较高层次能力的提升

从学生的发展和成长的角度来看，教育的最终结果体现为学生素质的提高。然而，素质不能直接教授和传递，它是以知识和能力作为基础的，其中，知识又是能力的基础，信息包含知识，但不等同于知识。换言之，教育教学追求的素质目标，只能以学生的知识和能力作为载体表现出来。信息技术与课程教学融合，如果只是停留在为课程教学带来大量信息的层次上，那么这样的融合是浅层次的；反之，信息技术与课程教学的融合在知识、能力甚至素质层次上发挥了作用，这样的融合就是有深度的。事实上，信息技术应用于学生发展和成长的每一个层次，也可以是有深度的。不能将信息技术与课程教学的整合简单地理解为只有直接提升学生素质的教学才是有深度的。针对课程教学需要传递的知识，通过信息技术的应用来进行全方位的展现也是整合的一种体现。

在某种程度上来看，因为单纯用某一种模式并不能充分发挥技术的作用，并且不能轻易地达到教学的预期效果。因此，混合式学习在近年来得到了广泛关注。

教学的本质是师生之间教育信息的流动，为了促进学生对所学内容的理解，获取更多关于学习内容的信息是必要的，学生掌握的关于学习内容的信息的数量及类型对于他们更好地掌握事物和现象的特征有很大帮助。教学现实令人不满意的状况和信息技术与教育教学不能整合主要是源于教师仅仅通过信息技术获取信息并利用信息技术将信息进行了呈现，很多信息尚未转变为学生的知识。将信息技术与课程教学整合后，学生面对现实问题或者不同于学习情境的复杂问题时，就可以对获得的信息不仅进行事实性、知识性判断，还能够进行价值判断。

信息化成为当今时代的基本特征，以信息技术为主要代表的教育技术手段和方法与教育进行了持续的整合、融合的尝试，但是，教育并没有因此而发生预期的深刻变化。

二、信息技术与课程教学融合的核心

（一）信息化教学的含义

教学模式的发展是与信息技术的进步紧密联系在一起的。当视听广播技术开始应用于教育时，集体教学是教学模式研究的重点；当个人计算机发展起来时，个别化学习成为教学模式的研究重点；当互联网应用于教学领域时，小组协作学习、网络探究学习、远程教育又成为教学模式的研究重点，数字化学习、电子化学习、在线教育、虚拟教育等教育新形态成为人们耳熟能详的名词。数字化学习是信息时代学习方式的新发展，是基于技术的学习模式。所谓信息化教学模式，是技术支持的教学活动结构和教学方式。它是技术丰富的教学环境，是直接建立在学习环境设计理论与实践框架基础上，包含相关教学策略和方法的教学模型。从本质上看，信息化教学模式是对数字化学习方式的概括与提炼。

在过去很长的一段时间里，人们在教学过程中信息技术存在一个倾向，就是把信息技术作为演示工具，人们把信息技术教学应用的注意力过多地放在了硬件和一些初级技能上，学校和师生没有真正认识到数字化学习具有的潜能，忽视了信息技术与课程的有效整合。随着教育信息化的不断深入与发展，信息化教学成为信息技术与课程整合的核心，信息化教学模式成为促使信息技术与课程整合的有效模式。目前，国内外常见的信息化教学模式主要有：基于问题的学习、基于项目的学习、基于案例的学习、基于资源的学习、探究学习、协作学习、个别教授、操作与练习、教学测试、教学模拟、教学游戏、智能导师、微型世界、虚拟实验室、虚拟学社、协同实验室等。

（二）信息化教学模式的特征

从技术层面来看，信息化教学模式的基本特征是数字化、网络化、智能化和多媒体化。从教育层面来看，其基本特征涉及人才观、学习观、教学观、技术应用观、管理观、评价观等方面。

（三）典型的信息化教学模式

1. 个别授导

个别授导是经典的 CAI（计算机辅助教学）模式之一，试图在一定程度上通过计算机实现教师的指导性教学行为，对学生实施个别化教学。

基本教学过程：计算机展示与提问——学生应答——计算机判别应答并提供反馈。

在多媒体方式下，个别授导型 CAI 的教学内容展示可图文并茂、声色俱全，并可使交互形式更为生动活泼。

2. 操练与练习

操练与练习是发展历史最长且应用最广的 CAI 模式，此类 CAI 并不教授学生新内容，而是由计算机向学生逐个展示问题，学生在计算机上作答，计算机给予适当的即时反馈。运用多媒体，可以将许多可视化动态情景作为提问的背景。

从严格意义上说，操练与练习之间在概念上有一定的区别：操练基本上涉及记忆和联想问题，主要采用选择题的形式；练习的目的重在帮助学生形成和巩固问题求解技能，大多采用短答题、构答题等形式。

3. 教学模拟

教学模拟是利用计算机建模和仿真技术表现某些系统（自然的、物理的、社会的）的结构和动态，为学生提供一种体验和观测的环境。教学模拟是一种十分有价值的 CAI 模式，在教学中有广泛的应用。例如，在物理课上可以模拟电子运动、原子裂变、落体运动等；在生物课上可以模拟遗传过程和生态系统；在化学课上可以模拟化合过程和各种实验；在社会和人文科学中，可以模拟历史演变、政治外交等。

4. 基于资源的主题教学模式

所谓基于资源的主题教学模式是指学习者围绕一个主题，充分发掘和利用各种不同的资源，并遵循科学研究的一般规范和步骤而进行的一系列探究活动，其目的是让学习者提高问题解决、探究、创新等能力，促使学习者的学科素养和信息素养同时得到提高。

基于资源的主题教学模式主要有以下基本特征。

第一，具有广泛的资源：文字、图片、声音、视频、书籍、网络、专家等，只要是对学习有帮助的，就是学习者可以利用的有用资源。

第二，主题具有情境性：通过创设情境有效调动学习者的积极性和主动性，并且通过学习情境将资源聚集起来，使学习者通过对资源的加工和利用，将知识内化，通过主动建构知识意义来解决问题。

第三，主题具有整合性：基于资源的主题教学模式突破了学科本位的思想，实现了跨学科的知识整合，将围绕主题的各门相关学科的相关内容综合利用、紧密联系，增加了问题的实际应用价值，有利于理论与实践的进一步结合。这种学习既提高了学生的兴趣，又培养了学生融会贯通知识的能力，提高了学生从多角度、多层面思考问题的能力。

第四，任务驱动性：围绕一个主题设计了诸多详细的小任务，学生通过逐个解决小任务而达到学习目标，完成对知识的理解和建构。解决与自身生活密切相关的真实问题，容易使学生积极投入到学习过程中，使教学真正做到以学习者为中心，使学生获得一种成就感。

第五，探究性：探究是基于资源的主题教学的核心。在教学过程中，强调自主探究和协作探究，让学生在问题求解的过程中学会综合利用知识、内化知识，倡导学生积极动手、动脑，使学生真正愿意学，体会如何学。

5. 基于项目的教学模式

基于项目的教学是指基于项目的学习（project-based learning，PBL）模式。它是以学习、研究某种或多种学科的概念和原理为中心，以制作作品并将作品推销给客户或展示给教师与学生为目的，在真实世界中借助多种资源开展探究活动，并在一定时间内解决一系列相互关联问题的一种教学与学习模式。

基于项目的学习模式主要由"内容、活动、情境、结果"四大要素构成。PBL 模式的学习内容是在显示生活和真实情境中表现出来的各种复杂的、非预测性的、多学科知识交叉的问题，是学科的核心概念和原理。PBL 模式的活动是生动有效的学习策略，通常开展这种活动的顺序是：给学生呈现一定难度的问题；

学生通过各种途径搜寻资料，如实地调查研究、上网搜索、采访相关专家等；对掌握的资料进行相应的处理、加工并生成一定的信息，从而找到问题的答案。PBL 模式的情境是指特殊的学习环境，这种情境可以促进个人与个人之间及个人与社会团体之间的合作；可以鼓励学生使用并掌握技术工具。PBL 模式的结果包括运用知识的技能和策略及特定的技能。

基于项目的学习模式的基本特征体现在以下几个方面。

第一，有一个任务驱动性的问题用于组织和激发学生的学习活动。第二，要形成一个最终的作品。

第三，强调学习活动中的相互合作，包括教师、学生及该活动可能涉及的其他人员之间的相互合作。

第四，强调学科知识的融会贯通，在情境创设中，问题来源于真实的生活，它需要依靠多学科交叉的知识去解决问题，理解并能够综合运用知识。

第五，学习过程中需要借助多种认知工具和信息资源，包括计算机实验室、超媒体、图像软件、远程通信工具等。

第六，学习具有一定的社会效益。学生的作品包括学习过程的文献资料及学生的最终作品都能够与老师、家长、商业团体进行交流和分享，学生制作的作品可以提供给商家在市面上销售，从而获得一定的经济效益。

6. 基于问题的教学模式

基于问题的教学，又称为基于问题的学习模式，是指把教学或学习置于复杂的、有意义的问题情境中，让学生以小组合作的形式共同解决复杂的、实际的或真实的问题。基于问题的学习模式有三大基本要素：问题情境、学生和教师。

基于问题的学习模式的基本特征体现在以下几个方面。

第一，是一种以学生为中心的教学方法。

第二，以问题为中心组织教学并将问题作为学习的驱动力。

第三，问题是真实的，是培养学生解决实际问题能力的手段。

第四，以学生小组为单位的学习形式。

第五，教师是辅助者或引导者，是必不可少的因素。

7. 教学游戏

教学游戏与计算机模拟有密切的关系，多数教学游戏本质上也是一种模拟程序，只不过其中刻意加入了趣味性、竞争性、参与性等因素，做到寓教于乐。在教学游戏中利用多媒体技术，不但可以使模拟的现象变得更加逼真，而且可以创造在现实世界中难以看到的虚拟现实情景。

8. 智能导师

智能导师也是个别授导的一种，因为它需要借助人工智能技术来实现，因此又称为智能导师系统。智能导师系统是利用人工智能技术模拟家教的行为，允许学生与计算机进行双向问答式对话。一个理想的智能导师系统不仅要具有学科领域知识，而且要知道它所教学生的学习风格，还要能理解学生用自然语言表达的提问。然而，世界上迄今所建立的此类系统能达到实用水平的屈指可数。

9. 案例教学

案例教学的思想来源于基于问题的学习和强调以学生为中心的合作学习。案例教学是教师和学生一起接触大量真实的专业问题，从发现问题、解决问题的过程中，体验到问题与规则之间的自然联系，让学生感受获得专业知识的过程，体验专业的思维方法和培养解决实际问题的能力。在实际的案例学习中多涉及经济、法律、犯罪学、医疗事故、道德伦理等知识问题的研讨。

三、信息化教育中教师与学生的信息素养

（一）信息素养的内涵

1. 信息素养的概念

21 世纪是信息化教育的时代，具备一定信息素养是现代信息化社会对教育者和学习者的特定要求。信息素养包含三个最基本的要素。

第一，信息技术的应用技能。这是指利用信息技术进行信息获取、加工处理、呈现交流的技能，通过对学习者进行信息技术操作技能与应用实践训练来培养。

第二，对信息内容的批判与理解能力。在信息收集、处理和利用的所有阶段，批判性地处理信息是信息素养的重要特征，对信息的检索策略、对所要利用的信息源、对所获得的信息内容都能进行逐一评估。在接收信息之前，会认真思考信息的有效性、信息陈述的准确性，识别信息推理中的逻辑矛盾或谬误，识别信息中有根据或无根据的论断，确定论点的充分性。这些素养不仅仅是通过计算机技术技能的训练形成的，还要通过加强科学分析思维能力的训练来培养。

第三，运用信息，具有融入信息社会的态度和能力。这是指信息使用者要具有强烈的社会责任心、具有与他人良好合作共事的精神，使信息技术的应用能推动社会进步，并为社会作出贡献。这些素养的形成也不是通过计算机技术技能训练就能形成的，而是要通过加强思想情操教育训练来培养的。

当前，世界各国已把信息素养视为课程与教学改革中必须渗透的核心要素。根据信息素养的定义，在教育中提高公民的信息素养有六点要求。

第一，信息获取能力。能够根据自己的学习要求，主动地、有目的地去发现信息，并能通过各种媒体，如书籍、报纸、电视等（特别是要熟练使用互联网），或者通过亲自调查、参观等途径收集所需要的信息。

第二，信息分析能力。能够筛选获取到的丰富信息，鉴别自己所需要的信息，判断它的可信度，然后对真实有用的信息进行分类。

第三，信息加工能力。将不同渠道获取的同一类信息进行综合，结合自己原有的知识，重新整理组织、存储，并能够简洁明了地传递给他人。

第四，信息创新能力。在信息加工的时候，通过归纳、综合、抽象、联想的思维活动，找出相关性、规律性的线索，或者能从表面现象分析出事物的根源，得出创新的信息。

第五，信息利用能力。利用所掌握的信息，使用信息技术或其他手段，分析、解决生活和学习中的各种实际问题。

第六，协作意识和信息交流能力。能够通过互联网拓展自己的交流范围，面向世界，开阔视野，并能利用信息技术加强与他人的联系与协作。

2. 学生学习的信息素养标准

信息素养是传统文化素养的延伸和拓展，也是构成终身教育体系的基础。信息素养不仅包括利用信息工具和信息资源的能力，还包括选择、获取、识别信息，加工、处理、传递信息并创造信息的能力。

标准一：具有信息素养的学生能够有效地、高效地获取信息。

标准二：具有信息素养的学生能够熟练地、批判地评价信息。

标准三：具有信息素养的学生能够精确地、创造性地使用信息。

标准四：作为一个独立学习者的学生具有信息素养，并能探求与个人兴趣有关的信息。

标准五：作为一个独立学习者的学生具有信息素养，并能欣赏作品和其他对信息进行创造性表达的内容。

标准六：作为一个独立学习者的学生具有信息素养，并能力争在信息查询和知识创新中做到最好。

标准七：对学习社区和社会有积极贡献的学生具有信息素养，并能认识信息对民主化社会的重要性。

标准八：对学习社区和社会有积极贡献的学生具有信息素养，并能作出与信息和信息技术相关的符合伦理道德的行为。

标准九：对学习社区和社会有积极贡献的学生具有信息素养，并能积极参与小组的活动探求和创建信息。

3. 信息化教育中学生应具备的信息素养

学生的信息素养是根据社会信息环境和信息发展的要求，在接受学校教育和自我提高的过程中形成的对信息活动的态度，以及利用信息和信息手段解决问题的能力。它既包括学生对信息基本知识的了解、对信息工具使用方法的掌握及在未来的生活中所具备的信息技能的学习，又包括对信息道德伦理的了解与遵守。具体来说，它主要包括以下几个方面。

第一，信息意识。即人的信息敏感程度，是人们从信息角度对自然界和社会的各种现象、行为、理论观点等的理解、感受和评价。通俗地讲，面对不懂的东西，能积极主动地去寻找答案，并知道到哪里、用什么方法去寻找答案，这就是信息意识。信息时代处处蕴藏着各种信息，能否很好地利用现有的信息资料，是人们信息意识强不强的重要体现。使用信息技术解决工作和生活问题的意识，是信息技术教育中最重要的一点。

第二，信息知识。既是信息科学技术的理论基础，又是学习信息技术的基本要求。只有掌握关于信息技术的知识，才能更好地理解与应用信息技术。它不仅体现着学生所具有的信息知识的丰富程度，还制约着学生对信息知识的进一步掌握。

第三，信息能力。包括信息系统的基本操作能力，信息的采集、传输、加工处理和应用的能力，以及对信息系统与信息进行评价的能力等。这也是信息时代重要的生存能力。身处信息时代，如果只具有强烈的信息意识和丰富的信息常识，而不具备较高的信息能力，还是无法有效地利用各种信息工具搜集、获取、传递、加工、处理有价值的信息，不能提高学习效率和质量。信息能力是信息素养诸要素的核心，学生必须具备较强的信息能力，否则难以在信息社会中得到长久生存和发展。

第四，信息道德。培养学生具有正确的信息伦理道德修养，要让学生学会对媒体信息进行判断和选择，自觉选择对学习、生活有用的内容，自觉抵制不健康的内容，不组织和参与非法活动，不利用计算机网络从事危害他人信息系统和网络安全、侵犯他人合法权益的活动。这也是信息素养的一个重要体现。

信息素养的四个要素共同构成了一个不可分割的统一整体。信息意识是先导，信息知识是基础，信息能力是核心，信息道德是保证。

（二）教师的教育技术能力标准

在教育信息化的时代背景下，信息技术与课程整合的研究成为当前课程教学改革的重要课题，有关教师教育技术的培训越来越关注如何培养教师将信息技术运用于教育教学的能力。为了明确教师教育技术能力的标准，推进教师信息化教学培训的内容与方法改革，世界各国陆续制定并颁发了相关的教育法规与指导性文件。

第二节　信息技术教育教学模式创新与发展

一、信息技术教育教学环境优化

（一）信息技术实验室优化

要分析教学内容的步骤方法，信息技术教育在常规教学的同时，要建立信息技术实验室，要做数据与计算实验、数据结构课程实验。信息技术实验室有物联网实验室、开源硬件实验室、电子电路实验室、无线网络组建实验室、三维创意设计实验室、信息系统设计实验室、移动应用设计实验室、数据管理与分析实验室、人工智能初步课程实验室。信息技术实验室搭建 Python 教学环境。信息技术实验教学类型有验证类、探究类、测量类、设计制作类、仪器使用类。通过项目范例引导学生学习，教师必须抓住重点理顺思路，有序地展开教学活动。

（二）教师优化

重视以学科大概念（数据、算法、信息系统和信息社会）为中心，使课程内容结构化；以主题为引领，使课程内容情境化，促进学校核心素养的落实。

教师应该走下"讲堂"，走到学生中间与学生一起探讨交流，在开放的课堂教学中很多情况是无法预料的，这就要求我们不断加强学习、不断研究课堂调控能力，加强对新课程改革理论的学习。随着社会的变化发展，教育改革势在必行，我们只有发展现代教育技术，才能与新教育思想理念同步进行，才能促进新课程改革顺利进行。要关注全体学生，通过对新课程的学习教育，提高学生的信息素养，不让一个学生掉队。学生之间存在个别差异，通过课程内容的项目式学习拓展挖掘学生潜力，实现学生个性化发展，在达到课程标准的前提下，因地制宜建设有特色的信息技术课程。

第一，要实现从提升信息技术应用能力向提升师生信息素养转变。较之信息技术应用能力，信息素养具有更为广泛和深刻的内涵。提升信息技术应用能力是技术性的措施，提升师生的信息素养则更具有根本性，就是要做到师生不仅仅会使用所需要的信息技术，同时或者更为重要的是，师生要具有信息化社会的思维方式和行动方法。

第二，要实现教育信息化从融合应用向创新发展转变。当前研究和实践比较多的是信息化如何与教学深度融合，让信息化教学成为常态。在此基础上，要实现信息化应用从量变到质变的转变，进行信息化时代教学、服务的思路创新与方法创新。探索信息化时代的信息技术教育从理论到方法有不同于以往之处。

（三）学生优化

每一个学生能够使用信息技术工具，不仅是在校学生，而且社会上的每一个学习者，只要他们愿意，都可以在互联网上找到适合自己需要的学习资源和学习服务，真正实现人人能学、随时随地可学的愿景，满足个性化学习的需求。学生能搜索并利用开源硬件及相关资料，体验作品的创意、设计、制作、测试、运行的完整过程，初步形成以信息技术学科方法观察事物和求解问题的能力，提升计算思维与创新能力。个体通过评估并选用常见的数字化资源与工具，有效地管理学习过程与学习资源，创造性地解决问题，从而完成学习任务，形成创新作品的能力。利用数字化资源与工具，创造性地解决问题或创作出有个性的数字化作品。

（四）课堂优化

借助数字化学习环境，引导学生体验数字化学习与创新活动，通过整合其他学科的学习任务，帮助学生学会运用数字化工具（如移动终端、开源硬件、网络学习平台、编程软件、应用软件等）表达思想、建构知识。课堂活动过程的设计主要从情境导入、需求分析、创意构思、动手制作、交流展示、反思改进6个流程入手，实施中要注意"学生活动、教师指导、活动评价"3个要素。课堂信息化演变过程是传统教室→多媒体教室→未来教室。

二、信息技术教育教学内容变革

课程教学内容变革，创新助力核心素养落地实践。教学内容变革影响教学设计的变革。教学设计要求教师认真分析教材，合理选择、组织并合理安排教学内容，再用书面表达或用媒体呈现的过程。教学内容集中体现在教科书中，由于教科书的编排和编写要受到书面形式等因素的限制，尤其是信息技术教材，它所呈现的知识内容和知识结构必须经过教师的再选择、再组织、再加工，才能切合教学的实际需要，并最终有效地内化为学生掌握的知识。因此，教师必须重视教学内容的设计，只有对教学内容进行认真的设计，才能达到预期的教学效果。

（一）教学内容变革与新课改

深入研究新课标。自教育部印发《关于全面深化课程改革落实立德树人根本任务的意见》首次提出"核心素养体系"以来，"核心素养"成为教育界的一个热词。随后公布的《普通高中各学科核心素养》提出了信息技术学科要培育"信息意识、计算思维、数字化学习与创新、信息社会责任"四大核心素养。其中，信息意识虽然需要学生的自觉涵养，但它不是学生自发形成的，更需要教师在信息技术课的教学过程中有目的、有计划地培育。新课标以数据为核心，围绕数据、数据处理、数据应用和项目探究，通过提供丰富资源，帮助学生掌握概念，了解原理，认识价值，学会分析问题，形成多元理解能力，并能利用数字化环境进行学习和创新，是一种新型的学习方式。

课程标准的调整，不仅使课程设置更具科学性、实用性和合理性，而且兼顾了学生的个性发展与升学需要，凸显学科核心素养，满足数字化时代对创新性人才培养的需求，是具有一定前瞻性和开拓性的调整，必将对今后信息技术教学及应用产生深远影响。新的考试方案将探索普通高等院校基于统一高考和高中学业水平考试成绩、参考综合素质评价的多元录取机制。高中学业水平考试分为合格性考试和等级性考试两种。随着课程改革的推进及教育测评理论的发展，提出"价值引领、素养导向、能力为重、知识为基"的评价新理念作为有机整体，"四层"考查内容之间有着清晰的内在逻辑关系，"四层"指核心价值、学科素养、关键能力、必备知识。

核心价值是学科素养、关键能力、必备知识考查中体现出的正确方向、正确价值观、正确方法论、健康的情感态度。学科素养反映核心价值，是在复杂情境中对必备知识和关键能力的综合运用。关键能力是以必备知识的学习探究为载体，表现为对必备知识的运用，是形成学科素养的必要前提。必备知识的积累是形成关键能力和学科素养的基础，在对关键能力和学科素养进行考查时，必然涉及对必备知识的考查。加强对学习认知和学习行为规律的研究，因材施教，开展学情分析，准确评估教学和学习效果，变单一评价为综合性多维度评价，改变现在的过程评价太少的问题。教学新模式由仅注重知识传授向更加注重能力素质培养转变。

（二）教学内容变革与新教材

认真阅读教材，规划课程进度，明确培养学科核心素养的方法、内容要求、教学准备、主要的实践活动等。教材是教学内容的重要素材，有利于从中观上掌握学科的概念层级，有利于从宏观上掌握高中信息技术课程的教学内容，以单课或项目为单位，精读课本教材、教师教学参考，有利于透彻地分析、利用教材，从而提升教学设计的质量，使教学内容既基于教材又不局限于教材。

（三）教学内容变革与新项目

整理各个教材版本的项目，明确培养的是哪些学科核心素养、对应的是什么内容要求、教学准备、教学目标、教学重难点、项目的主题、项目的驱动型问题、项目的规划与评价、主要的实践活动、项目的作品等。有利于根据具体学情适当扩大项目的选择范围。重构后的信息技术课程，将项目学习整合于课堂教学，项目学习覆盖全教材，教材甚至可以理解成各个项目学习的资源、平台、规划。所以，整理各版本教材中的项目，人工智能初步、三维设计与创意、开源硬件项目设计3个模块作为综合素质评价的内容，以便更好满足学生升学和个性化发展的需要。选修课程包括算法初步和移动应用设计2个模块，为满足学生的兴趣爱好、学业发展、职业选择而开设，并列入学生综合素质评价的内容。

（四）教学内容变革与新技术

信息技术的发展日新月异，基于项目学习的教学设计中，要了解教材、教学参考书的基本结构、基本活动，全面领会教材的编写意图，熟记知识结构图、概念层级。体会教学内容体现信息技术的最新发展，引导学生了解信息技术的最新发展成果对生活、学习的影响，以激发学生数字化创新实践的动机，培养学生对信息技术发展的适应能力。同时，又要采取多种措施，确保教学内容的准确性，对一些最新的信息技术及其应用，要保证资料来源的权威性并进行多方论证。信息技术已经广泛应用到生产、生活的方方面面。学生要掌握信息技术的相关知识和技能，不能只是记住相关知识点和操作点，更要掌握已经被软件化或工具化的信息技术，理解隐藏在软件背后的数据加工方法与处理原理。教育部在给全国政协委员的答复函中称，教育部高度重视学生信息素养提升，已制定相关专门文件推动和规范编程教育发展，培养培训能够实施编程教育相关师资，将包括编程教育在内的信息技术内容纳入中小学相关课程，帮助学生掌握信息技术基础知识与技能、增强信息意识、发展计算思维、提高数字化学习与创新能力、树立正确的信息社会价值观和责任感。

三、信息技术教育教学模式创新

今天的人类社会是一个"互联网+"的时代，是一个终身学习的社会。为了实现普通高中信息技术课程目标，信息技术教育教学模式随时代变化而创新。

（一）模式创新与课程目标

"教学"是以引导、促进、帮助学习者进行知识学习的活动，活动的结果是学生获得知识与技能的同时，身心得到健康发展。教师的教与学生的学是这个活动中相辅相成的两个方面，彼此依存、有机结合、辩证统一。教起的是主导作用，主导着活动的方向与性质；学处于主体地位，是活动的主人；学生在教师有计划的指导下，获得有效的学习。教学设计虽有一套可供遵循的一般程序，但在具体的设计过程中，由于设计者依据的理论出发点不同，面临的教学任务、教学情境各异，因而采取的设计方法和步骤就会有一定差异，这种差异进而促使了许多教学设计模式的产生。

新课程视野下的信息技术教育思考提出了为信息社会塑造合格公民、为信息科技培养基础人才的学科使命。现今的高中学生可以称为伴随数字化工具应用成长起来的"数字土著"一代，他们天生具备信息技术应用和工具操作的优势。

（二）模式创新与技术育人

课程改革提出了很多新的课堂理念，在这些理念的指导下，构建新型课堂教学模式也就成了信息技术教师的实践及追求目标。要围绕课程目标的落实，转变过去信息技术教学偏重"知识型"和"技能型"内容学习的做法，聚焦学生对学科大概念的掌握，加强对学生学科核心素养的培养和评价，提高学生参与信息社会的责任感与行为能力，切实培养具备较高信息素养的中国公民。充分认识教学模式在人才培养中的重要作用，并将这一根本任务贯穿始终、落到实处。要结合学科特点，谨慎选择、组织教材内容，精心设计活动，引导学生感受在信息技术领域的重大科技创新成果，培养学生对信息技术学科的浓厚兴趣和维护国家及个人信息安全的社会责任感，激发学生开展创新实践的兴趣，帮助学生树立正确的思想观念和高尚的道德情操，形成正确的世界观、人生观、价值观，努力做到全程育人、全方位育人。

信息技术学科是以培养学生实践能力、创新能力为主的学科。信息技术教学模式应在实际教学活动实施过程中注重基本原理的科学性，以及教学活动实践体验活动的可操作性、选择性和适宜性。此外，还要帮助学生树立信息社会发展要以人为本、具有包容性、能可持续发展等先进思想观念。只有这样，才能助力学生透过信息技术的应用表面，深刻理解其应用机理。同时要对信息技术、课程改革、教学模式、学生进行跟踪了解，认真学习和深入研究，深刻领会信息技术核心素养与课程标准的基本内涵。

四、信息技术教育教学研究发展

新课标提倡以项目探究和学生活动为导向，通过项目引言让学生了解探究项目的内容和要求，引导学生带着问题去思考和探究；通过列举与探究项目相关的活动，引导学生对知识进行总结和迁移；通过布置面向真实情境的相关任务，鼓励学生综合运用所学知识和技能，利用数字化环境解决问题，养成独立思考的习惯。

（一）教育科学研究

1. 教育科学研究概述

（1）教育

教育是培养人的一种社会活动。

（2）科学

科学是某种知识体系，是通过逻辑性、实证性所反映的客观事物的关系和规律的、真理性的、系统化的知识体系。从广义上说，反映自然、社会和人类思维的客观规律的一切知识都属于科学。

（3）研究

研究是人们探索事物真相、性质或规律，以便发现新的事物、获得新信息的活动。

（4）科学研究

科学研究是人们的一种认识过程。它是人们有目的、有计划、有系统地采用科学的方法去认识自然现象和社会现象，探索客观真理，并能动地改造客观世界的过程；是探索真理、解决问题的创造性活动。科学研究的特点：客观性、创造性、探索性、控制性、持续性。

2. 教育科研的意义

教育科研是以教育科学理论为武器、以教育领域中发生的现象和问题为对象、以探索教育规律为目的的创造性的认识活动。简而言之，教育科研是运用教育理论去研究教育现象和教育问题，探索新的未知的教育规律及有效教育途径和方法，以解决新问题、新情况的一种科学实践活动。教育科研的范围非常广泛，它包括所有有关教育方面的宏观和微观的问题。

教育科研的意义有以下几点：①教育科学研究为深化教育改革提供科学依据和理论指导，并促进教育的发展。教育改革与教育科学研究相结合是现代学校教育发展的重要途径。教育改革的理论和依据就是要通过教育科学研究进行实验探讨，寻找规律指导教育改革和实践，促进教育的改革和发展。②教育科学研究能探索教育规律，丰富和发展教育科学，为教育实践提供指导。人们对教育规律、特点的认识，离不开教育研究，教育科研成果的积累丰富和发展了教育科学。通过教育科学研究将实践经验和感性的认识上升为理性认识，总结出规律和理论反过来指导教育实践，再通过实践和教育研究进一步发展和丰富教育科学。③教育科学研究能够丰富我国教育科学理论宝库，促进教育科学发展。教育科学研究促进了教育科学理论的形成和发展，丰富和发展了教育科学理论宝库，促进教育学科发展。④教育科学研究促进教师素质和教育质量的提高。教师在教育实践中积累了丰富的实践经验，通过科研总结经验、探索规律，上升到理论的高度来认识教育现象和问题，促使教师学习理论，用理论指导教育科研。教师通过教学研究及教改实践，进一步把教育理论与教学实践有机地结合起来，在这个过程中提高了教师的教学水平和理论水平，促进了教师素质和教育质量的提高。

3. 教育科研具体路线和任务

（1）教育的历史经验总结及教育现状调查研究

中外教育的历史遗产有许多经验，也有许多教训，需要我们借鉴。我们应当认真研究，取其精华，去其糟粕，择其善者而从之，使其为我国的教育现代化服务。从纵向来说，我们应总结历史经验；从横向来看，我们应了解当前我国教育的基本国情。为此，我们不但要总结教育的历史经验，同时要开展教育现状调查以便更好地掌握国情，为进一步开展教育改革打下基础。

（2）当代教育中急待解决的问题研究

经过大量的教育调查，我们能更清醒地认识到我们应当解决哪些问题，而哪些问题又是当务之急。针对这些急待解决的教育问题深入地进行理论探讨和教改实验，把教育的基本理论与解决现实问题研究紧密结合起来，教育科学研究才能更好地为建设中国特色社会主义教育体系贡献力量。

（3）新课程改革及学科教学研究

开展新课程改革和学科教学研究是提高教学质量的关键环节，它涉及人才培养质量。

中学教学和课程的研究是中学教育科学研究的一个重要任务，包括教材研究、教学方法研究、课堂教学中学生的学习及如何实施素质教育的问题，将成功的实验研究系统化、标准化、理论化，在更大的范围内实施，逐步推广，以提高教育质量。

（4）跨文化比较教育研究

我们应当研究国内外教育，比较不同文化背景下的教育有哪些共同规律和差异性，以便从我国的实际出发，借鉴外国的先进教育经验，促进我国的教育改革。

（5）当代教育改革与发展研究

对当代教育的模式、发展趋势、教育需求进行预测和研究，对教育体制、教育规模、教育内容、教育方式、管理体制，以及教育与社会、经济、科技发展的关系等问题进行研究，使人们能看清发展方向，有助于对教育发展的宏观把握，制定科学的短期、中期和长期的教育发展规划和政策，指导中小学教育改革和发展。

4.教科研与教师专业发展

教科研是教师自身高层次的研修。教科研的先决条件是教育思想的转变，知识、信息、理论的学习、积累、沉淀是教育科研的必备条件，而及时总结、深化、内化、升华是其必然的归宿。只有这样，教育教学与科学研究才能相互渗透，相辅相成，才能以教带研，以研促教，教、学、研相长。

教师从事教科研，有着得天独厚的优势，首先是拥有来自第一线的实践经验。在教学过程中有研究不完的规律，这些规律都会由一些教学现象表露出来，教师如善于捕捉这些教学现象规律，对它进行思考，从中受到启迪，有所感悟，这就是研究源泉。思考之后自然就会产生出自己的看法、观点、见解，写成文章就是做学问。边教学，边研究，教学与研究相结合，久而久之就会形成自己的教学思想和风格。积累、沉淀、思考、总结、内化、升华就是从事教科研的有效方法。

（二）教师的本体性知识、条件性知识、实践性知识

1.教师的本体性知识

教师的本体性知识是教师所具有的特定的学科知识，包括信息技术基础、网络技术、多媒体技术、算法与程序设计、人工智能与机器人等。教师的本体性知识是教学活动的基础知识。在教学活动中，一切努力都是围绕着本体性知识有效传授的。教学的最终绩效是用学生掌握的本体性知识的质量来评价衡量的。

2.教师的条件性知识

条件性知识是指教育学、心理学和教法等相关的教育心理方面的知识。教师只有懂得了教育规律，了解学生心理特点，运用科学的方法，才能有效地开展教育教学活动，增强其预见性和科学性，克服盲目性。

3.教师实践性知识

教师的实践性知识是指教师在面临实现有目的的行为中所具有的课堂情景知

识以及与之相关的知识，具体地说，这种知识是教师教学经验的积累。它是教师真正信奉的，并在其教育教学实践中实际使用和表现出来的对教育教学的认识。教师的实践性知识就是从教学实践中获取到的知识。实践性知识是教师专业发展的知识基础。教师的实践性知识包括教师的教育信念，教师的自我知识，教师的人际知识，教师的情境知识，教师的策略性知识。

实践性知识的特征：首先，它虽然不如理论性知识显而易见，但在教师接受外界信息（包括理论性知识）时起过滤的作用。它不仅对教师所受到的理论性知识进行筛选，并在教师解释和运用此类知识时起重要的引导作用。其次，它具有强大的价值导向和行为规范功能，指导着教师的日常教育教学行为。虽然大部分教师对自己所拥有的实践性知识缺乏明确的意识，但它实际上影响着教师对有关问题的看法和做法。最后，教育是一种特殊的实践活动，涉及很多因素，具有高度的丰富性、复杂性和情境性。

4.三者之间的关系

教师的本体性知识就好比"给学生一杯水，教师自身要有一桶水"中的"水"，是教学的基础；条件性知识好比"怎么倒水"，怎样倒才能倒得更好、更准、更有效，是教学的方法和技术；实践性知识就是倒水过程中所积累起来的经验、具体的操作技巧等，是教学的能力和提升。

（三）教学研究发展与专业素养

1.教师专业发展新机遇

信息技术带来了教师职业状态的新变化，包括教学的环境、信息资源的形态与数量、教师的专业素养、教学的工具、工作与学习的方式、教师的角色等。

对提升教师的教学理念和方法、教学技能、师德水平、知识与能力、信息素养等有新的要求。信息技术在教师专业发展中的作用：为教师提供网络化学习和信息化教学的工具、实践与反思的利器和交流与协作的平台。教师应掌握信息时代基本教学工具（如信息检索、百度）、表达讲演、可视化分析软件（如概念图、思维导图）、教学评价（如电子档案袋）、人际交流（如微信）、反思与叙事（如博客）、基于网络的探究学习、网络学习社区和网络管理课程。

2.教师专业发展新理念

教师专业发展理念有以下几个：第一，学生为本。尊重中学生权益，以中学生为主体，充分调动和发挥中学生的主动性；遵循中学生身心发展特点和教育教学规律，提供适合的教育，促进中学生生动活泼学习、健康快乐成长，全面而有个性地发展。第二，师德为先。热爱中学教育事业，具有职业理想，践行社会主义核心价值体系，履行教师职业道德规范；关爱中学生，尊重中学生人格，富有爱心、责任心、耐心和细心；为人师表，教书育人，自尊自律，以人格魅力和学识魅力教育感染中学生，做中学生健康成长的指导者和引路人。第三，能力为重。把学科知识、教育理论与教育实践相结合，突出教书育人实践能力；研究中学生，遵循中学生成长规律，提升教育教学专业化水平；坚持实践、反思、再实践、再反思，不断提高专业能力。第四，终身学习。学习先进中学教育理论，了解国内外中学教育改革与发展的经验和做法；优化知识结构，提高文化素养；具有终身学习与持续发展的意识和能力，做终身学习的典范。

3. 教师发展专业与新知识

第一，教育知识：掌握中学教育的基本原理和主要方法；掌握班集体建设与班级管理的策略与方法；了解中学生身心发展的一般规律与特点；了解中学生世界观、人生观、价值观形成的过程及其教育方法；了解中学生思维能力与创新能力发展的过程与特点；了解中学生群体文化特点与行为方式。第二，学科知识：理解所教学科的知识体系、基本思想与方法；掌握所教学科内容的基本知识、基本原理与技能；了解所教学科与其他学科的联系；了解所教学科与社会实践的联系。第三，学科教学知识：掌握所教学科课程标准；掌握所教学科课程资源开发的主要方法与策略；了解中学生在学习具体学科内容时的认知特点；掌握针对具体学科内容进行教学的方法与策略。第四，通识性知识：具有相应的自然科学和人文社会科学知识；了解中国教育基本情况；具有相应的艺术欣赏与表现知识；具有适应教育内容、教学手段和方法的现代化的信息技术知识；优化知识结构，定期开设有关条件性知识及实践性知识的讲座或论坛，组织各类相关知识的竞赛或演讲比赛，定期组织教师参加一些有益的相关性的社会实践，如寒暑假以自愿报名的形式由学校组织教师参加经济类的营业性活动等；多借鉴其他行业的知识，他山之石，可以攻玉。

（四）教学研究发展与学科活动

1. 注意数字化环境下的学习与创新

如今，数字社会已然来临，人工智能、大数据、云计算等方兴未艾。数字化学习与创新是指充分运用数字化资源、数字化工具和数字化平台，开展自主学习与群体协作，并在不断进行创造创新的过程中所具备的基本技能和必备品格。数字化学习与创新是信息技术课程核心素养之一。一方面，教师要创设一个良好的数字化学习环境，提供丰富的课程资源，将现实空间和虚拟空间相结合，拓宽师生互动交流渠道，用"互联网+"思维构建学生的可持续发展空间，另一方面，教师要了解各种数字化学习系统、学习资源和学习工具，鼓励学生利用数字化环境展开自主学习、交流分享与创新创造，有效地管理学习过程和学习资源，创造性地解决问题，完成学习任务。例如，教师可以利用在线网络学习平台进行自主学习；利用移动终端实现远程学习和翻转课堂；加入特定论坛社区或社交网络与其他人交流互动，构建学习共同体；使用思维导图对探究项目进行分析和发散思维；利用其他数字化技术为思维创新提供更广阔空间，如将开源硬件、三维打印、激光切割、数控机床等工具纳入创新活动中。

2. 重视计算思维能力的培养与训练

计算思维是课程核心素养的重要组成部分，具备计算思维的学生可以用计算机处理的方式建立结构模型，设计合理算法，从而形成问题的解决方案，解决现实生活中遇到的问题。Python是一种面向对象的解释性程序设计语言，也是一种适合初学者学习的计算机语言，广泛地应用于科学计算、数据处理、网站开发、网络编程、图形处理、人工智能等领域，是开源项目的优秀代表。课程以Python语言为编程工具，通过问题分析与算法设计，解决现实生活中遇到的相关问题，培养计算思维能力。"Python与人工智能"系列课程以应用Python语言进行人工智能项目编程实践为核心，内容涉及网络数据爬取、机器学习算法使用、语音识别系统设计、人脸识别系统设计，通过解决学科问题和生活中的实际问题，进行人工智能的底层探索和创造，进一步提升学生的计算思维。

3. 利用三维设计培养学生的创客精神

三维设计作为一种立体化、形象化的新兴设计方法，已经成为新一代数字化、虚拟化、智能化设计平台的重要基础。三维设计方法的学习与应用，既有利于培养学生的空间想象能力，也有利于发展学生科学、技术、工程、人文艺术、数学等学科综合性的思维能力。为此，新的课程标准将三维设计列入选择性必修课中。创客是一种回归生活，指向"创造"的教育；是一种直面生存，表达智慧的综合教育。其教学过程遵循"创造"实践的规律，融合科学、技术、工程、艺术、数学（science，technology，engineering，art，mathematics，STEAM）教育理念，是在充满画笔、电线、3D 打印机等科技产品的创新实验室内开设融设计、创造、3D 打印为一体的"边学边做"课程。

第十章 计算机应用技术创新实践

第一节 计算机应用技术创新发展的有效策略

一、提高计算机应用技术开发团队的综合素养

提升计算机应用技术创新的最根本因素是人才支撑，人才储备以及开发团队的素养水平直接影响着创新能力的高低。因此在提升计算机应用技术创新发展应当注重培养或选拔具有一定创新意识的人才。创新是发展的本质，任何事物实现质的跨越必须经过创新这一步伐。除此之外，企业也可以定期开展座谈会为工作人员提供交流和解决问题的机会，也可以邀请知名专业人员进行讲解，为工作人员提供学习的机会。此外，计算机应用技术开发团队也可以通过与高校教师合作的形式，聘请专业人员参与到计算机应用技术的科研和创新过程中。

总而言之，提升计算机应用技术开发团队的综合素养要从工作人员本身进行。

（一）专业教学团队建设成功的经验

1. 建立了人才培养调研机制

遵循由学校企业共同进行专业人才培养方案的原则，成立了由教师、企业技术骨干和行业技术员组成的专业教学指导委员会，进行了市场调研、课程开发、素质培养研究、培养方案论证会。

2. 团队人员理论与实践教学人尽其能，团结合作

校内专任教师在团队中主要承担核心专业课程的理论教学，并参与大部分校内实践环节的指导。同时主持各课程的建设，承担课程教学设计、教材编写、生产实训项目的教学设计等。

3. 专业教学标准和课程标准制定

对接岗位职业资格要求，突出职业岗位能力培养和职业素养养成，共同讨论、

共同编写工学结合的课程标准。

4. 双师执教，双证融合

通过充分发挥学校、企业两个育人环境，利用校内教师与行业企业专业人才和能工巧匠两支师资力量来培养学生，不断扩大工程师、技师等能工巧匠执教的比重，形成了公共基础课由专任教师完成、实践技能课主要由具有相应高技能水平的兼职教师讲授的分工协作机制；推行毕业证书与职业资格证书相结合的"双证书"制度，实施对证（职业资格证）施教、对岗施教。

5. 仿真模拟，贴近实际

充分利用现代信息技术，建立数字媒体设计虚拟工厂、计算机维护虚拟实训室、开发有多个虚拟项目，仿真实际工作岗位，营造真实的职业氛围，建构真实工作场景的生产性实训室，融"教、学、做"于一体。

6. 校企共育，订单培养

充分发挥团队在校企合作中的纽带作用，通过多种途径开展校企合作，充分发挥学校、企业两个育人环境及两股师资的作用，引用企业生产评价考核标准。①开办订单教育；②引真实项目进课堂，进行项目教学；③引厂入校，达到了计算机组装与维护、电路设计、电路调试等课程的学习与生产实际紧密结合的目的；④开办实体公司，为教师和学生提供一个直接进行信息化服务工作的平台；⑤广建校外实训实习基地，保证学生实训实习需要。

7. 利用网络，自主学习

本教学团队十分重视网络平台的利用，重视师生互动，开发了师生实时交互系统、答疑系统，还充分利用 QQ 群、系部 FTP 作为师生实时交流的平台；建立专业网上校友会，了解毕业生的信息反馈，从而不断改进教学工作；建立校企合作网上平台，让学生与企业多方及时互动；学生通过网络进行自主学习，部分课程规定学生通过网络学习，教学团队还开发了网上测试系统；建立毕业生终身学习系统，建立了资源网站、学习系统对毕业生进行开放，如天空教室、视频教学、各类题库等，受到了毕业生的一致好评。

8. 素质培养，落在实处

学生的素质是最根本的能力，本团队注重了对学生人文素养、政治素养、社会能力、方法能力、创新能力、适应能力、学习能力的培养，通过多种途径增强学生的诚信意识、法制意识、创新意识。

9. 科研教研，促进教学

通过对项目的研究，将教学改革与教学研究的措施和成果落实在教学各个环节，从而保证了教改质量，提高了教学效果。将研究成果用于认证考试、技能训练、进教材、转化为教学项目。

（二）推进教学团队建设的策略

1. 密切与企业的合作，加强专业教学团队的专业实践能力建设

以产学合作为依托，加强与行业企业的联系，为教师提供必要的资料和实训条件，从而能够有计划地安排专业课教师到企业去跟班学习，或亲自去参与生产经营，了解生产第一线，应用新技术，提高动手能力；中青年教师可以采取脱产或半脱产形式轮流下企业实习，或独立去完成一二项工程项目，时间可长可短，形式可灵活多样。

2. 注重师资继续教育，加强专业教学团队的教学和科研能力建设

专业教学团队的教学水平决定了教学效果和质量，为此将教师科研的重点导向与企业的横向合作、技术开发和技术攻关方面，同时要加强科研管理层的服务意识，积极搭建与企业的合作平台，加强技术转化和转移的能力。

3. 培育专业带头人，加强专业教学团队的社会适应能力建设

专业带头人是高职教育专业教学团队中的领军人物。专业带头人的引进和培养是高职教育专业教学团队建设中的核心工作。专业带头人的培育必须通过引进企业或行业优秀人才，改变骨干教师的培养方式，加大培养力度。

具体的培育途径如下：①制定优惠政策引进行业企业专家和高级技术人员。对引进的人才要进行教育教学相关理论和技术方面的培训，使他们既能站在专业技术领域发展前沿，熟悉行业企业最新技术动态，又具有较高的教学水平和较强的教学教育能力。②有计划地选拔专业理论扎实、有丰富教学经验和较强科研能力的骨干教师到行业企业进行几年的顶岗实践。这样可以丰富他们的企业实践经验，积累实际工作经历，掌握企业技术的最新动态，提高实践教学能力。③为专业带头人的培养创造良好的环境。必须加强与行业企业的联系，共建实训、实验

基地；聘请行业企业技术骨干担任实训教师，参与教学计划、课程标准的制定，学生的评价等；同时学校要建立"双师型"教师资格认证体系，研究制定高职院校教师任职标准和准入制度，重视教师的职业道德、工作学习经历和科技开发服务能力，引导教师为企业和社区服务。

在对专业带头人培育的同时，学校也应与社会、企业、行业密切联系，使专业教学师资充分了解专业的市场动态，采取各项激励措施促进专业教学团队的社会服务能力建设，最终使高职教育培养的专业人才质量满足社会需求。

二、不断提升计算机应用技术的安全性能

注重提升计算机应用技术运行的安全性能主要从以下几个方面进行，首先，对于 IT 行业的计算机技术开发人员来说，应当进行定期的学习与实践，通过学习与接触最新知识成果，不断丰富自己的知识体系，进一步丰富和完善计算机应用技术的安全保障体系，通过设置和开发中网关技术使得技术更加多样。

此外，计算机技术开发人员在设计应用程序的过程中应当注重安全程序的设置和安全网的防护，从而提升计算机应用技术的运行安全技能。

（一）强化科技人员管理，做好日常漏洞评估

工作人是计算机安全管理中最重要的因素，强化科技人员管理势在必行。因此要建立和健全管理控制制度，安排专业技术人员来实施安全管理工作，负责硬件维护、软件开发和网络安全等，专人专职，做好权责划分，同时注重合作，形成互相监督、环环相扣的整体；做好保密工作，对于重要事务的处理指定人员在遵循相关规定和程序的情况下完成，同时保存相关记录，防止用户越权操作；严格审核准备输出的数据，防止泄密，定期更换认证口令，防止用户非法更改系统。要注重科技人员的培训和进修，促进科技人员安全意识增强、知识结构更新、技术水平提升、道德水准提高，不断适应新形势、新变化。

1. 强化科技人员管理的特点

计算机应用技术是目前一个使用范围十分广泛的技术，其中包含了计算机硬件、软件以及相关的基本理论等，其应用给各行各业带去了很多的便利，能够完成人为无法完成的任务。在工作中具备了简单、方便且工作效率高的特征，使用计算机信息技术，优化了企业在人事管理方面的工作，使其更加的规范化和信息

化。计算机信息技术在人事管理中的应用具有以下特点。

（1）处理的信息量大

在企事业单位中，人事管理工作包含员工的岗位分析、人员的规划配置、培训与开发、绩效管理、薪酬管理、劳动关系管理等内容，涉及企业职员、后勤、临时人员等的档案管理、薪资福利发放以及职位变更等方面的工作。这些工作内容多而杂，各项数据之间既有关联性又有独立性，单纯进行人为管理，出错的几率大。应用计算机信息技术，则很好地解决了这一问题，人事管理部门工作人员，在收集完各项数据信息后，直接利用计算机进行统一、快速处理及保存，从而极大地提升工作效率。

（2）信息时效性强

企事业单位人事管理工作对时效性有着较高要求，由于单位内人员调动、离职、升迁等较为频繁，加之外界环境的影响，各项数据随时都在变动，这对管理造成了一定难度和阻碍。应用计算机信息技术可及时、准确地对数据进行调整变更，最大限度确保人事信息的实效性，以及数据的真实有效，为单位各项管理工作提供准确详细参考，保证单位始终在高效、有序的环境下开展工作。

2. 强化科技人员管理的内容

（1）人事信息采集方面

现代企业中，员工相关信息变动较快。在这个方面就需要企业的人事管理部门对这种信息的变化进行及时掌握。计算机信息技术就是其中的重要手段，使用计算机技术建设信息管理系统，特别是一些比较大型的企业，员工数量众多，且岗位也比较复杂多样，人事管理部门在对相关的信息进行收集的时候，就能够很方便地将信息使用计算机录入其中，并且还不容易出错。在需要查阅的时候就能够时刻从里面获得相关的资料，这比以往传统的方式要方便得多。同时还能够做好信息的加工、总结以及处理的工作，并且大幅度提升了人事信息采集的正确性，减少了人为劳动方面的出错率。

（2）人事档案管理方面

对于传统的人事管理工作，人事档案管理是其中的关键部分，涉及每一位员工的切身利益。使用计算机技术能把这些档案用信息化的形式记录在其中，建设规范化的信息数据库，这样就能够方便人事部门的统一性管理和组织，在其中各种岗位不同的员工可以进行分类的方式进行存储和管理，让企业人事管理模式产生了很大的改变，用计算机技术代替了人为的劳动力，节省了人力方面的资源。

（3）人事决策方面

信息化的人事档案，可以为企业人事决策提供有效参考。当企业需要对人员进行升迁考核时，可直接通过数据库详细地准确地了解和掌握员工的相关信息，看其具体工作水平，为人事决策提供有效的参考和数据支持。同时信息化的人事档案在企业构建绩效、薪酬机制时，可以把每个员工在工作时候的工作情况以及每个月的绩效信息录入其中，这样就能够很方便地和员工的薪酬挂钩，合理的安排员工的酬劳，并且减少了人事管理方面的人为劳动。

3. 强化科技人员管理的策略

（1）单位要提高重视程度

企事业单位必须提高对计算机信息技术的重视程度，加大人事管理中计算机软硬件设施的资金投入，建立起信息化的人事管理部门。计算机信息技术对人事管理效率和质量的提升是建立在信息收集的基础上的，而人事信息目前主要依靠人工完成收集和录入，因而企事业单位必须强调人事信息收集和录入地及时性、准确性。对于重要人事信息应要求分类保管，同时注意信息的保密，避免人事信息外露，对企业造成影响。此外，应用计算机信息技术时，应具有针对性，根据实际需求，完善管理。而不应该完全依赖和盲目相信计算机信息技术。各部门之间应配合人事管理部门的信息收集工作，为企业构建现代化、信息化人事管理提供有力的支持。

（2）加强队伍建设

企事业单位需加强人事队伍建设，针对计算机信息技术，组织人事管理部门员工进行相应的专业知识和操作技能培训，在熟练应用的基础上，充分地挖掘计算机技术在人事管理中的应用潜力。同时，企事业单位可制定相应的奖惩机制和绩效机制，以此提升人事管理人员的工作责任心和积极性，确保计算机信息技术能够充分发挥其作用。此外，企事业单位还需要引进和培养计算机技术相关专业人才，从整体上提升计算机技术水平，为人事管理部门的计算机技术应用提供技术支持。

（二）加强身份鉴别与验证，强化防火墙技术

在身份鉴别与认证方面，为加强计算机安全管理，要求计算机系统对用户、

设备及其他实体身份的识别和验证实施网络通信层、系统层和应用系统层的三级认证。网络通信层验证基于口令验证协议对广域网连接设备进行身份验证，只有身份标识与口令通过验证才可建立连接，防止非法网络连接；系统层验证要利用注册账户、注册口令在本地对用户登录合法性进行验证；应用系统层验证中，系统用户以口令方式或 IC 卡身份鉴别方式完成验证，客户则利用账号作为标识，通过客户密码完成身份验证。

通常情况下，防火墙是设置在网络端的，为网络运行提供安全保障。为进一步加强计算机安全管理，须强化防火墙技术，除购置网关、防火墙等，还要重置口令，而不是使用默认口令，确保将无入网许可的设备屏蔽在外。同时要将配置进行备份，以便在出现故障时能快速获得相关参数。

1.防火墙在计算机网络安全中的重要性

（1）对不安全服务的有效控制

当前，计算机网络技术发展迅速，在计算机网络技术的发展过程中，常会出现一些不安全的因素，影响着计算机网络技术的安全运行，无法保证计算机网络的安全服务职能。防火墙在计算机网络技术的发展中，能够实现对计算机网络技术的保护，保证计算机网路技术的安全运行。防火墙在使用中主要是针对内外网的数据交换以及传输，使授权的协议与服务通过防火墙，以此来降低计算机网络的安全，降低风险的产生。

（2）对特殊站点访问的控制

防火墙在计算机网络中的运用，能够实现对特殊站点的访问，对计算机网络技术的安全运行具有重要作用。例如，能够保障数据信息的安全、稳定传输，加强对数据信息的保护工作，在对计算机中的数据信息进行保护的过程中，能够得到数据信息的认可。通过在计算机网络中，加入防火墙，能够有效控制一些不必要的访问，保证计算机网络的运行安全。

（3）集中的安全保护

防火墙具有集中安全保护的功能，计算机网络软件作为一项大规模的内部网络，其中蕴含了大量的计算机信息，为了加强对计算机网路技术的保护，应该充分利用防火墙功能，加强对网络信息的集中安全保护，达到网络管理的目的。该方式与主机中的分散放置相比，安全性更高，为数据的安全防护提供保障，能够将数据信息放在防火墙里，防止不法分子对数据信息的盗取。

2. 计算机网络安全中防火墙技术的应用

（1）代理服务器防火墙技术的应用

代理服务器是防火墙技术中的重要组成部分，能够保证网络技术的安全，为计算机网络提供必要的代理服务，防火墙在应用过程中，能够代替真实网络，实现对网络信息的交换，较强对网络信息的有效处理。通常计算机网络信息在传输的过程中，能够有效地防止外网的跟踪和攻击，防止病毒和木马进行到内网中，防止内部数据发生窃取和盗用，保证数据信息的安全性。同时，在使用代理服务器时，能够保护数据时间的信息交换，加强对 IP 信息的监督，有效地防止信息被盗用，通过虚拟的网络环境，能够加强对数据信息的保护工作，实现对信息的有效管理。另外，代理服务器具有安全性较高的特点，在计算机网络系统中使用时，能够实现对数据信息的保护，加强对数据信息的管理，以其自身严谨的结构，强化数据的使用功能，有利于加强对信息的集中管理，保证用户的计算机网络技术的安全使用，为用户提供优质和安全的网络环境。

（2）防火墙访问策略的应用

访问策略是保证计算机网络安全的重要内容，能够实现对计算机网络信息的保护，防止计算机网络技术在使用过程中，存在的网络安全问题，是当前防火墙技术的重要核心。访问策略在使用过程中，需要建立有效的科学防护系统，保证数据信息的安全运行，应该结合当前计算机信息技术的使用情况，对计算机信息技术进行合理的配置，并经过周密的安全，对计算机网络技术进行系统的分析，纳入计算机网络技术的安全管理中，在使用中，能够对计算机网络技术的运行情况进行了解，制定出规范的使用策略，保证计算机网络技术的安全运行。访问策略中的安全防护流程在适应中，能够将计算机网络技术中的内容晶核合理的划分，结合计算机网络技术的运行特征，制定出系统的方案。针对计算机安全管理中的问题，制定出合理的策略表，实现对计算机网络的细化保护。

（3）防火墙包过滤技术的应用

包过滤技术也是防火墙技术中的重要组成部分，在实际的使用过程中，需要参照以往的数据信息，对信息的使用情况进行判断，与以往的安全注册表中的数据信息进行对比，来判断数据信息是否已经安全送达，实现对数据信息的监控，起到安全保护的目的。同时，该项技术在使用中，主要是通过计算机网络中的目的 IP，需要对目的 IP 上的信息数据进行解析，对数据源进行系统的分析，能够明确数据源上数据的具体情况，在与安全注册表上的信息进行对比，能够分析出当前的数据信息与以往的数据信息之间存在的差异，了解到当前的数据信息存在的问题，有利于实现对数据信息的管控工作。另外，包过滤器还可以被应用到计算机的主机内部，将计算机网络中的信息进行由内到外的顺序进行传输，为了加强对数据信息的保护，可以在里面加入限制性的功能，保证信息传输的安全性。

（三）增强安全体系结构，提升计算机安全性能

在计算机和信息安全方面有两个基础性的概念，①安全模型，它勾勒出安全性是如何实现的；②计算机系统的体系结构，它是指一个系统的框架和结构。

安全策略概括地说明了如何去访问数据、需要什么样的安全等级，以及当这些需求没有满足时应该采取什么样的措施。策略通常是一份高层次的文档，它阐述从计算机系统、设备或者环境来看的综合期望。安全模型则是一份说明，它概括地描述了正确地支持某种安全策略所必须满足的要求。如果一项安全策略要求所有的用户在访问网络资源之前必须经过身份确认、认证和授权，那么安全模型就可能会部署一个访问控制矩阵，该矩阵的构造能够使之履行这一安全策略。如果一项安全策略要求来自较低安全级别的任何人都不能查看或者修改有较高安全级别的信息，那么支持它的安全模型就会制定实现所需的必要逻辑，以此确保安全级别较低的主体绝对不会以未经授权的方式访问安全级别较高的客体。安全模型深入地阐释了应该怎样开发计算机操作系统，以便正确地支持一种特定的安全策略。

1. 安全模型

在安全系统的设计和分析中，一个重要的概念就是安全模型，因为它具体体现了应该在系统中实行的安全策略。模型是策略的符号表示。它将策略制定者的意图映射到一组要由计算机系统遵循的规则之上。

安全模型通过明确指定实现安全策略所必需的数据结构和技术，将策略的抽象目标映射到信息系统的具体内容上。安全模型通常以数学和分析的理念来表示，然后映射到系统的规范说明上，再由程序设计人员通过编写代码开发出来。于是，我们就有了这样的策略，它包含了比如像每个主体必须经过授权才能访问每个客体这样的安全目标。安全模型采纳这些要求并且提供要达到这个目标所必须遵循的数学公式、关系和结构。从这儿开始，每种类型的操作系统形成了不同的规范，

而各个厂商则能够决定他们将会怎样实现满足这些必要规范的机制。

2.安全体系结构

（1）定义主体和客体子集

TCB 被定义为一个计算机系统内全部保护机制的集合。TCB 包括硬件、软件和固件。这些部件之所以能成为 TCB 的组成部分，是因为系统明确知道这些部件能实行安全策略而不会破坏系统。

实际真正落在 TCB 之中的部件需要加以标识，并且定义其所能接受的功能。例如，一个有着较低信任级评定的系统可能允许所有经验证的用户访问并修改计算机上的所有文件。这个主体和客体的子集很大，它们之间的关系很松散。具有较高信任级评定的系统可能只允许两个主体访问计算机系统上的所有文件，以及只允许其中的一个主体能实际修改所有的文件。这个子集就小得多了，其实行的规则也严格。

（2）可信计算基础

"可信计算基础（TCB）"一词源自"橘皮书"，它并不是说明一个系统提供的安全等级，而是可信级别。之所以如此，是因为没有哪个计算机系统能做到彻底安全，攻击的类型和薄弱之处随着时间的推移而会变化和演变，只要有充足的时间和资源，大多数攻击都会取得成功。但是，如果一个系统符合某种标准，那么将其视为提供了某种可信级别。

TCB 并不仅限于操作系统，因为一个计算机系统并不是只由操作系统所组成的。TCB 还用于硬件、软件、部件和固件，因为它们每一种都能对计算机的环境产生正面的或者是负面的影响，每一种都有责任支持和增强那个特殊系统的安全策略。有些部件和机制直接负责支持安全策略，比如固件，它们不会让用户从一张软盘引导一台计算机，或者比如内存管理器，它不会让用户覆盖其他用户的数据。虽然有的部件没有实行安全策略，但它们必须中规中矩，不会破坏系统的可信度。对照系统的安全策略来看，一个能出现的破坏类型可以是一个企图直接调用某个硬件而不是通过操作系统使用正确调用的应用，可以是一个企图读取其授权地址空间之外的数据的程序，或者是一月后不能正确释放资源的软件。

并不是系统的每个组成部分都要是可信的才行，评测一个系统可信级别的一部分工作是确定构成 TCB 的体系结构、安全服务和保障机制。必须向它展示出怎样保护 TCB，使之不会受到有意无意的破坏性和威胁性活动的影响。对于具有较高可信级别的系统来说，它们必须满足良好定义的 TCB 要求，对比试图获得较低信任评级的系统而言，要对其运行状态、开发阶段、测试过程和建档工作细节进行更细粒度的评审。

通过使用特定的安全标准，就可以在系统中建立起可信度，并且对可信度进行评测和认证。这种方法能够提供一个衡量系统供客户在比较彼此系统的时候使用。它还对厂商的系统给出了指导原则，并且提供一种公共的安全评级办法，当一个小组谈及 C2 级的时候，其他每个人都能跟上进度并能理解这些术语的含义。

橘皮书定义的一个可信系统就是硬件和软件，它们采取措施既能保护一定范围用户的未分类或者已分类数据的完整性，而又无须违反访问权限和安全策略。它考察一个系统内所有的保护机制，以便实行安全策略，并且提供一个以安全策略所期望的方式运行的环境。这意味着系统的每一层都必须信任下层能执行所期望的功能，能提供所期望的功能，而且在许多不同的情况下都能以一种期望的方式运行。当操作系统向硬件发出调用的时候，它就期望以一种特定的数据格式返回数据，而且期望数据的表现具有一种一致和可预测的方式。运行在操作系统上面的应用期望它能发出某些系统调用，反过来又可以接收到所需的数据，而且还期望它能在一种可靠和可依赖的环境中实施操作。用户希望硬件、操作系统和应用都以特殊的方式运行，提供一定水平的功能。为了让所有这些操作都以可以预测的方式执行，必须在生产的设计阶段（而不是以后）说明清楚系统的需求。

（3）安全边界

为了让系统在 TCB 内部的一个部件需要和 TCB 之外的一个部件进行通信的时候能处于一种安全和可信状态，必须开发精确的通信标准，从而确保这种类型的通信不会招致预料之外的安全威胁。这种通信类型是通过接口来处理和控制的。

（4）引用监控器和安全核心

到目前为止，我们的开发人员已经在他们的系统开发上完成了许多工作。他们已经规定了安全机制将会处在什么位置（硬件、内核、操作系统、服务或者程序），他们已经规定了 TCB 内的客体以及那些部件怎样彼此交互，怎样定出把可信的部件和不可信的部件分隔开的安全边界，他们已经开发出正确的接口供这些实体安全通信之用。现在，他们需要开发和实现一种机制，以确保访问客体的主体可以获得做到这一点所必要的权限。这意味着开发人员需要开发和实现一个引用监控器和安全核心。

引用监控器是一个抽象机，它是主体对客体所有访问的中介，不但确保主体拥有必要的访问权限，而且保护对客体不会有未经授权的访问以及破坏性的修改行为。为了让一个系统能够赢得更高的可信级别，它必须迫使主体（程序、用户或者进程）在访问客体（文件、程序或者资源）之前得到完全的授权。在让主体使用被请求的客体之前，必须确信已经赋予了主体访问特权。引用监控器是一个访问控制的概念，而不是个实际的物理部件。安全核心由落入 TCB 内的机制所构成，它实现并增强了引用监控器的概念。安全核心由仲裁主体和客体之间所有访问和功能的硬件、固件和软件部件所构成。安全核心是 TCB 的核心部分，而且是构建可信计算系统最常用的方法。

（5）领域

领域的定义为一个主体能够访问到的客体的集合。这个领域可以是一个用户能够访问的所有资源、一个程序能够使用的所有的文件、一个进程能够使用的存储段，或者是一个应用能够获得的服务和进程。主体需要能访问和使用客体（资源）来执行任务，领域定义了主体能够使用的客体，以及哪些客体不能碰，因而也就不能为主体所用。

必须标识、分隔和严格管制这些领域。操作系统既可以运行在特权模式，也可以运行在用户模式。使用这两种不同模式的原因是为了定义两个不同的领域。特权模式所工作的领域要更大一些（或者能够访问更多的资源）；因此，它能够提供更多功能。当操作系统运行在特权模式的时候，它就可以在物理上访问存储器模块、把数据从一个未受保护的领域传送到一个受到保护的领域，而且能够直接访问硬件设备以及和它们进行通信。运行在用户模式的应用不能直接访问存储器，它能使用的资源数量也有限。这个应用只能使用某一段存储器，而且必须以一种间接和受控的方式访问存储器。应用只能在自己的域内复制文件并且不能直接访问硬件。

驻留在特权模式中的程序需要能在保证处于不同领域内的程序不会对其环境造成负面影响的情况下执行它的指令和处理它的数据。这称为一个执行领域。因为处于特权领域内的程序能够访问到敏感资源，所以需要保护这一环境，使其不受恶意程序代码或者源自其他领域程序的意外活动的损害。有些系统可能只有明确的用户和特权区域，而其他系统可能有着包含多达 10 个安全领域的复杂结构。

安全领域与分配给主体或者客体的保护环有着直接的相互关系。保护环的编号越低，特权越高、安全领域也越大。

（6）资源隔离

为了正确地实行访问控制、审计和判断在这个或者那个领域中有什么样的主体和客体，就要彼此分清每种资源。这种需要有粒度性的要求能够唯一标识每个主体和客体、无关地分配权限和权利、实现可稽核性，以及准确地跟踪错综复杂和细致入微的活动。主体、客体和保护控件需要彼此分清，一个系统及其安全模型的体系结构要求有隔离方法并且实施隔离方法。

进程也是需要隔离的资源，这往往是通过截然不同的地址分配来实现的。虚拟存储器技术可以用来保证不同的进程拥有它们自己使用的存储器地址，不会彼此访问对方的存储器。如果一个进程分配得到了一段特殊的存储范围，那么它就不知道系统中还有其他的存储器。该进程在其分得的存储器中愉快地运行着，而不会插足其他存储段中别的进程的数据。

（7）安全策略

安全策略是一组规则、举措和步骤，它们指出了如何管理、保护和分发敏感信息。安全策略就是一份文档，该文档通过设定安全机制要达到的目标来准确地说明应该是什么样的安全等级。这是一个重要的要素，它在定义系统设计中扮演了主要角色。安全策略是系统规范的基础，为评测系统提供了基线。在前文详细研究了安全策略，但是那些策略都是针对公司本身的。这里介绍的安全策略则针对操作系统和应用。不同的策略除了针对不同的目标一是一个机构还是一个计算机系统一之外都是类似的。

一个系统通过履行和实施安全策略来提供可信度，而且它还往往要处理主体和客体之间的关系。策略必须指出什么样的主体能够访问单个客体，以及什么样的操作是可以接受的和不可以接受的。可信含义的定义源于一个框架，而安全策略就是这个框架用于计算系统的结果。

为了让系统提供一个可以接受的信任级别，它所基于的体系结构必须能保护它自己不受不可信的进程、有意或者无意的威胁，以及在系统不同层次上攻击的影响。大多数的可信度评级机制都要求定义主体和客体的子集、有明确的领域，以及隔离各个资源，以便既可以控制对它们的访问，又可以审计在它们上面执行的操作。

让我们重新组织一下内容。我们知道一个系统的可信度是由一组标准来定义的。当对照这组标准来测试一个系统的时候，就会给这个系统定一个级别，这个级别供客户、厂商和整个计算机界所使用。标准将判断安全策略是否得到正确的支持和贯彻。安全策略展示出和系统如何管理、保护和发布敏感信息相关的规则和举措。引用监控器是一个概念，它提出所有的主体必须有适当的授权来访问客体，安全核心实现了这个概念。安全核心是由按照系统安全策略监管系统活动的所有资源来构成的，它是控制对系统资源访问的操作系统的一部分。为了让安全核心能够正确发挥作用，各个资源需要彼此分离，并且要定义领域来指定主体能够使用什么样的客体。

三、普及计算机应用技术

（一）明确普及内容和普及方向

1.普及内容分析

普及工作中，需要首先向人群普及基本计算机知识，包括：计算机设备的构造，如机箱、CPU、内存条、主板、硬盘、光驱、刻录机、显卡、网卡、声卡、电源设备等，介绍其组成构造、功能，提高人群对计算机的认知；要想熟练地操作计算机，还得要了解计算机的软件系统，主要包括：操作系统、程序设计系统、应用软件三个方面，是计算机功能的体现工具；在对计算机有了比较完整的基础了解之后，要求普及对象掌握计算机的基本组装原理，同时能够对一些简单故障进行合理的排除和维修，比如：如何应对接触不良造成的电脑故障、如何检查硬件本身故障等。还应当普及教育检查计算机故障时应注意的步骤：即由外到内、由软件到硬件、先通病后特殊情况等的原则。除了这些相对专门的计算机知识外，还应当普及一些与计算机联系紧密的设备的操作技术，巩固和完善计算机技术的普及内容。

另外，计算机技术普及工作开展的同时，还应当注重就计算机技术的发展史向人群宣传我国在这一领域取得了何种值得骄傲的成绩，培养普及对象的爱国主义思想和民族自豪感。

2.普及方向阐述

普及方向即普及的动机和目的，计算机技术普及工作需要有明确的目的性，使工作能够体现其价值所在。

第一，普及工作当以提高普及对象的计算机知识了解程度，提升其信息化专业素养，最终使普及对象的工作和生活理念发生改变，进而跟上时代发展的节奏，适应不断升华的工作岗位为主要方向。

第二，普及工作应当以培养普及对象的创新发展思维，和对新兴事物的接受和适应能力为目的，加强普及对象的道德培养和法治观念的塑造。

第三，普及工作应当以加强普及对象的生存能力为目标，为其树立自信、自尊、自强的人生态度。

3. 开展综合创新的普及工作

普及工作的综合创新，即在普及对象、过程、方式上的发展和变换。

第一，实现理论普及与实践普及的综合创新，在计算机技术的普及教育过程中，不仅要注重理论知识的传播，还应当引导普及对象进行实践操作，既充实了他们的知识积累，又使他们能够很好地将所掌握的理论知识转化为行动。

第二，实现长期普及与及时普及的综合创新，以普及对象计算机知识的发展、更新为目的，将普及工作作为一项长期稳定的社会任务来开展，但是又要注意在适当的时候进行专门的深化教育，以机动的教育补充来保证普及工作的新鲜度。

第三，实现专门性和广泛性的综合创新，既以提高全民计算机技术为目的，主要针对非专业人士进行计算机普及教育，与此同时，又不能忽略了对专业认识的普及教育工作，实现两相推动，共同进步；其四，实现社会教育与学校教育的结合创新，即，继续鼓励学校计算机技术的教学，将下一代的计算机技术的普及工作落实到校方身上，并且严格要求计算机职业学校或计算机专业的教学活动，保障专业人才的优异性，为下一阶段的普及工作提供人才资源。

（二）普及方案的实施

1. 以地区政策为强力保障

作为地区之首脑，政府应当将计算机的普及工作放到政府各项工作的重要位置上。一方面，切实推行普及教育制度和规范的建立，运用政府的强制力作保障，确保普及工作的有效开展；另一方面，政府应当建立人才导向政策，积极招纳计算机专业人才，并推荐到普及工作中去，发挥他们的专业能力，使之"学归致用"，以点带面地进行有效普及；另外，还应当建立科学的人才激励机制，即对普及过程中表现好的普及工作者以奖励，对表现不好的普及工作者以批评教育、引导或是辞退，促进普及工作者之间进行良性比拼，积极发挥其教育余热。

2. 加强信息理念宣传和教育工作

在政府方面，多采用标语、电视广播节目、报纸、刊物等公共舆论工具进行全方位的宣传计算机技术知识，力争潜移默化地教会部分社会人群基本的计算机知识，促使整个社会思想理念的转变。在普及工作者方面，要多方深入，在人群中扎下根，进行思想引导，唤起普及对象的危机意识，使他们能够自觉地进行技术完善。在学校方面，要向学生阐述明白，多学习计算机知识、掌握计算机技术对自身今后发展的重要性，使学生将计算机技术作为一种适应社会环境的生存技能来进行学习。

学校教育是计算机技术普及工作的关键部分，因此，建设学校教育力量是提高计算机普及工作效果的重要准备工作。一方面，要加强学校师资力量建设，积极组织开展广泛的教学研讨会，使教师之间能够相互交流、借鉴，促进教师团体的自我进化；另一方面，多开展教师培训活动，鼓励教师进行深入学习，不但能提高教师对计算机专业知识的掌握，还能通过教师对学生形成榜样教学，使学生也积极投入到深入学习的过程中去。此外，社会普及教育环节同样不容忽视，需要普及工作者发挥其专业能力和团队协作精神，认真、细致、务实、负责地开展普及工作。

（三）分层普及法的适用

分层普及，既根据"因材施教"的理念，对普及对象进行科学比对分析，然后划分为三个不同的层次。

1. 入门教育

入门教育对象为对计算机基本上一点都不了解的普及对象，主要通过基础理论的传授，使他们能够掌握一些操作计算机的基本技能，是计算机的"扫盲"和"启蒙"层次。

2. 技术教育

技术教育是在入门教育的基础上，附带专业性质的教育过程，着重培养普及对象将计算机作为开展工作、完成任务的工具的能力，比如，财务人员利用计算机进行财务审计和分配、教师运用计算机进行教学辅助等，以应用为目的，重点培养普及对象对计算机的应用能力。

3.专业教育

专业教育即高层次、高水准、高学历的专门性人才培养阶段，旨在让普及对象掌握系统的知识体系，并对知识体系有深入研究，能够在已有的知识基础上做出创新发展。

第二节　高等院校对计算机的创新实践

一、数字化学习互动教室系统的建设

传统课堂教学过于教条化、模式化、静态化，已经不能满足新技术条件下的课堂教学需要，创新人才的培养目标要求我们要重构传统的课堂教学，数字互动教室即是未来课堂教学发展的方向。以"数字化互动教室——交互式电子书包"为代表，正围绕着这一主题展开。"数字化互动教室"正是在当前应试教育人才模式已经严重不能满足社会发展需要、地区教育资源"贫富分化"程度不断加大、优质教育资源争夺日趋激烈及传统教育下的平均教育水平难以提高等问题背景下诞生，其意义就在于将学校教育推进到了信息化课堂教学这一核心阶段；数字互动教室其不仅仅是一种简单的教学设备更新，其着眼于课堂教学方式、方法的提升、改善，着眼于教材、知识呈现形式的转变。

（一）计算机应用技术在现代教学的应用

在新时代科学技术的发展的不断要求下，计算机应用技术已经成为现代教学的重要组成部分，算机应用技术为人们的日常生活，工作和学习都带来了全新的体验。计算机技术的全面发展，加快了现代教学改革的脚步，并且为社会的持续性创新性发展提供了机会。目前计算机技术在各个领域都有着各自的用途，基于现有的教学形式的特殊性，所以在后期的掌握和发展过程中必须明确教学形式的基本特点，发挥出教学体系的最优化作用，进而使得计算机应用技术在现代教学领域中的应用更加广泛。

1.计算机应用技术的教学特征

（1）可以加深学生对知识的理解

在当前的教育教学活动中，有些科目难度相对较大，内容相对较为抽象，对学生的抽象思维能力以及逻辑运算能力的要求较高，单纯的通过老师的讲解，学生无法完全理解知识的内容。通过计算机应用技术，则可以极大地解决此类问题，通过直观的数字媒体等方式展现在学生面前，可以使得抽象的知识变得十分具体富有逻辑性，既能够让学生更深层次的理解知识，也能够强化学生对于知识的记忆程度。

（2）使教学过程变得生动有趣

传统的教育教学模式，由于形式单一，教学方式简单，教学过程较为枯燥，学生学习兴趣较低，学习的主动性较差，学习效果不佳。计算机应用技术的加入，使得枯燥的课堂变得富有生机，例如将枯燥的课本知识通过计算机应用技术转化成动画的形式展现给学生，可以极大地提高学生学习的兴趣，增加学生学习的主动性，同时也可以提升学生对知识的获取和运用能力。

（3）有利于促进学生全面发展

计算机应用技术实际上就是通过数字媒体技术，例如图片，视频等，将知识通过电子设备表现出来。老师在日常的教育教学过程中提前做好课件，在课堂上展示给学生，并且老师在交给学生课程内知识的同时可以通过计算机应用技术，让学生了解到课程外的知识，不断拓展学生的知识面，丰富学生的知识体系，促进学生的全面发展，这也符合我国目前对于教育教学工作的要求。

2. 计算机应用技术在现代教学领域中的作用

（1）将教育教学的内容数字化

在传统的教育教学在具体实践过程中，在学习知识内容方面上，关联性在学科间体现不足，教学内容单一，教学组织形式十分简陋，教育资源更是十分匮乏，只是学生只能单纯的学习独立的学科知识。而教师的教学活动也只是按照课本上的相关内容进行讲授，不能够做到与具体的社会意识形态相结合。无法满足学生在学习生活和素质提高上的需求。在实际的教育教学过程中，计算机应用技术在后期的整体把控阶段，需要对教学内容和教学形式进行充分分析，满足教学大纲的要求。计算机教育教学形式是现代教学领域的重要组成部分，在实际运用到教育教学工作中，可以有效地减少传统教学形式的不利因素，体现出教育教学内容的信息化。

（2）通过计算机应用技术实现知识体系的构建

随着社会的不断发展，以及网络的不断普及，各种信息量猛增，在这样的前提下，计算机应用技术的优势便极大地体现了出来。在实际教学的实施过程里也出现了更多可供选择的方式方法，计算机数据库的发展更是极大地扩大了其所能容纳的知识量，所以，能否为学生创建一个合适的体系至关重要，有助于学生的全面发展和素养的提高。身为老师，必须要为学生构建出一套完整的逻辑清晰的知识网络，这样可以提高学生学习的深度和广度，知识网络的建立也是提高学生综合素质的一个重要途径。老师在进行教学活动的时候，没有做到将知识进行有层次性的划分，单纯地强调学好基本的理论知识，不注重对于知识的拓展和结合实际的挖掘，这会让学生丧失对学习的兴趣，失去学生学习的主动性。实现通过计算机应用技术实现知识体系的构建，老师需要综合分析学生的特点，结合现代教育理论体系，把教材进行更好的整合和分析，将知识点层次分明，逻辑清晰地展现给学生，增加学生的学习兴趣，提高学生学习的主动性。从教育内容的选材上面，可以依据学生的内心想法，把握好学生的主体性，这样才能取得良好的教学效果，构建出全面科学的知识体系。

（3）有利于良好学习氛围的形成

随着时代的发展，在现代教育教学过程中，计算机应用技术逐渐向教师与学生的良好沟通和交流倾斜，并且在传授知识的过程中不仅仅落脚在所教课程的基本内容上，而是让学生也能够主动加入教育教学活动中，使得学生可以主动思考，理解，掌握和运用知识。老师可以通过计算机应用技术加强对学生的指导作用，老师可以通过不同的形式获取自己想要获得的知识，增强自己的教学水平，通过与学生沟通，与教师沟通，增强自己的素养。计算机应用技术的应用还能将学生的主动学习能力体现出来，可以让老师能够站在学生角度去思考一些问题，与此同时，要意识到教师与学生不是对立的关系，而是平等的关系。

此外，良好学习氛围的构建并不是意味着完全剔除教室的主导地位，而是让教师可以从课堂主导转换为课堂引导，通过计算机应用技术引导学生主动学习、主动探索知识，主动运用所学知识，不断提升自己。教师进行教育活动时，不光是需要让学生学会某种或某一个知识点，而是让学生能够充分理解此类问题的思路与解决方法，一劳永逸，真正形成能力。在计算机技术应用的教学中应当把数字媒体技术融入进来，将课堂与生活实践充分结合起来，可以结合教材中的内容添加适当的教学案例，使案例可以将整个教学过程贯穿起来。让学生能够从传统枯燥的教材中走出，真正摆脱教材的束缚，能够形成从实际问题中产生疑惑，带着疑惑去探究，从而提高实际解决问题的能力。

计算机应用技术对于现代教学领域来说是一个优势，在实际教学当中，可以通过运用计算机应用技术的不同方法将技术与知识相结合，提高教学效果，促进学生全面发展，增强学习兴趣。当前我国现代化建设程度逐渐不断增加，对教学质量有了更高的要求。在实际教学过程中，必须将计算机应用技术的教学形式融入实际的教学活动中去，满足后续教学不断发展和完整性，从而不断促进学生素质提高和全面发展。

（二）数字化教室制程技术与体系结构

数字化教室融入众多新型的教学工具，有助于学生的理解，使教学更轻松、直观，在对重点课程和一般课程中的重点难点部分进行教学时具有明显优势。在建设数字化教室时，应从以下几个方面进行考虑，选择适当的软硬件设备和技术：①能够建立方便检索的数字教学资源；②能够支持多媒体授课方式；③能够提供良好的师生交互手段。

1.数字化教室支撑技术

从目前国内外的发展来看，可用于数字化教室的技术主要有以下几种：交互式智能白板。这是一种集计算机、人机交互、平板显示、多媒体信息处理和网络传输等技术于一体的演示系统。它以高清液晶屏为显示和操作平台，在特定应用程序的支持下，具备书写、批注、绘画、多媒体播放等功能，从而构造出交互式的教学环境，可以完全代替传统的黑板，同时还可以提供强大的多媒体工具，增强视听效果。此外，使用交互式智能白板还可以充分利用各种多媒体和课件等资源，实现数字化教学。

电子课本。电子课本是一种供人们阅读的数字化出版物，通常是在纸质教材的基础上，对教材内容及知识点进行深度挖掘和加工，辅以科学直观的视、音、图文等实现教材内容的数字化和交互功能的智能化。教师甚至学生可以根据具体的教学需要修改电子课本的内容。在线会议系统。在线会议又称为网络会议，是一种利用互联网实现不同地点多个用户的数据共享，并可实时传送声音、图像的通信方式。在数字化教室中应用在线会议系统，可以实现教师和学生的数据共享，增强教师和学生的互动，在难点讲解、课堂讨论、学生参与等方面具有不可比拟的优势。

自动跟踪录播系统。自动跟踪录播系统是一种视频技术与现代通信技术相结合的应用系统，可提供实时跟踪的手段，并对被跟踪的画面进行录像存储。在数字化教室中，自动跟踪录播系统可以将教学活动过程中的画面实时、清晰地采集，并通过自动或手动插入编辑、同步记录和网络传输，为教师对教学过程的分析和反思提供真实可信的素材信息。

2.数字化教室体系结构

采用数字化教室，可充分利用数字化教学资源，构建数字化教学平台，利用信息技术和创新的教学方式来改变教学手段，促进课程与信息技术的整合，提高教学效果。在广泛搜集国内外近年来数字化教室相关资料的基础上，提出了一种三个层次、两个支持系统的数字化教室体系结构。三个层次是数据层、支持层和应用层；两个支持系统是计算机网络支持系统和数据库支持系统。

应用层各部分具体功能如下。教学管理系统用于管理、维护学生和教师的基础信息，实现教学安排。包括班级管理、课程录入、排课管理、课表查询及课表统计等功能。

教学资源管理系统用于对电子课本、多媒体库、教学资料库等进行管理。包括资源目录、资源检索、资源浏览、资源管理、资源统计等功能。在线音视频课堂教学系统利用在线会议系统实现，可用于远程在线教学和互动教学。

数字化教室管理系统用于实现各系统的无缝集成和数字化教室的日常管理，日常管理由以下子系统组成：教室管理子系统，实现教室信息维护、教室登记和教室信息查询等功能；设备管理子系统，实现数字化教室的设备管理功能，包括设备登记、设备领用、设备维修、设备统计查询、设备信息维护等功能；考勤管理子系统，实现数字化教室的人员考勤管理功能，包括考勤签到、考勤查询、考勤统计等功能。

（三）面向数字化教室的教学模式

在数字化教室中，教学环境强调学习过程和知识体系的动态性以及学习的主动建构性、情境性和互动性，使学生的自主学习能力得到更大程度上的开发和培养。

1.交互式课堂教学模式

交互式教学模式旨在改善学生教师使用交互式智能白板，可以方便地进行课堂教学和学习策略的讲解。学生使用在线会议系统，可以向教师申请主持权，提出问题并通过教师和学生的互动解决问题。同时，在教师的引导下，学生能够利用先进的信息化设备和丰富的教学资源，对知识进行更加精准快速的理解和掌握。

2. 基于问题的协作学习模式

协作学习是学习者在没有教师直接即时管理的情况下进行学习，通过合作达到共享性的学习目的。基于问题的协作学习模式指在教师的引导下，学生以问题为中心，通过合作的形式共同探讨问题，搜索资料，分享资料，解决实际问题。数字化教室的在线会议系统和网络支撑系统，是实现这一学习模式的有效途径。

（四）数字化教室教学模式的优势

数字化课堂有着诸多传统课堂教学所不具备的优势：能营造良好信息教学环境，实现学生主动学习，促进教学结构变革和学生能力素养的提升。其创设了多样化学习途径，注重学生协作能力培养，也更加关注过程。要改善数字化课堂问题，需树立良好信息生态观，落实师生多维互动交流，应用多元化评价标准和组织有效的技术培训。

1. 数字化课堂教学的优势

（1）营造良好教学环境

一般情况下，传统教学采用的多是的授受式、填鸭式等教学模式，教与学的环境是封闭的，教学信息呈现形式和容量是固定的，教与学的方式相对而言也是单一的，不利于学生学习积极性的激发和学生能力的培养。而信息技术应用到课堂中，其在创设情境、多重交互、自主探究等方面的技术优势能够营造丰富的、立体的教学环境，甚至渗透到教学各个环节。在数字化课堂上，学生能真正融入开放的信息化环境中，并能够运用各种信息技术工具获取资源，进行学习与交流，从而提升自身素质。

（2）实现学生主动学习

素质教育倡导以学生为中心的教学方式，培养具有创新意识和实践能力的人才。而信息技术在教学中的应用为实现这一目的提供了良好的契机。数字化课堂的教学情景、教学信息更加丰富，其信息传递与反馈渠道也更加多元化，有利于激发学生的学习兴趣，激发学生认知主体作用的发挥，激发学生主动探究的创新意识。学生从知识的被灌输者转变为学习主动参与者，真正实现了学生的主动学习。

（3）促进教学结构变革

信息技术通过创设开放化的信息化教学环境，发挥技术的演示、交流、个别化辅导的工具作用，使技术融入媒体信息、教学对象、学习方法、学生能力发展等各个要素之中，逐步实现教学内容的呈现方式、学生的学习方式、教师的教学方式和师生互动方式的变革。信息技术的课堂教学应用最终要落脚到教学的结构性变革上，使信息技术融入教学目标、组织结构、教学内容、资源与方法中。使教学目标更加突出能力，教学组织结构突破时间、空间的限制，教学内容强调知识的内在联系以及与生产实践的结合，实现了课程内容与实施的高度和谐。

（4）促进学生能力素养提升

知识经济迅猛推进，社会越来越凸显对创新人才的需要。信息技术的应用以现代化的教学资源突破传统教学的局限，给学生带来思维创新和想象力发展的无限空间。信息技术成为学生能力素养提升的重要推动力。发挥信息技术支持教学情境创设、丰富的多媒体的教学信息，多重交互、自主探究等多方面优势，可以使课堂成为学生主动参与的课堂，从而促进学生搜集和处理信息、分析和解决问题、创新与实践等更高层次思维能力的发展，最终实现学生能力素养的提升。

2. 数字化课堂特征

集合多种信息技术工具、资源为课堂教学创设了轻松活跃的协作氛围，提供了丰富多样的协作途径，转变了课堂的关注方向，增强了学生的能力。

（1）学习途径多样化

传统课堂教学环境下教师是知识的传授者，学生是知识的被动的接受者。随着网络环境的应用，学生的主体地位日益凸显出来。数字化课堂环境综合多种技术为协作学习提供更多的选择，学习途径更加多样化。学生的知识除了来源于教师，还可以来源于资源共享。尤其是应用软件的运用，丰富了学生协作学习的途径，还提高了学生参与程度。

（2）注重学生协作能力培养

新技术的多种组合激发学生探索的欲望，充分调动学习的积极性。新技术的多重功能为小组活动增加了乐趣，便捷了沟通，课堂协作更加活跃。新技术能催生学生的好奇心，使学生更加主动地参与到协作过程中，师生间的相互评价又督促着学生不得不为了小组而更加积极。这一过程中学生的协作能力得到极大提升，同时集体意识感也得到增强。

（3）更加关注过程

传统课堂教学关注学生掌握的知识数量，不关注学生能力与情感等内化的过程。技术应用下的教学开始聚焦学生的学习过程。数字化课堂环境支持下的协作学习行为不再是不可描述的，多种技术支持把协作学习活动细化为可以进行观察描述的学习行为。数字化课堂环境下课堂教学更加关注学习，关注学生的学习过程，表现出技术与课堂教学良好的交融性。

3. 改善数字化课堂问题的有效策略

（1）树立良好信息生态观

数字化教学进程中，学校势必受到信息技术的冲击，就要求我们应该用系统的理念来指导建构和谐共生的教育信息生态系统，使新的教学理念、教学环境和教学手段作用于教学实践，实现技术与教学的有效融合，促进学生的发展。这种强调人与技术在教学实践中和谐互动的生态信息化教学观，是实现技术与课堂教学融合的助推器。教育信息生态观从整体优化的角度考察信息技术在教学中的角色定位与价值，从以往单向的思维转变为动态的思维，从关注单一的取向标准转变为对系统的运行质量及效果的整体把握，从关注教师教与学生学的行为转变为对师生的实际需求。但不容忽视的是，信息技术与课堂教学的深度融合强调的是学生为主体，技术只是辅助，不管信息技术的优势有多少，都要保证课堂不能喧宾夺主，不能使人与技术的位置本末倒置。

（2）落实师生多维互动交流

交流是分享、反思的重要方式，是保证课堂效果的重要手段。如今，现代化信息技术完全可以打破固定教室学习的局限，从而实现不同地点、不同时间、不同对象的多边互动。数字化课堂应该培养交流对象借助信息技术进行交流的意识，充分认识到网络交流有利于提高学习效率和增进感情。学校层面应该采取鼓励与监督的方法激励教师使用网络交流，如组织各年级每周进行一次汇报交流、组织教师借助网络学习空间进行集体备课等。此外，教师也应该采取鼓励方式让学生体验到利用网络交流的意义。教师可以开展互动教学，如创建"聊天室"或"论坛"等，设置固定时间点、借助平台或讨论群等形式上与家长进行沟通。

（3）应用多元化评价标准

数字化课堂的关注点是教学活动能否满足教与学的需要，因此教学过程是处于动态的、不断变化的，不能像传统教学评价以偏概全、只关注某个方面。数字化课堂要全面地考虑教学过程的各个环节，不能过分关注结果，更要考虑到学生的发展需要。因此，数字化课堂是否有效利用关键是否坚持了开放的、动态的多元化的评价准则。教师需要实时关注学生整个学习过程，不再像传统教学中只能通过分数才能了解学生的学习情况，教师更全面地考察学生，从而规避了成绩决定一切的弊端，有助于主体的个性的发挥，促进学生全面成长。教师要将更多的目光聚焦到每个学生的活动过程，看到每个学生的发展特点，不再拘泥于终结性评价。在信息化环境下，出现了很多智能化评价工具，如"电子档案袋""量规"等。教师与学生的多样化评价主体的参与，保证了评价的多元化。作为学校，应该从规范上明确过程性评价的作用，从观念上引导教师从不同角度、不同方面评价学生，从而保证更有效的认识学生。除此之外，学校还应该将平时的评价结果进行量化管理，并按照比例算入学生的最终学习结果中，将总结性评价与过程性评价结果相结合，使成绩更能反映学生的全面性，从而更有效地评价学生。

（4）组织有效的技术培训

师生是数字化课堂的实施与应用主体，是保证信息技术有效发挥的关键。在教学日常生活中，不可避免地出现一些教师无法解决的问题，教师的信息素养的提高需要专业技术人员的帮助。因此，在学校中配备全职的高素质的技术保障人员是必不可少的。

教育主管部门和学校管理人员需要积极协调与安排，持续开展各种技术人员的培训，以保证学校技术水平与良好的信息技术氛围，从而促进信息技术在教育教学中的应用。此外，信息技术日新月异地更新，教师要想跟得上信息技术的发展脚步，就要加强技术应用的水平。学校应该将在职培训作为教师技术应用能力提升的重要途径，建立考核与认证一体化的技术标准，经常设置一些技术课程整合的竞赛、培训等等。并通过各种激励性的做法帮助教师提高信息技术应用能力，更新教育理念，改进教学方法，提高教学质量。不容忽视，学生是课堂教学的主体，是信息技术应用的主要成员，只有教师与学生的信息技术能力共同得到提高，才能更好的促进信数字化课堂的有效开展。

二、高校教学资源库建设的总体思路和方法

（一）网络教育资源建设

1. 网络教育资源的内涵

网络教育资源是指为教学目的而专门设计的或者能为教育目的服务的各种资源。网络教育资源包括网络环境资源、网络信息资源、网络人力资源。其中，网络信息资源是核心，因为其他两部分资源是为信息资源的建立、传播和利用而服务的。不同于以往以书籍、报刊、磁带、磁盘、广播、电视等为物质载体的传统的教育信息资源，网络教育信息资源是一种以网络为承载、传入媒介的新型的信息资源，这种信息资源主要是在 Internet 上获取的，所以也将基于网络的教育信息资源称为网络教育资源。

2. 网络教育资源的特点

（1）形式多样化

传统印刷型资源只有单一的文本形式，而网络信息资源则将文字、声音和图像等多种媒体融合在一起，实现了信息资源的多媒体化。

（2）存储的大容量化

传统印刷型信息体积大，存储容量小，制作成本高。而网络信息资源正好相反，体积小，存储容量大，制作成本低。

（3）内容的动态化

传统印刷型信息生产周期长，大量信息在生产传递过程即已陈旧，跟不上用户对信息的新、快、精、准的要求。而网络信息更新和修改周期短，传递发送迅速，处于动态变化之中，利用及时，信息能及时反映当今科技、社会、文化等领域的最新发展动态。

（4）开放性和共享性

传统信息受载体和环境限制，处于相对封闭状态，使用受到很大限制。网络环境的开放性和共享性跨越了时空的限制，使用户可以自由访问同一信息内容。

（5）智能化和交互性

传统的印刷型信息受存在实体的限制，而网络资源的各知识点之间相互连接，智能化程度越来越高，交互性越来越强。任一网络用户可以在任何时间从任何地

点检索和查询网络信息，并根据自己的需要任意下载、使用信息，具有很大的自由度和灵活性。

（6）信息价值差异性

由于网络信息的发布具有很大的随意性和自由度，必然造成其内容繁杂、混乱，质量良莠不齐，缺乏规范性，信息利用价值具有很大差异性。

3. 网络教育资源的建设

网络教育资源建设中，人力资源的开发是至关重要的。人们只有掌握了一定的知识才能够更有效地将资料、信息等转化为新的知识。普通高校学科门类较为齐全，师资力量雄厚，教学经验和教学资源丰富，建设网络教育资源有着独特的优势。要充分发挥这种优势，就必须摆脱长期积累的课堂教学的思维定式，避免简单的课堂搬家，或者将教材简单地搬上网，对于学习者来说，利用互联网等多种知识的载体获取知识固然重要，但是更需要受到教师的关注，需要师生交流，需要掌握有效的学习方法。因此，应充分考虑将新的教学理念，教学设计和教学模式融会贯通于网络教学资源的建设中，并且要注重加强学校教育资源与企业，行业实践教学资源的融合与互补，使网络教育资源既具有一定的理论基础，又适应于社会实践的需要。

网络教育使以前封闭的院校教学成为开放的，社会化的教学，可满足不同层次，不同类别的人对高等教育的需求，优秀教师的授课内容被编制成课件放在网上，学生根据需要，可随时调出，反复学习，聆听名师教诲不再是奢望，校园的围墙被打破，使高校丰富的教育资源得到充分的利用和发挥。

网络教育课程的开发需要资金，技术和内容的统一，高校的教师提供教学内容，由国家投资和提供技术服务制作成课件，是政府解决我国远程教育资源短缺的有效途径。同时，发挥各校的特色，学校也制定了相应的政策，鼓励教师将自己的教学素材，信息和知识资源搬上网，这种由国家、学校和教师建设的网络教育资源，在网络教育实施过程中正在显示出优越性和实用性。

（二）网络教育资源的开发与利用

1. 开发原则

网络资源的价值在于能够及时反映当今社会政治、经济、科技等方面信息，能为人们的日常生活和社会活动提供参考和依据；网络教育资源的价值还在于它具有教育意义，能为人们提供教育信息。所以，其设计开发必须符合以下几个方面的原则。

（1）教育性与科学性相结合

资源的设计、开发要考虑资源的教育意义，即看它是否对人们的身心发展起到正面的促进作用，要有较强的知识性，要有利于激发学习者的学习动机；同时，资源的设计、开发要客观、科学，符合人们的思维习惯，能为人们的日常生活和社会活动提供参考和依据。

（2）技术性与艺术性相结合

资源的呈现方式和结构布局要合理，资源提供的清晰度与画面结构以及课件、文本等运行的技术要符合浏览器的技术标准；艺术性主要是针对多媒体素材而言，体现在表现手法的多样性、情节的生动性、构图的合理性以及画面的灵活性等方面。

（3）动态性与开放性相结合

网络资源处于一个开放的系统，设计时要利用多种导航技术，为使用者提供多种检索和使用路径，体现其开放性和共享性；网络资源的时效性决定了其处于经常变动之中，设计必然要符合动态性原则，便于更新和使用。

（4）使用方便性

网络信息资源的存储和连接方式、检索点的设计等要符合知识概念体系和人们的思维习惯，要选择最佳的信息导航技术来设计资源导航路线，为使用者检索使用资源提供方便。

2. 开发途径与方法

网络教育资源应是数字化信息，应通过建立完整的知识概念体系最终将所有信息资源互相关联起来，形成信息网络。网络资源应走多方面互助合作、多途径开发的道路。

（1）积极推动信息资源的共建共享

丰富的信息资源是进行自主学习的基础。目前，由于受经费、观念、技术等条件的限制，一些具有实用价值的资源仍然封闭在不同机构中，资源共享程度很低，而这些资源往往却是对人们生产生活最具重要意义的内容，因此对这些资源进行开发、开放与共享，对于丰富网络信息具有至关重要的作用。

（2）加强专业数据库建设

在网络资源开发的同时应通过新技术对原始信息资源进行重组，使之更加组织化、有序化，并最终形成符合用户需要的各类专业资源数据库。各地资源开发中心应在充分调研的基础上，针对自己的实际情况和用户需要，重点建设一批专业特色资源数据库，如法律资源库、科技信息数据库、政策法规数据库等。

（3）加强网上信息资源的重组

网络资源内容丰富多彩，为人们提供了丰富的信息来源，但存在信息分散无序、交叉重复、知识关联度低、冗余信息多等缺点，给人们的使用造成了困难。通过利用数据挖掘、人工智能技术、智能搜索等技术，根据用户的需求，对网络信息进行选择、重组，使信息上升为知识，并且在各相关知识点之间建立便捷有效的链接关系，建立完善的信息导航系统，从而使用户可以直接获取符合需求的知识，以提高知识的利用效率。这是网络教育资源有效利用的有利途径。

（4）加强网络知识服务

为最大限度地发挥我国网络信息资源的效益，应在人工智能、数据挖掘等技术的协助下，尽快建立网上知识服务体系。知识服务与传统信息服务不同，它所提供的是按知识概念体系组织的内容信息，在这个知识概念体系内，各类信息按知识概念和学科门类建立某种关联，可实现超越地域限制的高度共享，因此，这样的信息资源是面向需求的、有针对性的，从而在更广泛的范围内，满足用户获取知识的需求。

3.有效利用

网络环境下的学习以学习者自主探究学习为主，主要的学习工具是计算机网络，学习的对象是网络信息资源。教师的作用主要体现在资源的准备和推荐、活动中方向的控制及学习中问题的导引和拓展等方面。网络教育资源的利用主要体现在：

（1）教师备课

备课是教学的一个重要环节。随着网络技术的发展和网络资源的剧增，以往"黑板＋粉笔"的传统教学模式将逐渐被多媒体教学所替代。教师对教学目标、教学内容和教学对象进行分析，提出所要探究的问题或专题后，网络资源的使用就显得至关重要了。首先，教师要针对教学内容查找所需资料，记录相关网站网址，检查所选网站的安全性、内容的健康性、资料交互的可行性，确定网络资源的可利用性，对有利于学生学习的资料进行筛选、下载、整理。其次，教师要借助网络进行教学设计，包括问题的导入方式、课堂的组织形式、教学内容的呈现方式、课堂讨论及学习情况的反馈等。如将自己准备的可见资料和相关网站地址链接在自己的网页上，建立良好的信息导航系统，帮助学生查找资料，并将网页挂接在校园网服务器上，从而为学生构建探究学习的网络环境。

（2）学生在教师的指导下集体学习

教师根据学生的学习水平和兴趣差异等将学生分成不同层次的学习小组，提出不同的学习要求。学生根据教师提出的问题，充分调用网上资源进行学习，尝试解决教师提出的问题，在解决问题的过程中增长知识、创新发展。同时，教师要引导学生进行交流和讨论，鼓励学生大胆发表自己的学习心得和体会，使每一个学生都真正参与到讨论中。最后，教师要对问题进行概括和总结，对学生的学习给予客观公正的评价，而且要有意识地留一些能够激发学生的求知欲思考题或作业，供学生在课后继续探索。

（3）学习者利用网络资源进行个别化学习

当今社会是一个知识爆炸的社会，知识更新速度异常迅速，对人才素质要求越来越高，对学校教育的要求也就越来越高，新世纪人才必须具备发散性思维和创造性思维，要具有较高的知识创新能力，显然单靠学校教育已远远不能满足这样的要求。网络教育的具有不受时间和空间限制的特点，满足了继续教育和终生教育的要求，任何个人在任何时间从任何地点都能通过网络在线学习获取知识，不断充实自己，提高自己。

（三）高校立体化教学资源的建设

1. 立体化教学资源

（1）教学对象的层次化

分层教学，是立体化教学资源的重要组成部分，主要包括院校教学、在职培训、远程教学、网络授课等，主要针对本科生、专科生以及自考生，授课群体较为广泛。

（2）教学环境的数字化

和传统教学模式类似，立体化教学资源课程环节齐全，比常规的初高中课堂更加完整。除了常规课堂要求的预习环境、讲授环境、复习环境，还增添了辅导环境、学生自我测评环境、教师自我反思环境、模拟实验环境、师生互动交流环境等。而这些环境，均离不开数字电子技术的支持，也更需要现代化技术的依托。

（3）教学信息的系统化

除了纸质教材以外，电子信息系统是立体化教学资源的关键部分，数字化教材只是其中的一小部分，立体化教学资源还要求辅助系统（包括老师和学生双方面）、网络教案、电子课件等。系统化的教学信息，会帮助师生在教学过程中事半功倍。

简而言之，立体化教学资源是面向高校学子的，并采用多媒体手段教学的，综合运用各种环境的新型教学模式。这种模式在不断地完善过程中，也被越来越多的学者认可。

2. 立体化教学资源的构成要素

自从立体化教学资源的概念问世以来，教育部联合高校致力于不断完善与改革，现阶段我国的立体化教学资源逐渐趋于稳定，无论是技术还是教学理念，均已步入世界顶级范围。纵观立体化教学资源，从现阶段发展来看，主要可以划分为三种构成要素，即教学资源库、教学包和专业网站。

（1）教学资源库

教学资源库是一种计算机软件系统，主要作用是管理教学资源。它以学科知识点为单位，并按照一定的规律组织成系统化的知识网络，以网络光盘的形式提供教育所需要的学科知识和教育素材。教学资源库的建立主要是在肯定教学内容的基础上，充分发挥计算机网络的辅助作用，使广大高校教师高水平、高效率、高素质地进行日常教学，已达到优秀课程示范和教学资源共享的目的，从而提高高校间的教学水平。

（2）教学包

教学包依托于课程，是文字教材和多媒体资源有机结合的产物。教学包强调纸质版的主教材，配套相关辅助出版物，以构成多功能系统化的教学实践模块。而从内容的角度分析，教学包主要包括主教材、教师参考书、实验指导书、电子教案、网络课件、试卷题库、案例资料库等。教学包的主要表现形式有纸质图书、音像出版物、网络电子书等。教学包的存在意义是把教学内容、手段系统化地整理在一起，完成一条龙式的课程设计，并积极发挥纸质图书、音响设备、电子出版物各自的独特优势，以应对各式各样的教学情境，满足多元化的师生需求。当然，教学包涵盖的各项内容，既重叠又相互渗透补充，既强调重点又整合知识网络，这样的综合教学包可以为高校师生提供更完整的教学资源。

（3）专业网站

专业网站，又名学科网站，是相关出版社依据对应的课程学科、不同层次以及专业领域构建的以服务为主的系统网站。内容涵盖信息资源的服务和共享、教学环节的服务、课后检测的服务等。网站针对不同群体提供了可以互相交流与讨论的技术平台，使得教师、学生、网络编辑、专家学者都能参与其中。这样一来，教师在备课环节可以听取多方的意见，参考多方的资料，而学生也可以通过网络教学丰富自己的认知，真正实现预习、学习、自测、复习等环节的一体化。针对毕业后的相关问题，也可以及时与相关人员沟通，达到学科知识和实践拓展甚至是从业就业方面相结合的目的。这样一来，在不同群体之间则编织了一条网络信息链，将教学包、教学资源库等关键要素联结起来，实现信息的快速反馈，以优化教学服务的质量。

3.建立完整立体化教学资源的途径

尽管立体化教学资源有着独到的优势，但是想要充分发挥立体化教学资源在高校教学环节中的作用，校方还需更加的努力。

（1）修正教学手段

针对教学手段方面的改革，校方必须依托网络教学的先进技术。结合现代化的教学方法，制作质量较高的数字课件、动态计算系统，并建立较有规模和系统的学习网站。

另外，设定辅助系统，以达到网上布置作业、网上批改作业、网上答疑解惑等目的。而众多系统对于教师的教和学生的学，都有着切身的实际意义。也正是因为在此过程中，学生们不但强化了书本上的基础知识，还可以适当拓展他们的动手实践能力，所以在这一时期教师会更好地思考如何将无形的知识转化为具体的能力。

（2）丰富考核方法

传统教学理念往往将学生的学期成绩片面寄托在期末考试上，这种近乎单一的考察方式无法充分检测出学生的真实能力，特别是学生们的实际操作能力和动手实践能力。既然学生们的实际动手能力没有得到全面的检测，因此导致的结果往往是恶性循环，学生们的实践能力则会越来越差，改变"一卷定学期"的考试制度迫在眉睫。立体化教学资源要求考核方法多元化，可以将学生日常学习生活中的随堂作业和实验操作纳入计分系统。这样一来，期末考试的卷面成绩可以占期末总成绩的50%，实验操作等动手环节成绩占期末总成绩的30%，随堂作业占期末总成绩的20%。也可以以小组为单位添加程序设计和学术答辩等环节，以培养学生的沟通与表达能力。

（3）更新教学内容

动手能力是新时期高校培养毕业生的重点方向，因此单一的课本教学已经无法满足日新月异的时代发展。立体化教学资源强调以理解为主的课程内容和以训练为主的系统设计。多年来I课程小组一直认真落实实践教学改革，力求将理论与实践更好地结合，达到以点带线，以线织面的目的。基础实验可以将难以理解的抽象数据上传系统并整理为直观可感的真实数据，可以帮助学生更好地理解庞大复杂的电子系统。设计实验则是以基础实验为前提，提出针对实际的实践问题，由学生自主定义、建构、操作以完成解决既定实践问题。当众多零碎的知识点拼凑之后，学生可以逐个解决小问题。当设计实验定义分类了几组大问题时，学生可根据一系列的函数公式等逐层加深，最终达到自主完成实践任务的目的。教学内容的更新变化可以更好地培养学生们独立思考、独立操作等方面的问题，并且扎实了已学的理论知识。

（4）整合数据结构

课程的有效实施，关键在于学科知识系统的衔接、融合，而作为新时代的教学宠儿，立体化教学资源更应完善数据结构。系统知识点的编排，主要应考虑到章节之间的关联性、相似学科之间的关联性等，系统化的知识体系，可以帮助学生将知识点串联成网。单位课程应将本课重点和侧重点分门别类，告知学生如何使用已掌握知识点。而计算机相关技术与学科知识，更应满足立体化教学资源的要求，并且兼顾学科后续学习的发展。

（5）注重课程迁移

立体化教学资源是面向广大高校学子的重要媒介，而对于计算机相关专业的学生，数据结构已不单纯是上课的课件、下课的作业这样简单的要素，更多的可能是考试范围、考研科目等。因此课程组可以有意无意地将此知识点纳入相关专业学生的考试和调研中，使学生在利用立体化教学资源的同时也可以提前复习考研或操作等方面的知识。而倡导学生注意学科之间的联系、章节之间的联系、系统模块之间的联系，并多参加电子竞技比赛，不但可以帮助学生建立系统知识网络，更可以让学生们走出闭门造车的窘境，提高自我的认知。

立体化教学资源体系的构建不但能为高校日常教学提供坚实的技术支持和资源保障，同时也改变着新时代学生的学习方法、思考方式。构建完整的立体化教学资源体系，在提升高校教学质量水平的过程中起着决定性作用。

第三节　企业对计算机的创新技术的实践

近年来，计算机技术已广泛普及应用到各行各业，结合网络技术的发展已经将传统经济市场推向全球化，使其置于市场竞争愈演愈烈的大环境中。这使得我国企业在遇到发展机遇的同时，也面临着巨大的竞争压力。改变传统的企业管理模式和获取市场信息的手段，利用计算机信息技术来提升现代企业的生产力，增强企业在商业竞争中的潜能与优势，运用现代计算机技术对企业进行管理与创新已刻不容缓。

一、现代企业信息化管理的含义

现代企业信息化管理实际上就是将企业的生产管理过程、业务过程等进行数字化，并通过信息系统网络加工来生成新的信息资源，进而为企业管理层提供易于观察总结的信息，帮助其做出利于企业生存发展的决策。计算机信息技术的广泛普及和快速发展，将传统地域经济连接起来，形成全球性经济网络，这对现代企业来说既是机遇也是挑战，是一次全新的管理革命。

现代企业只有顺应时代发展要求，建立企业信息化管理，才能在瞬息万变的市场经济竞争中长久站稳脚跟，谋求更大的发展与经济效益。现代企业信息化建设的关键因素包括：良好的信息基础设施，如计算机设备、网络通信设备等硬件；完善的企业内部及外部信息组织结构，例如企业内部的人员配置、生产计划及产品库存情况等；制定有效的企业信息化标准和规章制度。现代企业的信息化建设范围较广，通常可分为以下几方面：①企业生产过程中的信息化建设，通过信息技术来实现生产过程的控制与测量，以实现生产自动化为目标；②企业数据的信息化建设，如在原材料采购、产品销售及库存等环节，通过信息技术来提高管理效率；③企业管理的信息化建设，通过信息化管理系统来对企业各部门进行科学规范的管理，来强化部门间的协调与监督能力，以此来推动企业健康快速发展。

二、计算机信息技术对我国传统企业管理模式提出挑战

结合不同时期的企业管理理论可以看出，在产业革命时期，进行专业化劳动分工能够有效提高工作效率和成果，即企业具有明确严谨的组织结构，决策者进行决策就可以正常运转；而人力资源理论则强调了人在企业组织中的作用。随着社会的发展与进步，这些方法逐渐融为一体，技术环境、组织环境及社会环境等成为促进企业组织管理变革的重要因素。

广泛普及的计算机信息技术为世界搭建了一个虚拟网络，各项经济活动均在这个网络里进行，为我国传统企业的经营战略和企业管理模式提出挑战。行业竞争加剧，网络时代将原本的产品批量生产加工转变为客户定制时代，以往物美价廉就能在市场竞争中占据一定地位的销售模式被多层面竞争方式所取代，除了价格之外的产品质量、款式、售后服务等均成为市场竞争中的重要隐私。

传统的职能式组织机构管理模式具有空缺或重叠缺点，而且不同职能部门之间缺乏沟通，导致企业层级体系间的信息交流受到一定的阻碍。另外，传统企业管理模式中财务管理较为混乱，存在着财务信息资料或文件不够详细、准确性较低等弊端。随着计算机信息技术的普及与发展，企业利用信息技术这种先进工具与手段进行管理，极大提高了企业信息传递速度、缩短了部门间的沟通距离。只有结合先进的信息技术和管理思想，对旧的企业组织形式和业务流程进行管理创新再造，才能迎接信息技术的新挑战。

三、我国现代企业管理中对计算机信息技术的应用

我国现代企业随着信息技术的广泛普及，在企业管理中对信息化应用逐渐普遍起来，在企业财务管理方面的应用已较为成熟，此外在项目管理、数据统计、人力资源管理方面的应用也越来越普遍。

（一）计算机网络技术已得到广泛普及

计算机技术、网络技术以及通信技术成为计算机网络必不可少的因素。建立计算机网络实现了跨越时间和空间的信息资源共享与交流，它具有快捷、方便、灵活等优势，极大丰富了我们的知识面与眼界。另外，也大大降低了时间成本和物质成本，可以实现快速的邮件交流，也可以通过远程会议方式进行企业管理层

决策会议等。我国现代多数企业已经将信息化技术运用到企业管理和发展中，且收益颇多。

（二）计算机信息技术在现代企业财务管理工作中具有重要作用

随着企业发展规模的不断壮大，其财务工作也逐渐变得越来越复杂、烦冗，传统的财务管理方式已无法满足财务工作精确、真实、完善的要求，计算机信息技术的出现完美地解决了这个难题。企业财务管理工作中应用对计算机信息技术，能够轻松完成复杂的会计运算查询等，还能有效控制并核算成本，对企业阶段性经济效益分析和储存等工作也均可通过计算机查询来快速获得，为财务管理工作提供了极大的便捷服务。另外，对于传统财务数据正确性的问题上，计算机信息技术能够有效防止恶意更改等情况的发生，在一定程度上保证了财务管理的质量。由此可见，重视并完善信息系统、提高对信息技术的熟练运用程度是保障企业财务管理工作顺利进行的有效方式。

（三）计算机信息技术在现代企业项目管理及高效的数据统计中的应用

我国现代企业在项目管理阶段已开始应用计算机信息技术，一方面能够快速获得有价值的信息资源，另一方面也加强了企业决策层的管理能力。项目管理人员在了解并掌握了多元化的数据信息后，能够及时完善、细化并更新所参加项目的管理计划。此外，通过企业项目管理中创建或引进的项目管理软件，在信息技术平台上能够保证项目科学、完善、优质地发展。例如通过经济市场调查和数据分析系统，能够帮助企业管理层做出正确决策和处理方案。对于现代企业中的营销计划、生产目标、生产水平以及人员管理等，通过信息技术来将这些环节落实到位，能有效提高企业经济效益。现代企业在数据管理中引入信息技术等相关技术，并实现了与之深度结合的目标，对数据进行高效精确的统计与输出，辅助企业及时对管理中出现的问题进行归纳与总结，进而对正确判断信息、提高企业效益，缓解企业压力作出贡献。

（四）计算机信息技术在我国现代企业中人力资源管理方面的应用

现代企业之间的竞争在某种意义上是对人才的竞争，有效汇总掌握各类人力资源信息是企业人力资源管理工作的重中之重。我国企业已将计算机数据存储技术和图形显示技术等运用到人力资源管理中，使得人力资源分布情况更为直观与清晰，在选择引进专业人才等方面也更有针对性。只有确保人尽其才，才能促使其最大程度地发挥价值，为企业发展贡献自己的力量。同时，利用信息技术来了解客户需求动向，进而进行研究与分析，能够帮助企业及时调整产品方向，创建具有竞争力的个性化产品与服务，增加企业市场竞争力。

四、计算机信息技术极大地推动了现代企业的管理创新

管理创新是指创造一种更新、更有效的资源整合模式，既能有效整合企业资源，实现企业目标和责任的全过程管理，又能结合具体资源整合目标来制定细节上的管理手段。这是由经济发展和技术进步而产生的，也是企业生存与发展的有效保障。

改变企业经营理念上，随时保持开放、彻底的再造精神、结合企业内部与外部复杂多变的环境来进行企业管理，以观念指导行为。企业通过市场信息集成，在信息化技术基础上重新定位企业业务观念和流程，是企业在世界竞争中立于不败之地的关键所在。

加强现代企业的信息技术水平，来增强企业的管理创新和发展能力，进而提高企业效益。就我国企业近年来的管理经验可知，只有对信息进行有效的管理才能有效提高整个企业管理工作的效率与效果。通过高效识别客户需求信息，抓住经济市场的动向，进行信息集成并优化配置资源、及时准确地传输给企业管理层或决策者，以此来提高我国现代企业的应变能力和竞争能力，实现跨越发展。

总之，计算机信息技术在现代企业管理中的应用和管控极其重要，只有制定合理有效的应用对策，来弥补传统企业管理的缺点和不足，才能在真正意义上提升企业的管理水平，进而保证我国企业在世界经济市场中能够稳定持续的发展。

五、自动化办公管理中云平台技术的应用

（一）办公自动化之中计算机信息传输技术的运用

通过计算机的信息技术，可以实现办公过程的电子化、数字化与协调化。计算机技术首先可以建立办公室内部的信息平台。通过办公自动化系统建立起内部的信息平台，方便信息交流，将整个工作活动变得更加高效快捷。一些单位的通知与制度都可以通过这个内部平台进行发布。每个人都几乎天天在平台上进行操

作，有利于实时传达，对于文件的解读更加明确。

1.计算机信息传输技术

信息化时代人们对于信息的追求不断增强。通过计算机技术与通信技术的结合发展，促进了现代社会的信息技术向着更高一层次发展，推动了社会的进步与人类文明的进步。目前我国对于计算机信息技术的应用还仅仅是在表面上，而国外其他先进的国家对计算机技术以及网络相关产业的发展已经形成了较大的规模，实现了巨额的经济效益。现代经济中的领导者开始向计算机信息、网络方向发展。

计算机信息传输技术经过了长时间的发展，已经逐步发展成熟。在信息传输过程中，互联网技术的应用让信息服务发展更加完善。信息传输系统媒介也开始出现多样化，信息的传输途径已经从单一的文本传输发展到了多媒体方向的飞跃发展。计算机信息传播技术在服务中处于主动地位，让服务非常快捷方便，提高了用户的使用满意度。

目前我国的多座城市已经开通了 ISP 服务，如上海的公共信息网等，它们主要对信息的查找与全面信息服务负责。计算机用户通过网络到 ISP 处进行入网办理，就可以上网。

目前的计算机信息传播途径是通过一定的硬件连接完成的。作为基础用户，首先需要一台计算机，加上一个光纤"猫"或是其他的 Modem，另外通过电话线就可以进行 ISP 连接。在 ISP 选择的过程中，首先要考虑 ISP 的服务标准与资费标准有所不同，其次在对服务进行缴费时，要考虑网点距离的瓶。目前的信息技术网络可以不再依附于电话线，而是通过光纤入户的方式进行了网络连接。

2.无网络环境下的远距离信息传送

信息传输的基本流程就是通过一台计算机在通信软件的帮助下实现对远处的计算机进行信息传递，发送或是接收信息，实现屏幕实时交流，文件实现电子数据交换。软件是需要硬件进行支撑的，要想达到远程信息传输，在硬件要求中，就必须首先要有电脑，其次要有 Modem，一根电话线，传真机可选。通过这些硬件的安装与配置，就可能通过通信软件的使用实现信息的远程传输。

硬件准备齐全之后，问题就是对通信软件的选择与安装了。目前市场上同类似功能的软件数量非常多，一般如果购买 Faxmodem 的话，商家可能会附送软件。

市场对软件的更新速度非常快，科学技术对通信软件的研究日新月异。随着用户体验的重要性不断增强，如果通信软件存在着操作复杂，识别复杂的问题，同样难逃淘汰的命运。

3. 远距离信息传送软件

硬件是实现计算机远程数据传送的基本条件，准备充分之后，就是通信软件的选择问题了。BWV3.24F/D软件是适合于Window操作系统的一种远程通信软件，它对设备参数的配置要求不高，功能齐全，操作非常容易，受到用户的高度认可，应用的范围也越来越广泛。

（二）计算机安全技术在企业移动办公中的应用

在我国现代企业的经营中，移动办公所发挥的重要作用逐渐凸显，但来自于网络与认为的挑战制约着企业移动办公的安全应用发展。为了保证企业的信息安全与移动办公的顺利开展，对计算机安全技术在企业移动办公中的应用进行相关研究就显得很有必要。

1. 企业移动办公存在的安全隐患

在我国现代企业的移动办公中，来自网络与人为的因素制约着企业移动办公的安全发展。

（1）财务管理的安全隐患

在现代的企业的财务管理中，由于互联网技术与移动、网络支付的发展，我国绝大多数企业都开始运用计算机或手机进行资金的运转，这种资金运转形式极大地提高了企业的经营效率，但也为企业的财务管理埋下了安全隐患。在一些企业的财务管理中，来自竞争对手的黑客侵扰是一种较为常见的企业移动办公安全隐患，切实地影响着企业的资金安全，企业相关财务管理人员需要对其予以重视。

（2）人事管理的安全隐患

在现代企业的经营发展中，人才是决定其未来发展的关键性因素，而随着计算机信息技术的不断发展，来自竞争企业的"挖墙脚"也开始逐渐变得形式多样化，而相关企业人事管理中存在的安全隐患，就很容易导致自身的相关员工资料泄露，最终引发企业人才的流失。针对这种情况，相关企业的人事管理人员必须重视自身企业相关人事档案的管理，保证相关人事信息的安全。

（3）客户管理的安全隐患

在现代企业的经营模式中，通过计算机技术与客户进行沟通已经是极为普通的事情，这种沟通方式提高了企业与客户的沟通效率，降低了企业自身的相关沟通成本，对企业发展来说是一种极为重要的变化。在通过网络的客户沟通中，相关企业必然会在计算机中存储着大量的客户资料，而这些客户资料就很容易引来来自网络的相关攻击。一旦这些资料遭到泄漏，企业的竞争对手就有可能通过这些资料对相关客户进行骚扰，最终导致企业的客户大量流失，因此相关企业必须做好对自身客户资料的保护工作。

（4）技术资料管理的安全隐患

在现代企业的运营中，很多企业随着自身的相关发展，会诞生很多有着自主产权的设计资料、信息技术资料、知识产权资料等信息，而这些信息正是一家企业生存与发展的资本。在很多企业中，其自身的相关重要资料会进行格外严格的存储，但仍不能避免相关来自网络的侵扰造成的企业资料信息泄漏，因此相关企业必须对自身的技术资料进行严格管理。

2.计算机安全技术在企业移动办公中的应用

（1）动态密码技术

在企业移动办公的安全管理中，动态密码技术是一种较为有效的管理技术。所谓动态密码技术，是一种通过验证用户名与动态密码的方式，进行企业移动办公的安全保护。在具体企业移动办公中的动态密码技术使用中，相关企业的认证用户会在使用系统时生成密码，这就能够极为有效地保证企业的相关信息安全。此外，由于系统生成的密码有着时间限制，这就使得企业移动办公的安全性进一步提高，保证了企业在信息时代的安全发展。

（2）完善网络结构

除了动态密码技术，完善相关企业的网络结构同样能起到提高其自身去移动办公安全性的作用。在相关企业的网络结构完善中，其需要通过安全证书制度，相关使用者在使用系统时需要通过安全证书验证自身信息，以此获得相应的身份及权限，以此保证企业移动办公的安全性。在企业安全证书制度的使用中，企业必须对相关使用者的信息进行严格核对，同时还要避免证书资料重合的现象发生，通过这类操作保证证书的有效期内实现企业自身相关信息的安全管理，避免过期证书仍能登录造成的信息安全隐患发生。

此外，相关企业还应确立制度，对相关用户安全证书丢失或泄露后的情况出现时，第一时间对该证书进行作废处理，以此保证自身信息的安全。在具体的企业安全证书作废中，其需要通过安全证书作废系统进行具体的安全证书作废，以此保证安全证书的完整性与安全性。

（三）自动化办公云平台功能分析与设计

随着互联网、大数据、云计算等技术的快速发展和应用，越来越多的领域引入云计算构建云平台，比如腾讯云、阿里云、搜狗云、百度云等，这些云平台不仅可以部署软件功能，同时还可以实现信息储存，提高了人类社会的信息化和共享化水平。详细分析了政企单位自动化办公系统，同时引入云计算作为体系架构，实现公文管理、考勤管理、通知公告、流程审批、信息共享、培训管理、绩效薪酬管理等办公功能，可以提高自动化办公的并发接入能力和处理效率，具有重要的作用和意义。

1. 概述

一层的实际情况发生改变时，其余层不需要改动即可完成软件部署。云计算引入了按需定制服务，可以根据信息软件的大小、存储数量的多少和用户数目分配存储空间，这样既可以提高云计算服务器的空间利用率，同时还可以节约系统的资源，保证云计算服务空间得到最大化利用。云计算还引入了先进的索引机制，利用索引机制、Mapping 映射机制实现应用层、服务层和物理层之间的交互，每一层的改变都不影响其他层。

基于云计算构建了一个自动化办公云平台，将公文管理、通知公告、培训管理、考勤管理等功能集成在一起，为用户提供一个便于 PC 端和移动设备端登录的软件，进一步提高了政企单位无纸化办公水平，具有重要的作用和意义。

2. 自动化办公云平台功能

自动化办公云平台可以通过 PC 端和移动设备端登录，也可以通过光纤网络登录系统，还可以通过智能手机、平板电脑或移动互联网登录，因此功能非常丰富，具体的功能包括公文管理、考勤管理、通知公告、流程审批、信息共享、培训管理、绩效薪酬管理等。

（1）公文管理

公文管理是自动化办公云平台的关键功能，主要包括两个流程：第一，发文管理流程，可以完成公文的起草、审批、核稿、签发、发布、归档、查询；第二，收文管理流程，可以完成公文的登记、管理、拟办、批阅、主办、阅办。公文的每一步都有操作使用模板，因此易于学习和使用，比如可以使用 Word、Excel 进行在线修改，也可以提供数字签名和电子签章服务。公文管理可以实现政企单位办公的无纸化，每一个传阅的流程都可以实现短信通知，因此非常便捷。

（2）考勤管理

考勤是政企单位最基本的管理工作之一，规定员工的正常工作日、上下班时间、加班出差、请假休假等制度，因此考勤管理需要将这些制度信息化、工作量化，以便能够为人力部门、财务部门提供考勤数据，包括迟到、早退、加班、出差、请假、休假和矿工等，实现考勤管理操作。

（3）通知公告

政企单位经常性地发布一些临时的、简短的公共事务，这些公共事务走公文又显得繁琐，因此可以使用通知公告功能，实现通知公告撰写、发布、浏览和删除操作。

（4）流程审批

政企单位的员工工作过程中，比如本部门无法完成，需要其他部门协作的工作，此时就需要走一个申请协作配合的流程，由本部门领导审批之后，可以发送给其他部门的领导和工作人员进行审批，因此流程审批功能包括增加、删除、审核、归档等功能。

（5）信息共享

政企单位出台的公文、制度、通知公告、新闻等信息非常多，有些政企单位涉及科研教育等，因此需要构建一个强大的信息共享功能，实现数据信息的添加、保存和发布，以便本部门、本单位的人同时能够使用相关的数据资源，实现信息共享操作。信息共享作为云平台的重要功能之一，储存空间采用按需分布模式，因此可以节约信息共享购置的硬件资源，确保运行升级维护的便捷性和易管理性。

（6）培训管理

政企单位需要根据实际工作需求招聘工作人员，这些新入职的人员需要培训之后才能上岗；政企单位为了适应市场经济发展形势，需要及时地为职工开展技术培训、管理培训、时政培训等，因此自动化办公云平台需要开发一个培训管理子系统，该系统能够实现培训计划制定，执行和评估培训计划，查看培训效果等，进一步提高政企单位培训的效果。

（7）绩效薪酬管理

绩效薪酬是政企单位最为重视的功能之一，根据工作业绩、日常工作表现可以评定员工的绩效，然后按照绩效的得分评定薪酬。绩效薪酬管理功能需要量化考核分数，利用多种条件设置员工表现，导入日常考核数据之后就可以得出分数，然后乘以关联的等级系数之后即可以得到薪酬。因此，绩效薪酬管理需要具备增加绩效考核内容、评定绩效考核系数、审核薪酬量等功能，完成薪酬发放。

3. 自动化办公云平台设计

随着互联网、大数据、云计算等技术的快速发展和改进，越来越多的行业开始引入云计算技术，人们已经进入了云数据时代，构建了功能完善、服务健全的云数据中心，能够根据政企单位的需求提供服务。引入先进的云计算之后，构建的自动化办公云平台集成功能很多，按照云计算的三层架构进行设计，满足多用户并发接入性能，能够满足政企单位异地办公、多用户接入需求，实现信息共享功能。具体的自动化办公云平台主要包括以下几个逻辑业务层次。

（1）交互层

自动化办公云平台的交互层直接为用户提供一个操作界面，交互界面采用先进的 HTIML5 设计技术。HTML5 采用一次设计、普遍适用的思想，对于同一个应用软件的交互界面可以根据屏幕大小自动调整宽度、高度，自动地美化软件交互界面布局，能够为用户提供更加友好的交互界面。HTML5 还引入了许多新的组件及标签技术，比如企业服务总线监听启动技术，可以自动化地提高企业服务总线的驱动性能，保证企业服务总线监听数据的完整性。

（2）应用层

自动化办公云平台可以集成各类型的软件功能，包括公文管理、考勤管理、通知公告、流程审批、信息共享、培训管理、绩效薪酬管理等，将这些系统进行适应化处理之后，可以将其部署于自动化办公云平台的应用层，该层可以利用 Web 服务器进行操作，将每一子功能的逻辑业务请求转换为计算机可以识别的语言，实现计算机应用数据处理，还可以将处理结果封装在数据包内，将其反馈给交互界面层，直接提供给用户浏览。

（3）数据层

自动化办公云平台能够为用户提供一个强大的接口，这些接口内部实现的功能与其他层无关，只需要提供一个对外的通信接口即可完成数据处理。中间层完成的功能很多，包括业务逻辑加工和数据处理操作。中间层可以从交互层获取用户的逻辑业务请求，针对这些请求进行解析和处理，如果发现这些请求中包含数据处理内容，就可以将其发送给数据库，数据库完成对信息的添加、修改、删除和查询。自动化办公云平台中间层够提高软件的可扩展性、分离性，确保信息加工的独立性，保证其可以部署于智能手机、平板电脑等移动设备上，有效提高软件的开放性，保证软件开发效率。

自动化办公云平台功能多、数据处理速度快，可以完成公文管理、考勤管理、培训管理、绩效薪酬管理等多种功能，引入云计算之后可以按需部署软件和数据资源，实现自动化办公平台的多种接入渠道，便于用户使用和操作。

（四）政府、企事业单位 OA 系统的建设

任何一个信息系统应用与建设是解决企事业单位实际管理问题、实现信息化目标的手段与工具。

针对企业管理目标与信息化目标，协同办公 OA 系统需要用协同的工作管理机制来重建企事业单位运作空间，用流程管理机制来规范行政管理流程和业务管理流程，用信息门户技术整合企事业单位信息资源，用知识管理机制来进行知识资产的整理利用，打造"六台合一"的综合数字化管理平台。

1. 统一集成工作平台

单位各级领导及人员都以协同办公 OA 系统作为工作的主要平台，平台除了集成各种办公应用，还具备充分的扩展性，能够链接与集成目前与未来各种专业的业务系统，使所有用户在统一的界面上使用不同的软件系统。并且，平台的集成框架具备个性化定制能力，可以按照不同部门、不同领导的需要，为不同类型的用户实现不同的界面风格与定制不同的软件功能使用权限。通过网络与通信平台的支持，使出差或外地人员可以随时随地实现移动办公。

2. 统一信息发布平台

协同办公 OA 平台也是一个内部信息发布系统，为信息发布交流提供一个有效的场所，实现企事业单位内部各种信息（办公信息、文件、函件）的统一管理和发布，以及个性化的服务。平台也支持发布互联网上的各种信息，包括行业信息、社会信息以及网上订票订购、网上银行等在线服务。

3. 统一实时通信平台

提供了点对点或点对多个点的信息通信的功能，包括电子邮件、即时通信、短信收发、网上传真、留言、意见征询、文件传阅、视频会议等等，他为企事业单位提供快捷、灵活、方便的信息传递机制，实现了用户文件共享、文字信息、语音信息、视频信息的传递及积累；系统中的工作流以及待办事宜等信息可以发送到相关人员的手机上，解决外出工作人员的后顾之忧。

4. 统一流程整合平台

实现企事业单位内各种业务工作与管理工作的电子化流转，范围基本覆盖了纸质办公时期的所有工作流程类别，各种工作流程均采用电子起草、传阅、审批、会签、签发、归档等电子化流转方式，并采用尊重工作人员传统办公习惯的人性化设计，真正顺利实现无纸化办公。

5. 统一信息集成平台

集成与汇总企事业单位内各部门、各下属单位目前与未来各种业务系统独立的、静态或者动态的业务数据，包括财务系统、CRM 系统等，并进行统一的统计分析，为领导决策服务。这些数据、信息还可以集成到工作流平台中，使用户能有效获取处理信息，提高整体反应速度与工作效率。

6. 统一知识管理平台

系统利用长久积累的信息、文档、知识资源与专家技能，改进行动决策能力、快速响应能力、提高工作效率和员工整体素质。平台将传统的垂直化领导模式转化为基于项目或任务的"扁平式管理"模式，使普通员工与管理层之间的距离在物理空间上缩小的同时，心理距离也将会逐渐缩小，提高企事业单位协作能力，将人从繁琐的事物、森严的等级、刻板的环境中解放出来，最大限度地释放人的主观能动性。

第四节 物流对计算机的创新技术的实践

一、现代物流管理信息技术分析

（一）物流信息技术的介绍

物流信息技术是物流现代化的重要标志它是指现代信息技术在物流各个作业环节中的应用从数据采集的条形码系统 GPS 定位系统从办公自动化系统中的微机、各种终端设到各种设备到各种应用软件及因特网，都在日新月异地发展着。物流信息技术指的是现代信息技术在物流各作业环节中的应用，包括 Bar Code（条形码）、EDI（电子数据交换）、RFI（射频识别）、GIS（地理信息系统）、GPS（全球卫星定位系统）、ITS（智能交通系统）等，是物流现代化的重要标志。

1. 物流信息

构成物流的有两个基本要素，即物流和信息流。物流活动是在这两个要素的相互关联和作用之下进行的。物流与信息流有着不同的传递特征。

所谓物流信息，是指与表达物流活动，如运输、库存、包装、搬运、流通加工等有关的知识、资料、消息、情报、数据、图形、文件、语音等信息，以及信息加工与处理的技术。比如，运输手段、路线的选定、运输单位的决定、库存时间的决定、接受订货和订货处理等过程中，都存在必要的物流信息。

物流系统与其他企业系统一样，为了协调、高效率地运转，必须有效地采用现代化的管理方法，合理地调度人、财、物及设备，以达到其目标。在这一过程中，物流信息处于十分重要的地位。随着物流活动的进行，不断地产生着反映物流活动的信息，包括物流信息和商流信息，如价格、计划、调运量、库存量等。此外，由于受外界环境，如上级领导的意见、供求关系的变化、运输能力变化等的影响，物流系统也需要与外界进行广泛的信息交换。这些内外信息的传递和交换构成了信息流。物流和信息流相辅相成，互为条件。可以认为信息流是物流的重要伴随物，研究信息流是为研究物流服务的。

物流信息的基本功能是支持输送、库存管理、订货处理等物流活动。此外，它还包括更为广泛的与流通有关的信息，如商品交易信息和市场信息等。商品交易信息是买卖双方在交易中发生的买卖信息、接受订货和订货信息、收入支出现金信息等。在这当中，包括如接受订货和订货信息那样与物流有关的商流信息，因此严格地区分物流信息和商品交易信息是比较困难的，也是没有必要的。考虑到这些扩大的物流信息的作用，就不能将物流信息的功能仅仅限定在支持物流活动上。综合掌握物流信息和商流信息，就应该重视企业高效率的供应链功能。许多企业都以供应链管理的角度出发，从战略上重视企业的物流信息的管理和物流信息系统的建设。

2. 物流信息的特征

（1）大量性

物流信息是随着商品交易信息的发生而大量产生的。在零售业的 POS（Point of Sales，销售时点系统）中，系统读取销售点的每一笔商品数据，并处理其价格和数量等信息，根据销售情况向供应商发出订货信息。为合理进行商品的补充订货，采用网络进行订货的企业不断增多，使得物流信息有自动地大量发生的趋势。

（2）正确性

物流活动中需要随时掌握、输入和传达物的移动状况。不正确的物流信息将会导致不正确的决策和作业，对系统的决策带来严重影响。因此物流信息对正确性要求比较高。

（3）迅速性

物流信息和商品交易信息更新的速度较快，运输量、订货量、配送时间等信息随着一个个输送活动而不断更新。因此物流信息的有效期，特别是与配送有关的信息有效期很短，失效非常快。

（4）基础设施相关性

物流活动利用道路、港口、机场等基础设施的场合比较多。因此，要想高效率地进行物流活动，有必要了解基础设施的相关信息。例如，在输送中必须掌握道路的堵塞、施工、通行限制等，在国际运输中必须掌握海关和海港的有关信息。这些与基础设施有关的信息，包括大量地理空间信息。

（二）物流信息技术的重要性

物流信息技术是物流现代化的重要标志，也是物流技术中发展最快的领域，从数据采集的条形码系统，到办公自动化系统中的微机、互联网，各种终端设备等硬件以及计算机软件都在日新月异地发展。同时，随着物流信息技术的不断发展，产生了一系列新的物流理念和新的物流经营方式，推进了物流的变革。在供应链管理方面，物流信息技术的发展也改变了企业应用供应链管理获得竞争优势的方式，成功的企业通过应用信息技术来支持它的经营战略并选择它的经营业务。通过利用信息技术来提高供应链活动的效率性，增强整个供应链的经营决策能力。当越来越多的现代物流信息技术进入物流领域后，必然使得物流企业构架起更完善的物流管理体系，达到进货、加工、仓储、配车、配送等活动的高效运行，进一步推动物流业的高效率化，带给企业最简洁的作业流程与高效的配送效率，从而使其真正成为现代物流企业。

1. 拉动电子信息产业

随着社会经济不断地发展，物流的需求也在趋于多样化、个性化和专业化，同时，需求的以上变化也将反过来推动物流企业更深入广泛地钻研信息技术。来满足物流客户要求了解的商品情况、地理位置等等的即时信息的需求。就这样不断地推进信息技术的发展，引进现代物流的管理技术，广泛使用条形码、智能标签等技术，发展可视化技术、货物跟踪和快速分拣技术，积极开发和利用全球定位系统、GIS 道路交通信息通信系统、智能交通系统等运输领域新技术，必然能够适应现代社会对物流服务快速、安全、可靠、低费用的需求，信息技术在物流领域中的运用也必然能够带动电子信息产业的生存和发展，形成新的增长点。

2. 带动软件和信息服务业

当前我国多数物流企业的经营规模较小，市场占有份额少，竞争能力弱，网络也相对分散，管理信息化水平低是导致出现这一系列现状的主要原因。供应链管理、供应商管理库存系统以及企业资源计划管理等物流管理软件在我国企业中的应用尚不足 10%。管理信息化水平的低下直接导致了我国物流企业服务手段和内容过于简单，使这些企业根本没有能力去全面开展物流信息服务、库存管理、订单管理、物流成本控制、物流方案设计和供应链管理等以物流管理的软件为根本的物流增值服务。所以要解决上述问题，必须强化企业物流管理信息化的程度，而加强企业物流管理信息化的建设，同样也为我国物流软件企业的成长突破带来了非常难得的机会。

3. 推动电子商务和现代物流业的协同发展

当前我国电子商务日趋活跃，业务模式不断升级创新，电子商务交易额也在迅猛增长。随着电子商务的快速发展，对物流配送等相关支撑服务业的要求不断提高，物流业已经荣升为电子商务发展的重要支柱。两者存在紧密的联系主要表现在：首先，现代物流保证了电子商务的根本发展，现代物流追求一种快速的物流配送模式，这种配送模式促进了电子商务在贸易过程中不断地提高效率，而在这个过程中也促使电子商务为了适应物流的发展去寻求适合自己发展的模式。其次，电子商务降低了物流的成本，有利于实现物流的规模化。因为电子商务的开展能够有效缩短供货时间、简化顾客进行订货的程序、减少了公司的库存，让管理更加富有成效。总之电子商务的出现带动了物流的发展，提升了现代物流的综合竞争力，而物流也保证了电子商务的发展，二者相互作用，也只有二者相互结合，相互统一，才能更好地为消费者提供服务。

物流信息、技术装备的进步；技术更新加快，与物流有关的各类技术装备的进步、物流的信息化是现代物流业发展的最基本前提，现代物流的所有特征都要靠先进的技术装备来支撑。物流信息技术主要解决信息采集问题，实现信息传递和共享，统一信息标准，提高效率和降低成本。企业通过系统建模、信息分析处理可以实现流程的优化，持续改进，物流效率也逐渐提高。

二、现代物流管理信息化平台的构建

物流的发展极大地促进了经济尤其是区域经济的增长，在国民经济和社会发展中发挥着重要作用，因此，各地方政府明确提出要大力发展现代物流业。然而，长期以来，我国城市物流建设的重点是硬件基础设施，如码头、货场、泊位及其配套机械设施，而对于软件如物流信息系统的建设相对滞后，大多数物流企业缺乏功能完善的物流信息系统，从而制约了物流的发展。建立高效集成的物流信息平台能为物流参与主体提供统一高效的沟通界面，从而优化物流系统的服务。随着信息技术、计算机技术和空间技术的发展，城市的概念也在发生变化，正在形成一个充满数字化特征的"数字城市"。逐渐建立网络政府的"政府上网"工程正是其建设的基本内容。目前，在许多城市政府信息化工程正在全面实施应用，为建设现代物流业所必需的公用信息平台提供了有力的技术支撑。

（一）物流信息平台建设的必要性

通过构建物流信息平台，能使商流、物流和信息流在信息平台的支持下实现互动，从而能提供准确和及时的物流服务。而作为单一的物流企业，自行建立一个物流信息系统所耗费的资源是巨大的、昂贵的，中国物流企业迫切需要一个公共物流信息平台。利用公共平台整合物流资源，能实现物流资源的共享，发挥物流系统的整体优势，从根本上改善物流发展的现状。这也可以避免各企业对于物流信息系统的重复建设和功能重叠，防止资源浪费。城市物流的发展过程中，建立公共信息平台具有以下几个方面不可比拟的优势：在不重复建设的基础上，通过现代化的计算机网络通信技术，有效整合城市物流资源，加强各种物流功能和物流环节的联系，打破物流管理条块分割带来的不利影响。专业物流企业可与多个物流代理建立长期合作伙伴关系，当代理提出物流请求时，可迅速建立起供应链连接，提供相关物流服务。这有利于提高大量闲置物流资源的利用率，也利于中小物流企业向现代化、网络化、信息化的平稳过渡。大规模联合作业降低了系统整体运行成本，提高了工作效率，也降低了系统对单个节点的依赖性，抵御风险能力明显增强。

（二）物流信息平台的主要功能和系统结构

物流信息平台提供了综合供应链解决方案，为供应链上的物流企业带来更大的价值。它是在解决企业物流的基础上，整合社会资源，实现物流信息充分共享和社会物流资源充分利用，同时发挥政府职能，成为推进物流系统发展的切入点。物流信息平台通过对物流共用数据的采集和公共信息交换，为企业提供基础信息和相关需求信息，保证企业各种功能的实现。一个有效集成的物流信息平台，可以为物流服务提供商和货主、制造商提供统一高效的沟通界面，将聚合在一起的需求，以最优的资源整合和路径选择来加以满足，降低运营费用。物流信息平台的总体功能包括：物流信息平台能够与全市已存在并正在运行中的各个职能部门的信息中心、信息平台或 EDI 系统，以及企业的信息系统，通过各种接入方式进行连接，迅速获取相应的信息，高速安全地与之进行双向通信。物流信息平台实现将各物流环节企业与相关部门所需信息统一于一个公共的信息平台，和不同类别的服务，以标准化的格式方便企业使用。物流信息平台实现异构系统数据格式的转换，按统一数据标准实现所连接的物流企业的信息流转。物流信息平台实现与信息化程度高的大企业内部系统的集成，对于不具备全面开展信息化的中小企业而言，通过会员注册就可以加入物流信息平台，即以低成本就能开展网上业务，共享物流业内信息，拓宽业务范围。为了充分发挥所在城市的地理区域优势，其物流信息平台的体系结构规划也应充分考虑区域特色和需求。根据城市的管理体制和物流信息系统建设状况，可以将物流信息平台划分为 5 层体系结构。整个物流信息平台的体系结构自下而上地分为：基础设施、公共管理信息平台、信息公共交换平台、行业信息系统和企业信息系统 5 个层次。

1. 基础设施层

以城市公共信息网络基础设施为基础，作为支撑物流信息平台建设的物理层基础，主要包括通信网络基础设施（电信交换网、光纤宽带网、无线通信网等）和计算机硬件设施等。随着信息化建设的发展，信息基础设施建设将得到进一步发展，势必对物流信息平台起到良好的支撑作用。

2. 物流公共管理信息平台层

它汇接全市各个行业、各种物流运作设施以及物流企业的信息系统。既是全市物流资源的汇接中心，也是国内外了解城市物流资源的窗口，通过该平台连接相关行业、企业和物流运作设施的物流信息系统，共享其功能。它主要承担物流信息资源门户、物流公共信息发布、社会物流资源整合、政府相关政务职能提供和面向企业的信息服务等功能，是物流行业及其相关政府部门、企业进行物流公共信息查询和办理相关物流业务的窗口。

3. 物流信息公共交换平台层

它汇集了来自港航 EDI、空港 EDI、各大物流运作设施信息系统，以及各相关行业、各类物流企业和政府相关部门等各类信息系统的信息。为了实现信息资源的共享和整合，各物流信息系统之间需要经常不断地进行信息的交换与传输。信息公共交换平台作为物流信息平台的组成部分，将担负起物流信息系统中公用信息的采集、加工、中转、发送，以及不同用户之间信息交换的数据规范、格式转换等功能。因此，信息公共交换平台主要用来实现不同行业和企业之间、政府各职能部门与企业之间进行的 EDI 及各类数据信息交换过程的标准化转换功能，以便更好地支持异构系统互联，以及不同行业和不同格式数据之间的相互交换与分享，真正打破物流信息共享瓶颈，实现物流信息的无障碍交换与传输。

4.行业信息系统层

该层次主要由两类信息系统构成：一类主要由相关行业和一些大型物流中心的信息系统组成，主要包括：港航 EDI、空港 EDI、铁路综合管理、公路枢纽指挥、物流园区、配送中心、交易中心等信息系统。这类行业系统中的大部分往往能够自成体系。另一类信息系统主要指与物流相关的政务职能，如海关报关通关、出入境商品检验、税务管理、保险、银行结算、工商注册等，这些系统是为提高对物流企业和工商企业综合服务效率而设置的。

5.企业信息系统层

该层次主要由物流的供方企业（运输、仓储企业等）、物流需方企业（生产制造企业、商贸企业等）、专业物流企业和一些物流中介（专业货代、物流咨询业）等构成，这些不同类型的企业将在公共信息平台和数据交换平台的支持下，完成本企业的物流运作与管理，以及与相关企业之间数据信息的交换和查询，从而实现企业内部信息系统与外部信息资源（供需信息）的无缝衔接，做到物流管理的全程无纸化。同时中小企业为了减少自身信息系统建设的庞大投资，还可以通过物流信息平台获取 ASP 模式的信息管理服务。

（三）物流信息平台的运营机制

1.物流信息平台的信息共享机制

物流信息平台要根据参与者的不同功能、需求及权限，提供共享信息，共享机制主要有：

（1）分类共享

不同的参与者，其对信息的需求程度不同，同时为了确保参与者的利益不受损害，对信息的共享程度有必要进行分类管理，即对不同的用户，分配一定的权限，共享相应层次的信息。

（2）分层支持

物流信息平台除了要对相关公共信息进行存储和发布外，更为重要的是通过该平台的建设实施，为城市物流的进一步发展壮大提供强大的信息支撑功能，如网上交易、身份认证等电子商务（包括虚拟运输市场交易及其他虚拟物流服务交易）支持功能，为城市物流管理信息化的深入发展提供基础。

（3）多样化服务

根据用户不同要求和不同的数据类型，提供多样化的服务方式。这里的服务方式包括数据传输方式、数据表现方式，如文本、Web 界面、数据库、图形格式、电子地图等。

2. 物流信息平台的信息运营机制

物流信息平台建设应由政府作为主要的管理控制者，协调各个方面，投入相应的主要的设施与设备，建立统一的数据与通信标准。因此，应采取政府引导、行业约束、企业自主的市场运营模式，整合社会资源，组建统一的运营主体，负责物流信息平台的建设和运营。物流信息平台应面向企业，通过政府相关政策和行业协会制度的制约，引入行业准入机制和会员制管理方式。对于加入平台的企业会员，平台可通过收取会费、用户服务费、广告费等方式进行市场运作的自主经营，提供有偿服务。

（四）物流信息平台的建设策略

物流信息平台的建设应在政府的宏观引导下，充分调动行业主管部门和企业的积极性，集中社会有效资源来共同完成。因此在物流信息平台的建设中，需要政府、行业主管部门和企业 3 方参与者的共同努力和协调。这 3 类参与者在其中承担着各自不同的职责和任务，要通过彼此的配合，实现有效协调发展。由于物流信息平台是面向全市系统及其用户的信息平台，其系统性能和可靠性、安全性都有较高的要求，因此它并非一项简单的技术开发工作，而是涉及众多部门和企业利益及其长远发展的重大任务。因此，需要在政府的统一协调下，集中调动全市有效资源，在有关部门的主持推动下进行建设实施。为此，政府部门可以加大投入，促进物流信息平台的建设。

网络通信基础设施是支撑物流信息系统和平台建设的物理层基础。它的水平直接决定了整个物流信息共享程度、投资环境和城市的综合竞争力。政府应着力加快信息基础设施的建设，加快宽带城域网和宽带接入网的建设，尽快缩小城乡通信基础建设、信息化发展不平衡现象。同时在物流信息平台的建设上应避免重复建设，充分利用已有硬件基础设施，加快物流信息平台建设。政府发挥其权威性，通过与运营物流平台的企业合作，运用各种形式的宣传活动（如广告、推展会、论坛等），改变潜在客户对物流运作的传统认识，增加人们对物流信息化的了解，激发这些客户对物流平台的需求，提高物流信息平台的知名度。由政府主管的各物流相关部门对下属企业进行引导培训，积极组织各级各类的物流信息知识教育培训和讲座，普及物流信息系统相关的知识，以便他们能熟练运用物流平台，体验平台的优越性。

三、计算机技术在物流行业中的创新应用

物流信息系统在现代物流中占有极其重要的地位。物流信息系统是整个物流系统的中枢神经，是现代物流企业的核心。有许许多多的信息技术已经显示出其在物流方面的广泛应用。

（一）电子数据交换技术（EDI）在物流行业的应用

电子数据交换技术被确认为公司间计算机与计算机交换商业文件的标准形式。EDI 用电子技术，而不是通过传统的邮件、快递或者传真来描述两组织之间传输信息的能力和实践。EDI 引起贸易方式的变革，促进生产、流通领域经营体制的改革。

1.EDI 在物流行业中的作用

（1）在物流行业中实现无纸贸易

采用 EDI 后，原来由人工进行的单据、票证的核计、入账、结算及收发等处理均由计算机来完成。由于数据的处理和传送全部依靠计算机和通信网络来进行，基本上取消了纸张信息。

（2）提高物流公司经营活动效率

通过建立企业间的数据交换网来实现票据处理、数据加工等事务作业的自动化、省力化、及时化和正确化。同时，有关销售信息和库存信息的共享，有利于实现经营活动的效率化。

（3）提高数据传输的准确性

由于在数据传输过程中无需人工干预，避免人为错误，因而提高了信息的准确性。

（4）提高物流公司竞争能力

EDI 作为开展电子贸易的一种信息化手段，快速提高信息传递速度，有利于快速捕捉市场信息，对客户做出快速响应，提高服务水平，降低贸易成本，提高

经济效益，从而增强企业的市场竞争能力。

2.EDI 在物流链中的作用

第一，由于 EDI 利用网络传输数据，而网络的互连性可以将原料组织、生产、销售、运输装卸以及库存控制等物流链的各个环节紧密地衔接起来，形成一个动态的、实时的物流链信息网络化调控系统。因此，使用 EDI 可以实现产品的采购、生产、销售的集成化，使供、需双方建立一种以市场利益驱动为主导的战略伙伴关系。这种关系由于市场营销的拓展而产生，借助于 EDI 的网络形式而得以显化。由于实施 EDI 战略涉及大量的投资和工作方式的改变，从而可能造就一定的市场壁垒，所以物流公司在进行 EDI 决策时必须慎重考虑，这将造就物流链协作关系的稳定性和持久性，增进物流服务者和最终用户之间的凝聚力，强化供给双方的实时互动性。因此，利用 EDI 可以进一步巩固和完善物流链供需双方已建立的伙伴关系，提高物流链系统的稳定性和可靠性，从而使协作双方的合作更加紧密，并大大提高物流服务供需双方在市场中的地位和作用。

第二，在物流活动中存在着大量的数据单证的传递任务，而且物流公司的群体化特征使得物流公司的信息输出构成"输入—输出"链环，也就是说，一个物流公司的输入信息一大部分是其他单位的输出信息，如果实现物流伙伴群体集成化信息资源管理，每一单位所需采集的信息还不到总输入信息的1/3。在物流链管理中引入 EDI 技术，完全可以实现前述的群体集成化信息资源管理，它利用通信网络将这些"输入—输出"链环自动进行连接，进行自动化交换，从而保证信息传递及时，并确保信息的有效性和一致性。

（二）自动识别技术在物流行业的应用

从 20 世纪 40 年代开始进行研究开发，到 20 世纪 70 年代发展起来的自动识别技术，是以计算机和通信技术的发展为基础，集光、机、电、计算机等技术为一体的综合性科学技术。将自动识别技术应用于物流系统的运作中，可以描述实物的流动过程，并且使得物流实物与物流信息对应匹配。这样充分利用自动识别技术，可以使实物的运输、仓储过程即时地反流的全部过程，尤其是在途情况，从而提高物流过程的作业效率以及货物种类、数量的精确性等等，有助于实现对物流全过程的描述与跟踪。

1. 自动识别技术的定义

自动识别在定义上是指用机器代替人工识别人或物的方法。自动识别技术从产生至今产生了迅速的发展，建立了条形码，磁识别，光学字符识别，射频，生物识别和图像识别，如计算机，光学，机械和电子通信，成为高科技领域之一的一项技术。

2. 条码技术

（1）条码的概念

条形码是由许多横或竖的条形图案，空格和用于表示某些数据的相应字符组成。条形图案是指光反射率相对较小的一部分，空格是指光反射的较高部分，通过条码识读设备识读数据的组成和读数，再由条形码读取器的转换成可供计算机识别的二进制和十进制描述方。条码由两侧的静区、起始字符、数据字符、校验字符（可选）和终止字符五个部分组成。

（2）射频识别技术

① RFID 的概念。

无线射频技术（RFID）的基础是电磁理论。与条码标识技术相比，无线射频技术具有非常明显的优势。它具有数据量大、非接触式读写、多标签同时读写、加密防伪等优良的特性。由于设备和射频卡成本较高，一直无法普遍使用，但是随着科学技术的进步，现在它的价格已经降到了企业可以接受的程度，因此，RFID 将是未来自动识别行业发展的方向。

② RFID 与条形码的比较。

在读取范围上，RF1D 在可读区域内具有高度的可读性。被动型标签可达5m，可以同时读取，但是条形码只能是激光束的辐射条件，一般为 20cm，最多达到 1.5m，不能同时读取。在材料许可的情况下，RFID 可能穿透阅读，但除了透明材料之外，条形码不可读取。条码的价位非常低有时甚至为零元，但是RFID 则恰恰相反，价格较为昂贵。

3. 自动识别技术在物流系统中的应用

（1）一维条码技术在现代物流中的应用

一维条码技术是一种方便的应用程序，可以提高物流自动识别技术的效率。在国际上，一维条码技术已经广泛地应用于各个物流领域。中国的一维条形码技术已经被认定为是一种成熟的识别技术，在超市、交易市场上普遍应用，而且在物流和生产控制过程以及其他应用领域不断发展扩大。

（2）二维条码技术在现代物流中的应用

二维条码由于具有数据传输能力高、抗污损，可以表示复杂的信息等特点，在使用初期就引起了国内引人注目的关注，得到了军事，邮政，电子，医药物流等领域得到了广泛的应用。特别是在电子工业等行业，全球处理器，电路板，存储器电路等电子元器件直接显示了二维条码符号（目前的数据矩阵代码）的元件标记技术标识，作为电子行业的实际标准。

4. 物流标志识别技术未来发展方向

（1）条码技术发展

作为自动识别技术中使用最悠久、最广泛的条码技术，它具有简便的操作方法，并且能够适应我国物流行业对于识别技术低成本的这一要求，具有了广阔的市场价值。

（2）RFID 技术发展

从 RFID 技术与应用快速发展的状态可以看出，RFID 技术正在从高价格、政府扶助的状态转变为受各企业能够接受的状态，由于价格的降低以及 RFID 本身的实用性，使得 RFID 技术普遍受到认可，通过 RFID 技术的不断创新，以及在各个领域的发展完善，大体上解决了 RF1D 成本高、投入 RFID 应用项目盈利模式不清等问题，从而带动 RFID 技术与产业的良性发展。

（三）全球定位系统（GPS）在物流行业的应用

全球卫星定位系统（GPS）具有全球性、全能性（陆地、海洋、航空与航天）、全天候优势的导航定位、定时、测速系统，由空间卫星系统、地面监控系统、用户接收系统三大子系统构成，已广泛应用于军事和民用等众多领域。在发达国家，GPS 技术已经开始应用于交通运输和道路工程之中。

1. 全球定位系统（GPS）在现代物流的作用

（1）车辆跟踪

利用 GPS 和电子地图可以实时显示出车辆的实际位置，并任意放大、缩小、还原、换图；可以随目标移动，使目标始终保持在屏幕上；还可实现多窗口、多车辆、多屏幕同时跟踪，利用该功能可对重要车辆和货物进行跟踪运输。

（2）提供出行路线的规划和导航

规划出行路线是汽车导航系统的一项重要辅助功能，包括：

①自动线路规划。

由驾驶员确定起点和终点，由计算机软件按照要求自动设计行驶路线，包括最快的路线、最简单的路线、通过高速公路路段次数最少的路线等。

②人工线路设计。

由驾驶员根据自己的目的地设计起点、终点和途经点等，自动建立线路库。线路规划完毕后，显示器能够在电子地图上显示设计线路，并同时显示汽车运行路径和运行方法。

（3）信息查询

为用户提供主要物标，如旅游景点、宾馆、医院等数据库，用户能够在电子地图上根据需要进行查询。查询资料可以文字、语言及图像的形式显示，并在电子地图上显示其位置。同时，监测中心可以利用监测控制台对区域内任意目标的所在位置进行查询，车辆信息将以数字形式在控制中心的电子地图上显示出来。

（4）话务指挥

指挥中心可以监测区域内车辆的运行状况，对被监控车辆进行合理调度。指挥中心也可随时与被跟踪目标通话，实行管理。

（5）紧急援助

通过 GPS 定位和监控管理系统可以对遇有险情或发生事故的车辆进行紧急援助。监控台的电子地图可显示求助信息和报警目标，规划出援助方案，并以报警声、光提醒值班人员进行应急处理。

GPS 技术在汽车导航和交通管理工程中的研究与应用目前在中国刚刚起步，而国外在这方面的研究早已开始并已取得了一定的成果。美国研制了应用于城市的道路交通管理系统，该系统利用 GPS 和 GIS 建立道路数据库，数据库中包含有各种现时的数据资料，如道路的准确位置、路面状况、沿路设施等，该系统于1995 年正式运行，为城市道路交通管理起到了重要作用。

GPS 是近年来开发的有开创意义的高新技术之一，必然会在诸多领域中得到越来越广泛的应用。相信随着我国经济的发展，以及高等级公路的快速修建和 GPS 技术应用研究的逐步深入，其在现代物流管理中的应用也会更加广泛和深入，并发挥出更大的作用。

2.GPS 定位型汽车行驶记录仪在公路干线应用的优势

第一，摄像功能，可方便看到汽车前方 500 米路况信息，及时掌握司机、货物状况。

第二，调度控制，发车单位可方便查询正在行驶途中司机位置、并可根据车辆的速度、方向和离目标的距离，判断货运车辆到达的时间，提前做好接车准备，节约时间成本，大大提高工作效率。

第三，对自己拥有掌管的车队，物流公司可以通过监控中心把最新的市场信息反馈给运输车队，实现异地配载，从而使销售商更好地服务客户、管理库存，加快物资和资金的运转，降低各环节的成本，增强国内物流企业的市场竞争力。

第四，由于本系统可实时监控车辆的运行状况，使运输公司和运输管理部门足不出户，就对目前道路上运行的货运车辆情况了如指掌。

第五，在安全保障方面，通过车载单元的报警和通话装置，可及时处理意外事故，保证行车安全。通过 GPS 定位系统和电子地图的结合，货车司机可方便地知道自己目前所在地理位置，即使在陌生的城市也不会迷路，迅速到达目标地点，减少运输时间，提高工作效率。

（四）电子自动订货系统（EOS）在物流行业的应用

EOS 是指企业间利用通信网络和终端设备以在线联结方式进行订货作业和订货信息交换的系统。该系统不仅缩短了从接到订单到发出订货的时间和订货商品的交货期，也减小了商品订单的出错率，减少了人工成本，同时还能够减少企业的库存水平，提高企业的库存管理效率等。

第十一章　大数据技术的发展趋势

第一节　数据可视化技术

一、大数据可视化的概念、发展及作用

（一）大数据可视化的概念

数据通常是枯燥乏味的，相对而言，人们对于大小、图形、颜色等怀有更加浓厚的兴趣。利用数据可视化平台，枯燥乏味的数据转变为丰富生动的视觉效果，不仅有助于简化人们的分析过程，也在很大程度上提高了分析数据的效率。

数据可视化是指将大型数据集中的数据以图形图像形式表示，并利用数据分析和开发工具发现其中未知信息的处理过程。数据可视化技术的基本思想是将数据库中每一个数据项作为单个图元素表示，大量的数据集构成数据图像，同时将数据的各个属性值以多维数据的形式表示，可以从不同的维度观察数据，从而对数据进行更深入的观察和分析。

虽然可视化在数据分析领域并非最具技术挑战性的部分，但却是整个数据分析流程中最重要的一个环节。

（二）大数据可视化的作用

在大数据时代，数据容量和复杂性的不断增加，限制了普通用户从大数据中直接获取知识，可视化的需求越来越大，依靠可视化手段进行数据分析必将成为大数据分析流程的主要环节之一。让"茫茫数据"以可视化的方式呈现，让枯燥的数据以简单友好的图表形式展现出来，可以让数据变得更加通俗易懂，有助于用户更加方便快捷地理解数据的深层含义，有效参与复杂的数据分析过程，提升数据分析效率，改善数据分析效果。

在大数据时代，可视化技术可以支持实现多种不同的目标。

1. 观测、跟踪数据

许多实际应用中的数据量已经远远超出人类大脑可以理解及消化吸收的能力范围，对于处在不断变化中的多个参数值，如果还是以枯燥数值的形式呈现，人们必将茫然无措。利用变化的数据生成实时变化的可视化图表，可以让人们一眼看出各种参数的动态变化过程，有效跟踪各种参数值。

2. 分析数据

利用可视化技术，实时呈现当前分析结果，引导用户参与分析过程，根据用户反馈信息执行后续分析操作，完成用户与分析算法的全程交互，实现数据分析算法与用户领域知识的完美结合。

3. 辅助理解数据

帮助普通用户更快、更准确地理解数据背后的含义，如用不同的颜色区分不同对象、用动画显示变化过程、用图结构展现对象之间的复杂关系等。例如，微软亚洲研究院设计开发的人立方关系搜索，能从超过 10 亿的中文网页中自动抽取出人名、地名、机构名以及中文短语，并通过算法自动计算出它们之间存在关系的可能性，最终以可视化的关系图形式呈现结果。

4. 增强数据吸引力

枯燥的数据被制作成具有强大视觉冲击力和说服力的图像，可以大大增强读者的阅读兴趣。

可视化的图表新闻就是一个非常受欢迎的应用。在海量的新闻信息面前，读者的时间和精力都开始显得有些捉襟见肘。传统单调保守的讲述方式已经不能引起读者的兴趣，需要更加直观、高效的信息呈现方式。因此，现在的新闻播报越来越多地使用数据图表，动态、立体化地呈现报道内容，让读者对内容一目了然，能够在短时间内迅速消化和吸收，大大提高了知识理解的效率。

二、大数据可视化关键技术

（一）大数据可视化分析概念

可视化分析是一个新的学科方向，是指通过交互可视界面来进行分析、推理和决策的科学。可视化分析与各个领域的数据形态、大小及其应用密切相关。

可视化分析领域关注的是关于人类感知与用户交互的问题。由于大数据改变了人类的工作生活方式，研究者开始寻找有关大数据问题的可视分析解决方案。大数据来自不同领域的科学、工程、社会和网络的模拟与观察实测。尽管还有许多 PB 量级甚至 TB 量级规模的数据分析问题没有解决，但科学家现已开始研究 EB 量级的数据。大数据可视分析通常结合了用于计算的高性能计算机群、处理数据存储与管理的高性能数据库组件及云端服务器和提供人机交互界面的桌面计算机。

（二）大数据可视化分析方法

1. 原位交互分析技术

在进行可视化分析时，将在内存中的数据尽可能多地进行分析称为原位交互分析。

对于 PB 量级以上的数据，先将数据存储于磁盘，然后读取进行分析的后处理方式已不适合。与此相反，可视分析则在数据仍在内存中时就会做尽可能多的分析。这种方式能极大地减少 I/O 的开销，并且可实现数据使用与磁盘读取比例的最大化。应用原位交互分析出现下述问题：①使得人机交互减少，进而容易造成整体工作流的中断；②硬件执行单元不能高效地共享处理器，导致整体工作流的中断。

2. 可视化分析算法

传统的可视化分析算法设计没有考虑可扩展性，因此，传统算法的特点是计算过于复杂，或者不能输出易于理解的简明结果。并且，大部分算法都附设了后处理模型的假设，认为所有数据都在内存或本地磁盘中可被直接访问。对于大数据的可视化算法不仅要考虑数据大小，而且要考虑视觉感知的高效算法。需要引入创新的视觉表现方法和用户交互手段。为了减少数据分析与探索的成本及降低难度，可视化算法应具有巨大的控制参数搜索空间，进而自动算法可以组织数据并且减少搜索空间。

3. 数据移动、传输和网络架构

随着计算成本的下降，数据移动成本已成为可视化分析中付出代价最高的部分。由于数据源常常分布在不同的地理位置，并且数据规模巨大，高效实现构成了绝大多数大规模模拟系统中代码的基石。由于可视化分析计算将运行在更大的系统上，必须提出更加有效的算法、开发更加高效的软件，能够有效地利用网络

资源，并且能提供更加方便通用的接口，使得可视化分析的专家能高效的数据挖掘。

4. 不确定性的量化

如何量化不确定性已经成为许多科学与工程领域的重要问题。了解数据中不确定性的来源，对于决策和风险分析十分重要。随着数据规模增大，直接处理整个数据集的能力也受到了极大的限制。许多数据分析任务中引入数据亚采样来应对实时性的要求，由此也带来了更大的不确定性。不确定性的量化及可视化对未来的可视化分析工具而言极为重要，必须发展可应对不完整数据的分析方法，许多现有算法必须重视设计，进而考虑数据的分布情况。一些新兴的可视化技术会提供一个不确定性的直观视图，来帮助用户了解风险，从而帮助用户选择正确的参数，减少产生误导性结果的可能。从这个方面来看，不确定性的量化与可视化将成为绝大多数可视化分析任务的核心。

5. 并行计算

并行处理可以有效地减少可视计算所用的时间，从而实现数据分析的实时交互。未来的计算体系结构将在一个处理器上置入更多的核，每个核所占有的内存也将减少，在系统内移动数据的代价也会提高。大规模并行化甚至可能出现在桌面 PC 或者笔记本电脑平台上。并行计算的普及就在不远的将来。为了发掘并行计算的潜力，许多可视化分析算法需要完全重新设计。在单个核心内存容量的限制之下，不仅需要有更大规模的并行，也需要设计新的数据模型。需要设计出既考虑数据大小又考虑视觉感知的高效算法，需要引入创新的视觉表现方法和用户交互手段。更重要的是，用户的偏好和习惯必须与自动学习算法有机结合起来，这样可视化的输出才具有高度适应性。当可视化算法拥有巨大的控制参数搜索空间时，自动算法可以组织数据并且减少搜索空间，这对于减少数据分析与探索的成本和降低难度起着关键的作用。

6. 面向领域与开发的库、框架以及工具

由于缺少低廉的资源库、开发框架和工具，基于高性能计算的可视化分析应用的快速研发受到了严重的阻碍。这些问题在许多应用领域十分普遍，比如用户界面、数据库以及可视化，而这些领域对于可视化分析系统的开发都是至关重要的。在绝大部分的高性能计算平台上，即使是最基本的软件开发工具,也是罕见的。

这种资源的稀缺对于科学领域的用户来说是令人十分沮丧的。许多在桌面平台上流行的可视化和可视化分析软件，如果放到高性能计算平台上，不是太昂贵就是有待开发，而为高性能计算平台开发这样定制的软件，则是个耗时耗力的做法。

7. 用户界面与交互设计

由于传统的可视化分析算法的设计通常没有考虑可扩展性，所以许多算法的计算过于复杂或者不能输出易理解的简明结果。又由于数据规模不断地增长，以人为中心的用户界面与交互设计面临多层次性和高复杂性的困难。计算机自动处理系统对于需要人参与判断的分析过程的性能不高，现有的技术不能更充分发挥人的认知能力。利用人机交互可以化解上述问题。

第二节 大数据安全技术发展趋势

一、大数据的概念和特点

大数据是指大规模的数据集合，通过获取、管理、存储、分析大量的网络数据，极大地扩充信息处理能力。大数据的基本特点是数据量大、数据流动快、数据类型丰富、来源多样、价值分散、动态性强。大数据处理技术超出了传统计算机数据库软件的处理能力，需要采用并行处理数据库、分布式数据库、分布式文件系统、云计算平台等对大量数据进行处理。大数据分析处理可以为社会经济活动提供许多实用信息，帮助企业和政府部门精准分析市场和社会动向，对生产和管理工作进行优化，创造更大的经济效益和社会效益。

随着我国信息技术水平不断提升，大数据的使用范围越来越广，而云计算技术为大数据提供了比较完善的设备平台。通过大数据和云计算的深度结合，可以将互联网的数据信息转化为庞大的数据资源，推动大数据进一步发展，扩大其影响力。

二、在网络安全分析中使用大数据的意义与优势

随着现代网络技术不断完善，网络结构也逐渐朝复杂化、精细化、多元化的方向深入发展，在丰富网络信息功能的同时，也导致网络安全形势日趋复杂，网络安全分析也变得更加困难，技术要求越来越高。过去的网络安全分析技术主要

采用结构化数据库，对数据进行提前处理和储存，操作难度较大，需要耗费大量的人力、物力进行工作，处理过程中失误和漏洞较多，准确性和实效性不强，无法充分保障网络信息安全。使用大数据进行网络安全分析，可以极大地降低工作成本、降低工作强度和价值密度，提高数据处理速度，形成准确、高效的安全分析机制，充分提升网络安全水平。

三、大数据应用在网络安全分析技术中的发展趋势

网络安全分析技术是通过各种技术和管理方法，来保护计算机系统中的数据信息和软件、硬件等，保障计算机系统的正常工作运转，维持其基本操作功能，防止信息数据被窃取、篡改或破坏。网络安全分析的重点在于对数据流量传输的内容进行处理和分析，发现数据流量中存在的安全隐患。使用大数据进行分析，可以将数据内容分析与流量分析结合起来，进一步提高网络安全分析的有效性，加强对网络信息的采集、监控和处理能力，全面保障网络系统的安全性。

（一）采集网络数据信息

使用大数据技术，可以从海量的网络信息源中提取非结构化的数据信息，再将其保存到结构化的存储介质当中。在数据信息采集时，可以使用 Chukwa 等软件实现网络安全分析相关数据的采集工作，该软件的采集效率高，速度和性能都比较强，使用分布式的数据采集方法，每秒可以采集数百兆以上的网路信息，还可以使用镜像采集的方法实现全流量数据采集四。

（二）储存数据信息

现代网络信息规模不断扩大，种类和来源日渐丰富，要增强网络安全分析的准确性和高效性，就必须稳定、高效的储存网络数据。在储存数据信息时，针对不同种类的数据特点，可以采用不同的储存方式。对于流量和日志等原始数据项目，通常使用 Hbade 和 GBase 等方法进行储存，以便将来调用数据时可以进行快速检索，提升数据利用的效率。对于分析之后的数据信息，一般采用 Hahoop 计算其数据架构，然后采用 Hive 技术分析脚本，实现深层次的数据分析和总结，完善网络安全分析管理系统，并通过安全分析形成安全警告，将分析结果分类储存起来。

（三）检索数据信息

对网络数据信息进行有效的整理、加工、组织、存储之后，就可以根据工作中的实际需要，对数据进行检索，快速查找到所需要的信息。在网络安全分析技术中，一般使用 MapReduce 作为基本的数据检索工具，将所要查找的关键词置于数据库中的各节点上，以完成数据检索，获得所需的目标信息。

（四）对数据进行分析处理

大数据的基本特点就是规模庞大、价值密度低、混乱度高，因此必须使用有效手段，从大数据中提取出有价值、有意义的数据，从而提高网络安全分析的效率。在网络安全分析技术中，通常采用 Hadoop、MapReduce 以及 HDGS 相结合的方法，快速提取并分析有效数据，查找网络系统中存在的风险源和攻击源。Hadoop 工具的容错性较高，对硬件条件的适应性强，通过集群效力的方式实现高效分析与存储，可以充分满足大数据分析处理的需求。

（五）对数据进行关联分析

在关系数据和交易数据等信息载体当中，通过分析数据项目之间的相关性、频繁模式和因果结构，可以有效发现网络数据之间的关联性和多元结构。在大数据当中，通过高效率的数据分析和存储，可以在较短的时间内完成数据分析挖掘工作，避免在分析过程中附带异质多元结构，从而寻找到关联异构数据，及时排查并发现网络信息异常情况，有效保障网络环境安全。若网络系统在运输过程中，发生主机瘫痪或出现漏洞等情况，也可以通过信息关联系统及时隔绝危险源，防止其他设备遭到感染，实现网络系统的实时安全防护，最大限度地降低网路系统安全隐患。

四、建设大数据网络安全平台

（一）构建网络安全平台

大数据技术还可以用于构建网络安全平台。网络安全平台的构建层次分为数据分析层、数据存储层、数据显示层等。大多数网络系统的信息安全保护能力存在缺陷，容易泄漏系统信息和用户个人信息。使用大数据分布式文件系统，可以有效加强数据储存层的作用，在系统中长期储存海量的结构化与半结构化数据信息。在数据显示层中，也可以有效完成信息检索任务，为用户提供所需的目标数据，实现可视化展示，体现网络系统当前的信息安全水平。

（二）数据分析技术

在大数据网络安全平台当中，使用 Hive 形式对数据进行综合统计与分析，可以有效检索非结构化的数据信息，完成对 API 的封装处理以及系统插件的数据分析工作。此外，还可以采用 Aahout 技术挖掘处理网络安全平台中的数据，对数据中出现的各类事件进行关联性分析，查找到危险源。同时还可以使用 CPE 技术分类处理网络安全平台中的不同事件，分门别类地建立关系数据库，以便将数据转换到更高级别，及时查找出威胁网络平台安全的事件，并进行预警。

五、大数据安全的应对策略

（一）大数据安全技术研发策略

海量数据的汇集加大了敏感数据暴露的可能性，对大数据的滥用和误用也增加了隐私泄露的风险。此外，云计算、物联网、移动互联网等新技术与大数据融合初期，也将其面临的安全问题引入大数据的收集、处理和应用等业务流程中。应加大对大数据安全保障关键技术研发的资金投入，提高我国大数据安全技术产品水平，推动基于大数据的安全技术研发，研究基于大数据的网络攻击追踪方法，抢占发展大数据安全技术的制高点。

（二）大数据应用平台的安全管理策略

作为新的信息金矿，大数据所带来的价值正在影响着各个行业。当前很多运营商为了提高自身的竞争力，都纷纷加大了对大数据平台的建设投入，但同时，不断飙升的管理维护成本和安全架构复杂化也让大数据的运营发展面临巨大挑战：大数据时代的安全架构变得愈发复杂，各种威胁数据安全的案例层出不穷，管理大数据平台的安全需求也在持续增加，需要各种新技术应对新的风险和威胁；传统网管一般利用性能评价体系 KPI 对数据应用平台进行状况评估，特别在面对多个大数据平台时，不能真实反映平台的运行状态和性能状况；故障响应不及时，告警系统未智能化。大部分应用平台仅能将告警生成在各自的系统平台内，需要管理员定期去提取、查看，遇到故障也只能手工排除，可能会导致问题发现不及时，故障排查困难；据统计，大数据平台中，结构化数据只占 15% 左右，其余的 85% 都是非结构化的数据，它们来源于社交网络、互联网和电子商务等领域。

对此应提供关键安全策略以支持结构化与非结构化数据的管理。

针对上述市场需求，业内领先的信息安全技术公司提出了大数据应用平台的安全管理方案，运用智能化、流程化、自动化、可量化、可视化等安全战略手段，构建安全、高效、经济的监管体系，帮助用户准确感知当前大数据平台的整体性能，实现大数据平台在操作、通信、存储、漏洞方面的全方位安全防护，达到提高工作效率、降低故障排除时间和维护成本的最终目的。同时，该安全管理方案还在以下几方面呈现出亮点：

1. 基于 Hadoop 架构下的统计分析和大数据挖掘技术

大数据平台是一个面向主题的、集成的、随时间而变化的、不容易丢失的数据集合，支持各企事业单位管理部门的决策过程。采用基于 Hadoop 集群环境下的统计分析和大数据挖掘等技术，通过将各类日志资源和事件信息按照业务、地域、时间、涉密程度等多维性和内在联系，进行归纳、分类、关联性以及趋势预测等分析，从海量数据中寻找有用的、有价值的信息，为不同层面、不同业务系统提供信息支持。

2. 大数据平台的质量体验

用户体验质量 QoE 是用户端到端的概念，是指用户对大数据应用平台的主观体验，是从用户的角度感觉到的系统的整体性能。

3. 全面的智慧安全

大数据时代安全架构在变得愈发复杂，安全需求也在持续增加，需要各种新兴技术应对新型风险和威胁。但这势必增加企业管理的复杂度和投资的复杂度，并造成技术成本压力。该系统采取深度防御策略，能主动对大数据应用平台进行漏洞扫描，并通过安全互联的方式实现全面整体的安全防御，实时获取安全信息，对其进行关联性分析，更快、更早地发现安全威胁。

4. 安全基线自学习

为有效监测大数据应用平台的配置信息变更情况，安全管理系统采集大数据应用平台的配置信息，得出相应的安全基线。通过自动学习该基线，安管系统站在全局的角度对各大数据平台进行自动监测，并将监测结果与基线进行比对，以判断是否有配置变更，快速发现系统操作的异常行为。

5.故障快速定位及预警

系统重视故障管理的主动性,通过多个维度(物理和虚拟服务器、网络设备、数据库、云资源以及业务平台的运行状况)的检测视图,在故障发生之前,能主动检测到系统平台关键要素的状态变化并发出预警,管理员便可准确并深度定位应用性能问题的根源,及时修复故障问题,以免服务中断或数据外泄造成不可挽回的损失。

6.策略集中配置统一下发

系统采用安全策略地集中配置及下发来对各大数据应用平台进行统一管理。此办法在面对管理多个大数据应用平台时优势明显。传统的策略配置是逐个"登录—配置"的过程,工作量成倍增大,且有可能造成安全策略冲突和形成漏洞。策略的统一配置下发扭转了该局面,如在安全系统上统一配置数据采集/存储策略、去隐私化策略、漏洞扫描规则、用户敏感信息行为处理规则、补丁管理策略,并分发至各个应用平台执行,大大简化了配置过程,避免策略的重复配置操作,提高运维管理能力等。

第三节 大数据技术的应用趋势

一、大数据技术的应用

(一)大数据在物流领域中的应用

智能物流是大数据在物流领域的典型应用。智能物流融合了大数据、物联网和云计算等新兴 IT 技术,使物流系统能模仿人的智慧,实现物流资源优化调度和有效配置以及物流系统效率的提升。大数据技术是智能物流发挥其重要作用的基础和核心,物流行业在货物流转、车辆追踪、仓储等各个环节中都会产生海量的数据,分析这些物流大数据,将有助于我们深刻认识物流活动背后隐藏的规律,优化物流过程,提升物流效率。

1.智能物流的概念

智能物流,又称智慧物流,是利用智能化技术,使物流系统能模仿人的智能,具有思维、感知、学习、推理判断和自行解决物流中某些问题的能力,从而实现物流资源优化调度和有效配置、物流系统效率提升的现代化物流管理模式。

智能物流概念源自 IBM 发布的研究报告《智慧的未来供应链》，该报告通过调研全球供应链管理者，归纳出成本控制、可视化程度、风险管理、消费者日益严苛的需求、全球化 5 大供应链管理挑战，为应对这些挑战，IBM 首次提出了"智慧供应链"的概念。

智慧供应链具有先进化、互联化、智能化 3 大特点。先进化是指：数据由感应设备、识别设备、定位设备产生，替代人为获取；供应链动态可视化自动管理，包括自动库存检查及自动报告存货位置错误。互联化是指：整体供应链联网，不仅是客户、供应商、IT 系统的联网，也包括零件、产品以及智能设备的联网；联网赋予供应链整体计划决策能力。智能化是指：通过仿真模拟和分析，帮助管理者评估多种可能性选择的风险和约束条件；供应链具有学习、预测和自动决策的能力，无须人为介入。

智能物流概念经历了自动化、信息化、网络化 3 个发展阶段。自动化阶段是指物流环节的自动化，即物流管理按照既定的流程自动化操作的过程；信息化阶段是指现场信息自动获取与判断选择的过程；网络化、泛在化阶段是指将采集的信息通过网络传输到数据中心，由数据中心做出判断与控制，进行实时动态调整的过程。

2. 智能物流的作用

（1）提高物流的信息化和智能化水平

不仅仅局限于库存水平的确定、运输道路的选择、自动跟踪的控制、自动分拣的运行、物流配送中心的管理等问题，而且物品的信息也将存储在特定数据库中，并能根据特定的情况做出智能化的决策和建议。

（2）降低物流成本和提高物流效率

由于交通运输、仓储设施、信息通信、货物包装和搬运等对信息的交互和共享要求较高，因此可以利用物联网技术对物流车辆进行集中调度，有效提高运输效率；利用超高频 RFID 标签读写器实现仓储进出库管理，可以快速识别货物的进出库情况；利用 RFID 标签读写器建立智能物流分拣系统，可以有效地提高生产效率并保证系统的可靠性。

（3）提高物流活动的一体化

通过整合物联网相关技术，集成分布式仓储管理及流通渠道建设，可以实现物流中运输、存储、包装、装卸等环节全流程一体化管理模式，高效地向客户提供满意的物流服务。

3. 智能物流的应用

智能物流有着广泛的应用。国内许多城市都在围绕智慧港口、多式联运、冷链物流、城市配送等方面，着力推进物联网在大型物流企业、大型物流园区的系统级应用；还可以将射频标签识别技术、定位技术、自动化技术以及相关的软件信息技术，集成到生产及物流信息系统领域，探索利用物联网技术实现物流环节的全流程管理模式，开发面向物流行业的公共信息服务平台，优化物流系统的配送中心网络布局，集成分布式仓储管理并建设流通渠道，最大限度地减少物流环节、简化物流过程，提高物流系统的快速反应能力；此外，还可以进行跨领域信息资源整合，建设基于卫星定位、视频监控、数据分析等技术的大型综合性公共物流服务平台，发展供应链物流管理。

4. 大数据是智能物流的关键

物流行业在货物流转、车辆追踪、仓储等各个环节中都会产生海量的数据，有了这些物流大数据，人们可以通过数据充分了解物流运作背后的规律，借助于大数据技术，可以对各个物流环节的数据进行归纳、分类、整合、分析和提炼，为企业战略规划、运营管理和日常运作提供重要支持和指导，从而有效提升物流行业的整体服务水平。

大数据将推动物流行业从粗放式服务到个性化服务的转变，颠覆整个物流行业的商业模式。通过对物流企业内部和外部相关信息的收集、整理和分析，可以做到为每个客户量身定制个性化的产品和服务。

（二）大数据在金融业领域中的应用

金融行业应用系统的实时性要求很高，积累了非常多的客户交易数据，金融行业大数据的应用目前主要体现在金融业务、金融服务和金融风险等方面。

1. 金融业务中的大数据应用

随着全球金融行业竞争的进一步加剧，金融创新已成为影响金融企业核心竞争力的主要因素。大数据可以帮助金融公司分析数据，寻找其中的金融创新机会。

（1）金融业务创新

互联网金融是当前金融业务的开拓创新，即利用互联网技术、大数据思维进行的金融业务再造。这种创新主要表现在两个方面，一是金融机构依靠现代互联网技术和思维进行自我变革，如商业银行逐渐拓展的互联网金融业务；二是互联网企业跨界开展金融服务，如阿里金融、腾讯金融、百度金融、京东金融等。金融机构是将其金融业务逐步搭载在互联网平台上，而互联网企业是以互联网技术平台为优势加载金融业务，各有优势。

新兴的互联网金融机构源源不断地涌现，并推动着金融业在更大空间、更广地域进行深刻而有效的金融创新，促使金融业由量变到质变，推动着金融业由不可能走向可能、由不完备走向完备、由不受关注走向备受关注。而金融业面临众多前所未有的跨界竞争对手，市场格局、业务流程将发生巨大改变，未来的金融业将开展新一轮围绕大数据的 IT 建设投资。

优秀的数据分析能力是当今金融市场创新的关键，资本管理、交易执行、安全和反欺诈等相关的数据洞察力，成为金融企业运作和发展的核心竞争力。因此，互联网金融不仅是互联网、大数据等技术在金融领域的应用，更是基于大数据思维而创造出的新的金融形态。

（2）改善营销模式

对于当今的金融机构来说，能够利用大数据准确快速地分析客户特征，进而区别与传统营销模式，快速锁定商机，很有可能决定了企业竞争力和分水岭，落后的企业很有可能要付出一定的代价。

（3）金融智能决策

除了利用大数据思维对金融业务进行再造、利用大数据方法对客户行为进行分析，近几年商务智能也排到了金融行业 CIO 议程表上，这说明了智能决策的重要性。金融行业高度依赖信息数据，应用大数据方法与技术收集、处理、分析金融数据，并对数据进行挖掘提取，寻找其中有价值的信息，从而帮助公司做出及时准确的决策。

2. 金融服务中的大数据应用

除了利用大数据技术与方法对于金融业务进行创新之外，对于金融中的服务也可以利用大数据方法与技术进行优化，从而提高客户满意度。比如花旗银行通过收集客户对信用卡的质量反馈和功能需求，来进行信用卡服务满意度的评价。质量反馈数据可能是来自电子银行网站或者呼叫中心的关于信用卡安全性、方便性、透支情况等方面的投诉或者反馈，需求可能是关于信息卡在新的功能、安全性保护等方面的新诉求，基于这些数据，他们建立了质量功能来进行信用卡满意度分析，并用于服务的优化和改进。

（1）客户行为分析

对于金融机构来说，利用大数据方法与技术对客户行为特征进行分析，从而更好地提供个性化服务，不但可以增强客户满意度，还可以从中获益。

（2）加快理赔速度

对于金融机构，另外一个可以明显改善客户满意度的环节就是保险的理赔速度。保险公司的理赔审核机制高度依赖人为的判断和处理时间，审核人员得仔细留意申请案件是否有诈保迹象，若发现可疑案件还得转给其他部门进一步评估。这就导致理赔流程变长，影响客户满意度。

3. 金融风险中的大数据应用

金融欺诈监测对银行的业务至关重要，直接关系到银行策略的制定。例如，通过对客户的教育水平、收入情况、居住地区、负债率等进行大数据分析，可以评估用户的风险等级，将贷款发放给风险等级较低的客户。

（1）金融欺诈行为监测和预防

账户欺诈会对金融秩序造成重大影响。在许多情况下，可以通过账户的行为模式监测到欺诈，在某些情况下，这种行为甚至跨越多个金融系统。

（2）金融风险分析

为评价金融风险很多数据源可以调用，如来自客户经理服务、手机银行、电话银行等方面的数据，也包括来自监管和信用评价部门的数据，在一定的风险分析模型下，帮助金融机构预测风险。如一笔预期贷款的风险数据分析，数据源范围就包括偿付历史、信用报告、就业数据和财务资产披露内容等。

（3）风险预测

征信机构益百利根据个人信用卡交易记录数据，预测个人的收入情况和支付能力。

（三）大数据在餐饮领域中的应用

餐饮业行业不仅竞争激烈，而且利润微薄，经营和发展比较艰难。在中国，餐饮行业难做是事实，一方面，人力成本、食材价格不断上涨；另一方面，房地产泡沫导致店面租金连续快速上涨，各种经营成本提高，导致许多餐饮企业陷入困境。因此，在全球范围内，不少餐饮企业开始转向大数据，以更好地了解消费者的喜好，从而改善他们的食物和服务，以获得竞争优势，这在一定程度上帮助企业实现了收入的增长。

二、大数据技术应用的趋势展望

虽然大数据仍在起步阶段，存在诸多挑战，但未来的发展依然非常乐观。大数据发展将呈现以下几大趋势。

（一）数据资源化，将成为最有价值的资产

随着大数据应用的发展，大数据价值得以充分体现，大数据在企业和社会层面成为重要的战略资源，数据成为新的战略制高点，是大家抢夺的新焦点。由相信不久的将来大数据将成为企业的资产，成为提升机构和企业竞争力的有力武器。

（二）大数据在更多传统行业的企业管理中落地

一种新的技术往往在少数行业应用取得了好的效果，对其他行业就有强烈的示范效应。目前大数据在大型互联网企业已经得到较好的应用，其他行业的大数据尤其是电信和金融领域也逐渐在多种应用场景取得效果。因此，我们有理由相信，大数据作为一种从数据中创造新价值的工具，将会在许多行业领域得到应用，带来广泛的社会价值。大数据将在帮助企业更好地理解和满足客户需求和潜在需求，更好地应用在业务运营智能监控、精细化企业运营、客户生命周期管理、精细化营销、经营分析和战略分析等方面。企业管理既有艺术也有科学，相信大数据在科学管理企业方面有更显著的促进，让更多拥抱大数据的企业实现智慧管理。

（三）大数据和传统商业智能融合，行业定制化解决方案将不断涌现

来自传统商业智能领域者将大数据当成一个新增的数据源，而大数据从业者则认为传统商业智能只是其领域中处理少量数据时的一种方法。大数据用户更希望能获得一种整体的解决方案，即不仅能收集、处理和分析企业内部的业务数据，还希望能引入互联网上的网络浏览、微博、微信等非结构化数据。除此之外，还希望能结合移动设备的位置信息，这样企业就可以形成一个全面、完整的数据价值发展平台。毕竟，无论是大数据还是商业智能，目的都是为分析服务的，数据全面整合起来，更有利于发现新的商业机会，这就是大数据商业智能。同时，由

于行业的差异性，很难研发出一套适用于各行业的大数据商业智能分析系统，因此，在一些规模较大的行业市场，大数据服务提供商将会以定制化的商业智能解决方案提供大数据服务。我们相信更多的大数据商业智能定制化解决方案将在电信、金融、零售等行业出现。

（四）数据将越来越开放，出现数据共享联盟

大数据越关联越有价值，越开放越有价值。尤其是公共事业和互联网企业的开放数据将越来越多。现今，美国、英国、澳大利亚等国家的政府都在政府和公共事业上的数据做出努力。而国内的部分城市管理部门也在逐渐开展数据开放的工作。我们相信数据会呈现一种共享的趋势，出现不同领域的数据联盟。

（五）大数据安全越来越受重视，大数据安全市场将愈发重要

随着数据的价值越来越高，大数据的安全稳定将会逐渐得到重视。网络和数字化生活也使得犯罪分子更容易获取他人信息，有更多的骗术和犯罪手段出现，所以，在大数据时代，无论对于数据本身的保护，还是对于由数据而演变的一些信息安全问题，对大数据分析有较高要求的企业至关重要。

（六）大数据促进智慧城市发展，成为智慧城市的引擎

随着大数据的发展，大数据在智慧城市发展中将发挥越来越重要的作用。由于人口聚集给城市带来了交通、医疗、建筑等各方面的压力，需要城市更合理地进行资源布局和调配，而智慧城市正是城市治理转型的最优解决方案。智慧城市是通过物与物、物与人、人与人的互联互通能力、全面感知能力和信息利用能力，通过物联网、移动互联网、云计算等新一代信息技术，实现城市高效的政府管理、便捷的民生服务、可持续的产业发展。相比之前的数字城市概念，智慧城市最大的区别在于对感知层获取的信息进行智慧的处理。由城市数字化到城市智慧化，关键是要实现对数字信息的智慧处理，其核心是引入大数据处理技术。大数据是智慧城市的核心智慧引擎。智慧安防、智慧交通、智慧医疗、智慧城管等，都是以大数据为基础的智慧城市应用领域。

（七）大数据将催生一批新的工作岗位和相应的专业

一个新行业的出现，必将在工作职位方面有新的需求，大数据的出现也将推出一批新的就业岗位，例如，大数据分析师、数据管理专家、大数据算法工程师、数据产品经理等。具有丰富经验的数据分析人才将成为稀缺的资源，数据驱动型

工作将呈现爆炸式的增长。由于有强烈的市场需求，高校也将逐步开设与大数据相关的专业，以培养相应的专业人才。企业将和高校紧密合作，协助高校联合培养大数据人才。

（八）大数据在多方面改善我们的生活

大数据不仅用于企业和政府，也应用于我们的生活。在健康方面，我们可以利用智能手环监测，对睡眠模式进行追踪，了解睡眠质量；我们可以利用智能血压计、智能心率仪远程监控身在异地的老人的健康情况，让远在他方的外出工作者更加放心。在出行方面，人们可以利用智能导航出行 GPS 数据了解交通状况，并根据拥堵情况进行路线实时调优。在居家生活方面，大数据将成为智能家居的核心，智能家电实现了拟人智能，产品通过传感器和控制芯片捕捉和处理信息，可以根据住宅空间环境和用户需求自动设置控制，甚至提出优化生活质量的建议。

参考文献

[1] 黄亮 . 计算机网络安全技术创新应用研究 [M]. 青岛：中国海洋大学出版社，2023.01.

[2] 李淑娣，鲁洋，傅正英 . 计算机应用技术与创新发展研究 [M]. 北京：中国华侨出版社，2023.05.

[3] 田海涛，张懿，王渊博 . 计算机网络技术与安全 [M]. 北京：中国商务出版社，2023.05.

[4] 任倩，李嵩 . 大学计算机应用基础 [M]. 北京：北京理工大学出版社，2023.06.

[5] 秦金磊 . 计算机应用基础 [M]. 北京：北京邮电大学出版社，2023.06.

[6] 杨荣繁，郑鹏华，周亚媛 . 计算机应用基础 [M]. 重庆：重庆出版社，2023.03.

[7] 谭玲丽 . 计算机应用基础 [M]. 武汉：武汉大学出版社，2023.03.

[8] 秦爱梅 . 计算机应用基础 [M]. 长春：吉林大学出版社，2023.03.

[9] 韦修喜，贺忠华 . 普通高等教育计算机系列教材人工智能与计算机应用 [M]. 北京：电子工业出版社，2023.08.

[10] 李玉华 . 信息技术及应用英语教程 [M]. 西安：西安交通大学出版社，2023.08.

[11] 陈建军 . 计算机视觉技术的发展与创新研究 [M]. 哈尔滨：哈尔滨出版社，2023.01.

[12] 董洁 . 计算机信息安全与人工智能应用研究 [M]. 北京：中国原子能出版传媒有限公司，2022.03.

[13] 王恒，赵国栋 . 计算机网络理论与管理创新研究 [M]. 哈尔滨：哈尔滨出版社，2022.09.

[14] 叶君耀，王素丽，李慧颖 . 计算思维与信息技术导论 [M]. 北京：北京邮

电大学出版社，2022.08.

[15] 穆晓芳，尹志军.大学计算机应用基础 [M].北京：北京邮电大学出版社，2022.01.

[16] 唐铸文，胡玉荣.计算思维与计算机应用基础第 2 版 [M].武汉：华中科技大学出版社，2022.08.

[17] 李彩玲.计算机应用技术实践与指导研究 [M].北京：北京工业大学出版社，2022.07.

[18] 毋建军，姜波.计算机视觉应用开发 [M].北京：北京邮电大学出版社，2022.06.

[19] 司呈勇，汪镭.人工智能基础与应用面向非计算机专业 [M].上海：复旦大学出版社，2022.11.

[20] 于光明.计算机应用基础第 2 版 [M].北京：清华大学出版社，2022.05.

[21] 刘广耀.计算机应用基础 [M].北京：中国商业出版社，2022.08.

[22] 武健，李琳，朱斌.新兴信息技术与实体经济融合发展路径研究 [M].北京：科学出版社，2022.12.

[23] 龚世杰,赵鑫,郭世龙.信息安全技术研究 [M].长春:吉林科学技术出版社，2022.08.

[24] 郭军.信息搜索与人工智能 [M].北京：北京邮电大学出版社，2022.01.

[25] 张明伦.信息科学技术专著丛书可见光通信技术 [M].北京：北京邮电大学出版社，2022.08.

[26] 余萍.互联网 + 时代计算机应用技术与信息化创新研究 [M].天津：天津科学技术出版社，2021.09.

[27] 墨玉.公共信息安全与风险管理 [M].长春：吉林人民出版社，2021.10.

[28] 王瑞民.大数据安全技术与管理 [M].北京：机械工业出版社，2021.08.

[29] 周灵.336教学模式信息技术与学科教学深度融合的设计与实施 [M].福州：福建教育出版社，2021.04.

[30] 陈钟，单志广.新一代信息技术系列教材区块链导论 [M].北京：机械工业出版社，2021.07.

[31] 钱君生，杨明，韦巍.API 安全技术与实战 [M].北京：机械工业出版社，2021.03.